# 海绵城市：
# 低影响开发设施的施工技术

韩志刚　许申来　周影烈　华正阳　编著

科学出版社

北　京

## 内 容 简 介

本书着眼于海绵城市建设过程中各个分部分项工程的技术管理重点与难点，结合建筑与小区海绵建设、城市道路海绵建设、绿地与广场海绵建设、水系海绵建设等四大类工程建设过程中施工关键技术与施工管理整套流程，凝练渗滞、储存、调节、转输、截污净化五类设施建造的材料、工艺和工序基本要求，以海绵城市建设基础设施建造全过程管理为抓手，撰写各个建设工程管理的要点，各设施和分部分项工程施工材料、工艺和检查要求，包括低影响开发基础设施的基本工艺流程、工序工法等。本书共分为8章，主要内容包括：海绵城市施工基础知识、施工进场前的准备工作、低影响开发渗滞设施施工技术、低影响开发储存设施施工技术、低影响开发调节设施施工技术、低影响开发转输设施施工技术、低影响开发截污净化设施施工技术、低影响开发设施植被选用及施工技术。

本书为关于海绵城市相关设施施工技术详细阐述的书籍，可供设计人员、施工技术人员、管理人员使用，还可供高等院校给排水、风景园林、环保等相关专业的学生使用。

**图书在版编目（CIP）数据**

海绵城市：低影响开发设施的施工技术/韩志刚等编著. —北京：科学出版社，2018. 9

ISBN 978-7-03-057608-8

Ⅰ. ①海…　Ⅱ. ①韩…　Ⅲ. ①城市建设-研究　Ⅳ. ①TU984

中国版本图书馆CIP数据核字（2018）第119916号

责任编辑：惠　雪　沈　旭/责任校对：彭　涛

责任印制：徐晓晨/封面设计：许　瑞

科学出版社 出版

北京东黄城根北街16号

邮政编码：100717

http://www.sciencep.com

北京凌奇印刷有限责任公司 印刷

科学出版社发行　各地新华书店经销

*

2018年9月第 一 版　开本：720×1000　1/16

2021年1月第三次印刷　印张：19

字数：381 000

**定价：149.00元**

（如有印装质量问题，我社负责调换）

# 《海绵城市：低影响开发设施的施工技术》
# 编 委 会


**主　编：**韩志刚　许申来　周影烈　华正阳

**编　委**（按姓氏拼音排序）：

白江涛　陈徐东　贾培义　蒋方宇　李天福
林　聪　卢　路　钱季佳　王宝泉　王明昭
王文菊　王文亮　王永泉　卫　丹　许　航
姚建国　曾爱华　张　琼　张　瑞　张晋平
赵　茜　钟　翔

**参编单位：**北京壹墨建筑规划设计咨询有限公司
中交公路规划设计院有限公司
迁安市华控环境投资有限责任公司
北京清控人居环境研究院有限公司
河海大学
长江水资源保护科学研究所
中国电子工程设计院
三江学院

# 序

2013 年 12 月 12 日，习近平总书记在中央城镇化工作会议上提出“建设自然积存、自然渗透、自然净化的海绵城市”。2015 年 10 月，《国务院办公厅关于推进海绵城市建设的指导意见》（国办发〔2015〕75 号）明确提出了海绵城市建设的目标、任务和时间表。随着国家海绵试点城市和多个示范点的持续推进，海绵城市建设施工也进入一个如火如荼的过程，该行业规模、从业人员数量也在逐年大幅增长。

迄今为止，国内海绵城市建设已启动将近 5 年，也是我国海绵城市施工实践的 5 年，这期间虽然为海绵城市低影响开发设施施工技术积累了不少经验，但海绵城市行业学科综合性强，是集景观、市政、水利、城市建设、地质等多个领域于一体的综合性学科，与实践工作联系密切，对施工技术有着很高的要求。目前，全国范围内海绵城市低影响开发设施的施工技术并没有统一的标准和模式，造成全国各地所采用的技术和方法各不相同，差异较大。部分施工技术没有达到建设海绵城市目标的要求，做不到位，造成海绵城市建设的前功尽弃。《海绵城市：低影响开发设施的施工技术》的出版，对于全国海绵城市的建设无疑是锦上添花。

编者以培养高素质复合型的高级专业施工技术人才为目标，吸取近年来海绵城市低影响开发设施施工中的成功经验，并汇总了他们多年来从事海绵城市建设的实践经历和工作任务，在此基础上编撰了该书。该书详细阐述了海绵城市低影响开发设施的施工技术，弥补了国内这一领域的空白。该书内容丰富，共 8 章，涉及海绵工程施工的系统性，落实到单项海绵设施，涵盖了海绵城市施工过程中的施工工序、施工材料、施工工法等内容，并且汇总了多地海绵工程的施工经验，是一部系统性的著作。通览全书，我特别提醒读者关注以下几方面：

第一，施工方案的复杂性。海绵城市施工涉及部门多，尤其是对于改造项目，例如改造交通要道，还要考虑车流量多、地下管线复杂的问题。施工方需制定优化的施工方案，编者明确列出了详细的施工方案，从前期踏勘，开工前会议着手。

第二，施工过程的验收。海绵城市施工是一个循序渐进的过程，环环相扣，一个施工工序不合格就会导致竣工验收不合格，前期目标不达标，导致返工窝工。编者明确列出了每个施工工序详细的施工工法及检查清单，每一工序完工后进行施工过程验收，验收合格后再进行下一工序的施工。

第三，可借鉴的实践案例。该书的另一可贵之处是收集了编者亲自主持的实践案例，有通过施工过程遇到的问题总结出的改进措施，并进行了施工过程及竣工后的验收，有很强的复制性和推广性。

鉴于此，我愿意为《海绵城市：低影响开发设施的施工技术》作序，并期待该书能在全国范围内的海绵城市建设热潮中发挥重要的作用！

中国工程院院士

2018年6月30日

# 前　言

过去30 年来，中国城镇化对于推动经济社会现代化起到了至关重要的作用，但粗放的城市发展模式，导致城市“水问题”十分突出。针对中国城镇化进程中的水问题，2013 年 12 月，中央城镇化工作会议提出“建设自然积存、自然渗透、自然净化的海绵城市”；2014 年 11 月，住房和城乡建设部（住建部）出台了《海绵城市建设技术指南——低影响开发雨水系统构建（试行）》。海绵城市的提出无疑是中国生态城市建设的重要里程碑。

国内外关于海绵城市建设的同类书籍，大多数着眼于海绵城市的整体规划设计、局点布置设计、涉及海绵城市建设全过程的水系统规划管理等，而针对海绵城市工程建设过程中的各个关键工种、工序技术与管理进行专项论述的著作鲜见。

本书依据低影响开发施工行业对学科的综合性，对人才的知识、能力、素质的高要求，编写过程中以理论知识为基础，施工工序为主脉，关键技术为重点，先进技术为导向，注重实用性、可操作性。具体来讲，本书有以下几方面的价值：

（1）本书在内容上，将理论与实践结合起来，涵盖了建筑与小区、城市道路、绿地与广场、水系四大类海绵城市建设工程，以及 17 种典型海绵设施的施工技术，同时收录了多个有特色的海绵城市施工技术案例，图文并茂，简明实用，以便施工技术人员掌握和利用。收录的案例从不同海绵设施、不同海绵工程，考虑地形、地貌、气候、土壤以及环境的影响，尤其对北方地区海绵城市的施工具有借鉴作用。

（2）本书所涵盖的内容涉及所有海绵城市工程和海绵城市设施，内容全面而清晰，做到了内容的广泛性与结构性、系统性相结合，内容翔实易懂，满足了海绵城市施工过程中所有技术相关方面知识的需求。

（3）本书从海绵城市施工入门所需了解的概念到施工流程、施工过程中关键技术要点及注意事项等，满足不同层次施工人员的需求，帮助他们更快、更好地领会相关技术的要点，更好地完成海绵城市建设任务。

（4）本书编委会成员专业性广、经验丰富，涵盖园林景观、给排水、岩土、结构等设计及施工人员，避免了海绵城市实际工作中设计施工脱节、设计师与工程师存在鸿沟的问题，也避免了海绵城市单一专业、理解偏颇的问题，是良好的实用技术参考资料和工具书。

本书依托国家第一批试点城市——迁安市海绵城市建设作为研究契机，通过了 2 年的施工现场实践。项目从设立之初，就得到不同领导、多个部门和多个专家的指点和肯定，项目所取得的每一点进展、每一项成果都与之密不可分，借此机会向给予我们诸多帮助的部门和专家表达最诚挚的感谢。本书在编写过程中参考或引用了部分单位、专家学者的资料，得到了许多业内人士的支持，在此一并表示感谢。由于施工实践受各类条件影响较大、具有很大的差异化，本书采用渐进式、基于实践验证经验总结的方法来编写，若有疏漏及不妥之处，请广大读者批评指正，以便今后修改完善。如蒙赐教，请直接按如下 E-mail 地址联系作者：2541646654@qq.com（韩志刚）。

编　者

2018 年 6 月

# 目　录

# 第 1 章　海绵城市施工基础知识

海绵城市建设是一项复杂的系统工程。在海绵城市实际施工过程中，要遵循严格的施工程序，配备合理的施工队伍，熟练识别施工图纸，把复杂的海绵城市工程分解到单个的低影响开发设施，按照先地下后地上的工序原则，进行单个低影响开发设施的施工。

## 1.1　海绵城市：从工程到设施

### 1.1.1　海绵城市概述

海绵城市是指城市能够像海绵一样，在适应环境变化和应对自然灾害等方面具有良好的“弹性”，下雨时吸水、蓄水、渗水、净水，需要时将蓄存的水“释放”并加以利用。海绵城市建设应遵循生态优先等原则，将自然途径与人工措施相结合，在确保城市排水防涝安全的前提下，最大限度地实现雨水在城市区域的积存、渗透和净化，促进雨水资源的利用和生态环境保护。海绵城市的机理是利用土壤作为“吸水海绵”。根据土壤质地类型的不同，可分为黏土、砂质黏土、粉砂质黏土、砂质黏壤土、黏壤土、粉砂质黏壤土、砂质壤土、壤土、粉砂壤土、粉壤土、壤质砂土、砂土，“吸水海绵”适宜选用径流系数低、渗透性高的土壤。

阿肯色州立大学社区设计中心等机构通过相关研究表明[1]：一个集水区内当不透水面积达到 10%时，生态系统就呈现退化迹象，当其覆盖达到 30%时，就伴随着严重的、不可逆转的退化。海绵城市正是在总结发达国家过去几十年的雨水管理经验和实践研究的基础上，结合我国的经济状况、土地利用状况以及气候条件而提出的（图 1-1）。国内最早提出的生态海绵城市旨在用于解决缺水地区的雨水资源化利用，通过城市绿地、蓄水池等设计，像海绵一样将雨水短暂储存，需要时再利用或缓慢下渗，实现雨水的“可持续利用”和“零排放”[2]。

“海绵城市”“低影响开发”“可持续雨洪管理”在本质上是相同的，强调城市绿地系统、水系统与城市建设用地在规划设计阶段进行综合考虑，以达到控制暴雨径流，减轻城市雨水管网压力，解决城市内涝；通过植物和土壤对于雨水进行净化，控制雨水造成的污染；有效利用雨水、污水，建设智能绿色节水城市；提高生物多样性和场地的视觉审美；创造亲密的“人-水”关系，增加滨水娱乐设施及开放空间[1]。

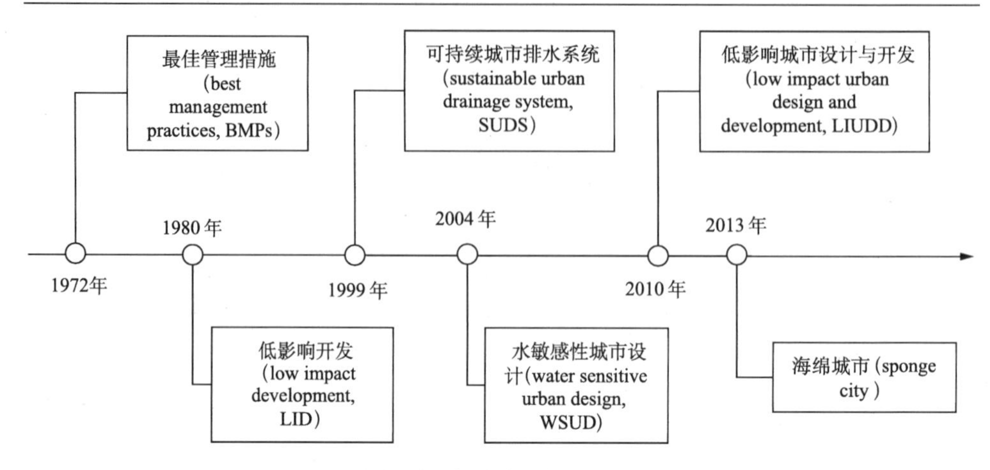


图 1-1　海绵城市发展历程

海绵城市建设应统筹低影响开发雨水系统、城市雨水管渠系统、超标雨水径流排放系统及水污染控制系统。低影响开发雨水系统可以通过对雨水的渗透、储存、调节、转输与截污净化等功能，有效控制径流总量、径流峰值和径流污染；城市雨水管渠系统即传统排水系统，应与低影响开发雨水系统共同组织径流雨水的收集、转输与排放；超标雨水径流排放系统用来应对超过雨水管渠系统设计标准的雨水径流，一般通过综合选择自然水体、多功能调蓄水体、行泄通道、调蓄池、深层隧道等自然途径或人工设施构建；水污染控制系统通过植被、土壤等自然系统用来削减污染物、控制径流污染，维持城市良好的生态循环。以上四个系统并不是孤立的，也没有严格的界限，四者相互补充、相互依存，是海绵城市建设的重要基础元素。

根据责任主体及规划布局特点，将海绵城市工程分为建筑与小区海绵城市工程、城市道路海绵城市工程、绿地与广场海绵城市工程和水系海绵城市工程四大类（图 1-2）。

### 1.1.2　建筑与小区海绵城市工程概述

建筑与小区路面径流雨水通过有组织的汇流与转输，经截污等预处理后引入绿地内的以雨水渗透、储存、调节等为主要功能的海绵设施。因空间限制等原因不能满足控制目标的建筑小区，径流雨水还可通过城市雨水管渠系统引入城市绿地与广场内的海绵设施。具体雨水组织流程：屋面雨水的滞蓄、净化与利用→铺装路面雨水渗透、疏导→雨水转输系统→雨水滞蓄设施→雨水溢流系统→雨水调蓄设施→溢流雨水接入市政雨水管网。图 1-3 是迁安市某中学海绵城市雨水组织流程图。

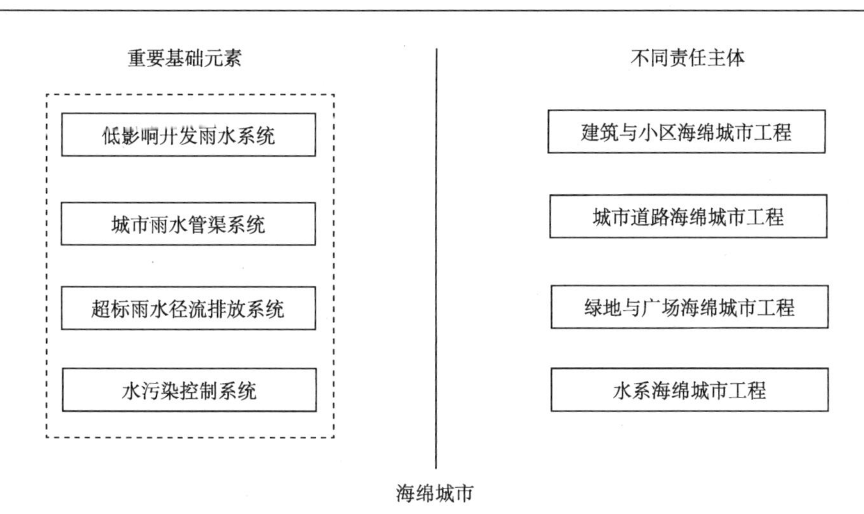


图 1-2　海绵城市工程类别分解图

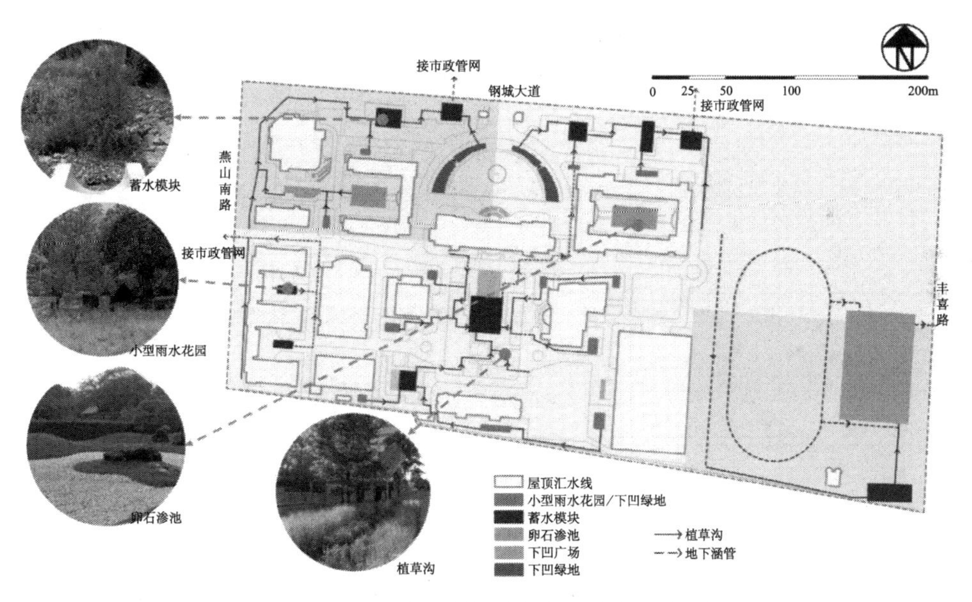


图 1-3　迁安市某中学海绵城市雨水组织流程图

建筑与小区海绵城市工程分部、分项工程构成如表 1-1 所示。

**表 1-1　建筑与小区工程单位工程、分部工程、分项工程划分表**

| 单位（子单位）工程 | 分部工程 | 子分部工程 | 分项工程 |
|---|---|---|---|
| 屋顶工程 | 屋顶绿化 | — | 找坡层、绝热层、保护层、排蓄水层、防水层、挡墙 |

续表

| 单位（子单位）工程 | 分部工程 | 子分部工程 | 分项工程 |
| --- | --- | --- | --- |
| 屋顶工程 | 雨落管断接与散水 | —— | 断接、消能截污、散水、防水 |
| 道路、铺装工程 | 路基 | —— | 土方路基、石方路基、路基处理、路肩 |
| | 基层 | —— | 石灰土基层、石灰粉煤灰稳定砂砾（碎石）基层、石灰粉煤灰钢渣基层、水泥稳定土类基层、级配砂砾（砾石）基层、级配碎石（碎砾石）基层、沥青碎石基层、透水级配碎石、透水混凝土、透水水泥稳定碎石 |
| | 面层 | 沥青混合料面层 | 透层、粘层、封层、热拌沥青混合料面层、冷拌沥青混合料面层 |
| | | 水泥混凝土面层 | 水泥混凝土面层（模板、钢筋、混凝土），透水混凝土面层 |
| | | 铺砌式面层 | 料石面层、预制混凝土砌块面层 |
| | 广场与停车场 | —— | 料石面层、预制混凝土砌块面层、沥青混合料面层、水泥混凝土面层、透水砖面层、植草砖面层、透水混凝土面层 |
| | 人行道 | —— | 料石人行道铺砌面层（含盲道砖）、混凝土预制块铺砌人行道面层（含盲道砖）、沥青混合料铺筑面层、透水砖（含盲道砖）、过路盖板涵、透水混凝土面层 |
| | 管道安装 | —— | 雨水支管与雨水口、排（截）水沟 |
| 绿化工程 | 隔离带 | 植草沟 | 坡度、溢流井、挡流堰、调蓄空间、消能截污设施、防渗 |
| | | 生物滞留带 | 基层、坡度、溢流井、调蓄空间、消能截污设施、渗排管、防渗 |
| | 绿化带 | 植草沟 | 坡度、溢流井、挡流堰、调蓄空间、消能截污设施、防渗 |
| | | 下沉式绿地 | 基层、溢流井、调蓄空间、消能截污设施、渗排管、防渗 |
| | | 雨水花园 | 基层、坡度、溢流井、调蓄空间、消能截污设施、渗排管、防渗 |

根据对建筑与小区分部工程、分项工程的分析，建筑与小区工程可分为屋顶工程、道路铺装工程和绿化工程。具体到海绵设施主要包括渗透技术（透水铺装），蓄滞设施（屋顶绿化、下沉式绿地、生物滞留设施），储存设施（雨水罐），转输设施（植草沟、渗管/渠），净化设施（初期雨水弃流设施）等。

建筑与小区海绵城市工程施工要点包括：

（1）建筑与小区海绵工程严格按照规划总图、施工图进行施工建设，以达到海绵控制目标与指标要求。

（2）建筑与小区海绵设施应按照先地下后地上的顺序进行施工，防渗、水土保持、土壤介质回填等分项工程的施工应符合设计文件及相关规范的规定。

（3）建筑与小区施工应结合实际情况，明确建筑与小区各类海绵设施的施工程序，制定相应的施工保护措施，主要包括对地形起伏较大的建筑与小区的水土流失、植物保护、建筑物地基下陷等问题。

（4）建筑与小区低影响开发设施应建设有效的进水及转输设施，汇水面径流雨水经截污等预处理后优先进入低影响开发设施消纳。

（5）建筑与小区低影响开发设施应设置溢流排放系统，并与城市雨水管渠系统和超标雨水径流排放系统有效衔接。

（6）建筑与小区低影响开发设施建设工程的竣工验收应严格按照相关施工验收规范执行，并重点对设施规模、竖向、进水设施、溢流排放口、防渗、水土保持等关键设施和环节做好验收记录，验收合格后方能交付使用。

### 1.1.3　城市道路海绵城市工程概述

海绵道路是指模拟自然水文循环过程，应用不同海绵技术措施，结合景观设计，通过有组织的汇流与转输，经截污等预处理后引入道路红线内、外绿地内，并通过设置在绿地内的以雨水渗透、储存、调节等为主要功能的低影响开发设施进行处理。在满足道路基本功能的前提下，城市道路低影响开发系统需能够有效缓解道路径流、减少径流总量及峰值流量，改善城市道路及周边生态环境。

城市道路低影响开发系统雨水组织流程如图 1-4 所示。

路面排水采用生态排水的方式，也可利用道路及周边公共用地地下空间设计调蓄设施。路面雨水宜首先汇入道路红线内绿地，当红线内绿地空间不足时，可由政府主管部门协调，将道路雨水引入道路红线外城市绿地内的 LID 设施进行消纳。当红线内绿地空间充足时，也可利用红线内 LID 设施消纳红线外空间的径流雨水。LID 设施应通过溢流排放系统与城市雨水管渠系统相衔接，保证上下游排水系统的顺畅[3]。

道路横断面设计应优化道路横坡坡向、路面与道路绿带及周边绿地的竖向关系等，便于径流雨水汇入 LID 设施。人行道应采用透水铺装，非机动车道可采用透水沥青路面或透水水泥混凝土路面。

城市道路海绵城市工程分部、分项工程构成如表 1-2 所示。

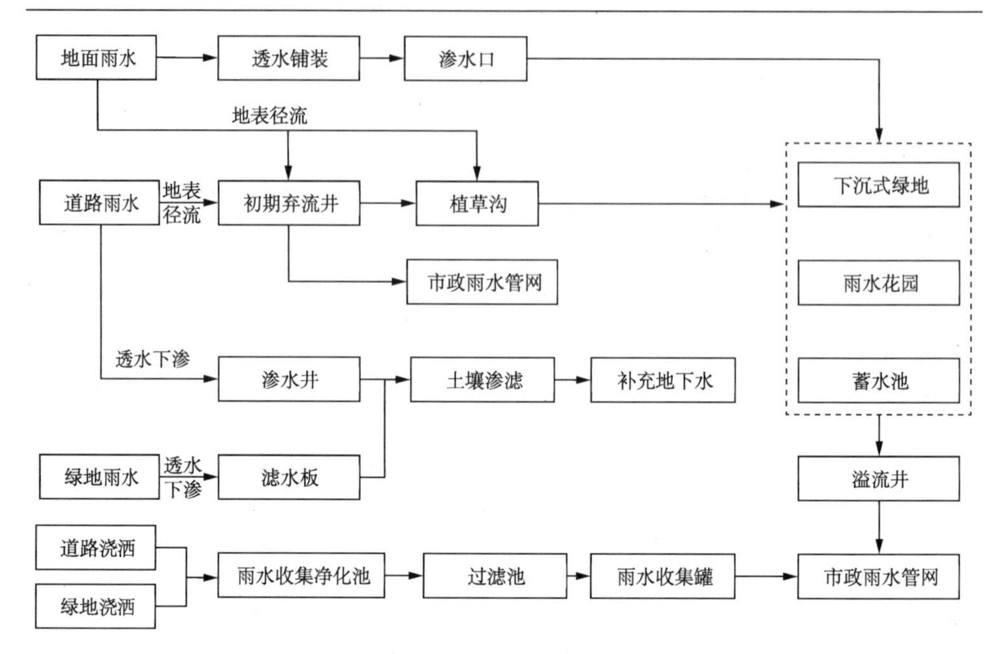


图 1-4　城市道路低影响开发系统雨水组织流程图

**表 1-2　城市道路工程单位工程、分部工程、分项工程划分表**

| 单位（子单位）工程 | 分部工程 | 子分部工程 | 分项工程 |
| --- | --- | --- | --- |
| 道路工程 | 路基 | — | 土方路基、石方路基、路基处理、路肩 |
| | 基层 | — | 石灰土基层、石灰粉煤灰稳定砂砾（碎石）基层、石灰粉煤灰钢渣基层、水泥稳定土类基层、级配砂砾（砾石）基层、级配碎石（碎砾石）基层、沥青碎石基层、透水级配碎石、透水混凝土、透水水泥稳定碎石 |
| | 面层 | 沥青混合料面层 | 透层、粘层、封层、热拌沥青混合料面层、冷拌沥青混合料面层、透水沥青面层 |
| | | 水泥混凝土面层 | 水泥混凝土面层（模板、钢筋、混凝土）、透水混凝土面层 |
| | | 铺砌式面层 | 料石面层、预制混凝土砌块面层 |
| | 广场与停车场 | — | 料石面层、预制混凝土砌块面层、沥青混合料面层、水泥混凝土面层、透水砖面层、植草砖面层、透水混凝土面层 |
| | 人行道 | — | 料石人行道铺砌面层（含盲道砖）、混凝土预制块铺砌人行道面层（含盲道砖）、沥青混合料铺筑面层、透水砖（含盲道砖）、过路盖板涵、透水混凝土面层 |

续表

| 单位（子单位）工程 | 分部工程 | 子分部工程 | 分项工程 |
| --- | --- | --- | --- |
| 道路工程 | 附属构筑物 | —— | 路缘石、开口路沿石 |
| | | | 雨水支管与雨水口 |
| | | | 排（截）水沟 |
| 绿化工程 | 隔离带 | 植草沟 | 坡度、溢流井、挡流堰、调蓄空间、消能截污设施、防渗 |
| | | 生物滞留带 | 基层、坡度、溢流井、调蓄空间、消能截污设施、渗排管、防渗 |
| | 绿化带 | 植草沟 | 坡度、溢流井、挡流堰、调蓄空间、消能截污设施、防渗 |
| | | 下沉式绿地 | 基层、溢流井、调蓄空间、消能截污设施、渗排管、防渗 |
| | | 雨水花园 | 基层、坡度、溢流井、调蓄空间、消能截污设施、渗排管、防渗 |

通过对城市道路海绵城市工程分部、分项工程分析，表 1-3 介绍了适宜应用于道路的 LID 技术措施。

**表 1-3　海绵道路低影响开发（LID）设施类型及适用范围**

| 类别 | 名称 | 适用范围 |
| --- | --- | --- |
| 源头低影响开发设施 | 透水铺装（透水砖/透水混凝土/透水沥青） | 用于停车场、人行道、车行道等 |
| | 渗透设施（渗透管/渠） | 在用地紧张、有透水性良好的土层且地下水位较低、雨水径流水质较好等条件下较适用，常设置于沿道路周边区域 |
| | 水质型进水口（油砂分离器/截污式雨水口） | 用于立交、市政道路的源头截污和控油 |
| | 复杂型生物滞留设施、简单式生物滞留设施、下沉式绿地、生态树池 | 适用于汇水面积小于 1 公顷的区域，如人行道、中央绿化带、机非隔离带、停车场等 |
| 中途低影响开发设施 | 植被浅沟 | 城市道路两侧、地块边界或不透水铺装地面周边、功能区的绿地。与场地、道路排水系统构成一个整体。植被浅沟还可部分或全部替代雨水管道（较小的汇水流域）起输送和净化的目的 |
| | 渗透管/渠 | 城市道路两侧、地块边界或不透水铺装地面周边、功能区的绿地。根据下渗性，渗透管/渠可部分或全部替代雨水管道起输送和下渗的目的 |

图 1-5 为城市道路海绵系统典型设施剖面效果图。

城市道路按道路在路网中的地位、交通功能以及对沿线的服务功能等，分为

图 1-5　城市道路海绵系统典型设施剖面效果图

快速路、主干路、次干路和支路四类。总结四类城市道路的断面形式，常见的有以下几种类型：

1. 单幅路低影响开发系统

单幅路横断面形式简单，没有中央分隔带，主要由车行道、两侧人行步道、两侧设施带（可根据具体情况作为绿化隔离带）等组成。从道路排水角度，若路幅较宽，一般以道路中线为高点，采用双坡排水，坡向道路两侧人行道；若路幅较窄，则采用单坡排水形式。

排水方式一：车行道雨水汇流至绿化带；人行道雨水汇流后排至绿地，土层含水饱和后水位上升，当水位高于雨水口顶面标高时溢流入雨水口，由下游雨水管道系统排走。

排水方式二：车行道雨水收集汇流至雨水口直接排入雨水管；人行道雨水汇流后排至绿地，土层含水饱和后水位上升，当水位高于雨水口顶面标高时溢流入雨水口，由下游雨水管道系统排走。

排水方式三：混行车道雨水汇流后排至绿地，土层含水饱和后水位上升，当水位高于雨水口顶面标高时溢流入雨水口，由下游雨水管道系统排走。该排水方式同样适用于建筑与小区内部道路。

2. 双幅路低影响开发系统

双幅路相对于单幅路增加了中央分隔带，主要由中央分隔带、车行道、两侧的设施带（可根据具体情况作为绿化隔离带）、人行道组成。从道路排水角度，一般采用双坡排水，以道路中央分隔带为界，由中央分隔带坡向两侧，或由两侧坡向中央分隔带。

排水方式一：车行道雨水汇流至绿化带；人行道雨水汇流后排至绿地，土层含水饱和后水位上升，当水位高于雨水口顶面标高时溢流入雨水口，由下游雨水管道系统排走。

排水方式二：车行道雨水收集汇流至雨水口直接排入雨水管；人行道雨水汇流后排至绿地，土层含水饱和后水位上升，当水位高于雨水口顶面标高时溢流入雨水口，由下游雨水管道系统排走。

排水方式三：内侧车行道雨水收集汇流至中分带雨水口；外侧车行道雨水汇流至绿化带；人行道雨水汇流后排至绿地，土层含水饱和后水位上升，当水位高于雨水口顶面标高时溢流入雨水口，由下游雨水管道系统排走。

排水方式四：车行道雨水收集汇流至中分带雨水口；人行道雨水汇流后排至绿地，土层含水饱和后水位上升，当水位高于雨水口顶面标高时溢流入雨水口，由下游雨水管道系统排走。

#### 3. 三幅路低影响开发系统

三幅路红线宽度进一步增加，产生径流量增加，三幅路无中央分隔带，由机动车道、机非分隔带、非机动车道、设施带（可根据具体情况作为绿化隔离带）以及人行道组成。从道路排水角度看，主干道一般以中线为高点，采用双坡排水，坡向两侧绿化分隔带；非机动车道、人行道采用单坡排水。

#### 4. 四幅路低影响开发系统

四幅路与三幅路相比，增加了中央分隔带，由中央分隔带、机动车道、机非分隔带、非机动车道、设施带（可根据具体情况作为绿化隔离带）及人行道组成。从道路排水角度看，每条机动车道（主路）一般以中央分隔带为中点，采用双坡形式排水，由中央分隔带坡向两侧，或由两侧坡向中央分隔带；非机动车道（辅路）和人行道采用单坡排水。

排水方式一：机动车道雨水收集汇流至侧分带雨水口；非机动车道雨水汇流至人行道绿化带；人行道雨水汇流后排至绿地，土层含水饱和后水位上升，当水位高于雨水口顶面标高时溢流入雨水口，由下游雨水管道系统排走。

排水方式二：机动车道及非机动车道雨水收集汇流至侧分带雨水口；人行道雨水汇流后排至绿地，土层含水饱和后水位上升，当水位高于雨水口顶面标高时溢流入雨水口，由下游雨水管道系统排走。

排水方式三：内侧机动车道汇流至中分带雨水口；外侧机动车道雨水收集汇

流至侧分带雨水口；非机动车道雨水汇流至人行道绿化带；人行道雨水汇流后排至绿地，土层含水饱和后水位上升，当水位高于雨水口顶面标高时溢流入雨水口，由下游雨水管道系统排走。

排水方式四：内侧机动车道汇流至中分带雨水口；外侧机动车道及非机动车道雨水收集汇流至侧分带雨水口；人行道雨水汇流后排至绿地，土层含水饱和后水位上升，当水位高于雨水口顶面标高时溢流入雨水口，由下游雨水管道系统排走。

道路低影响开发系统典型横断面图如图 1-6 所示。

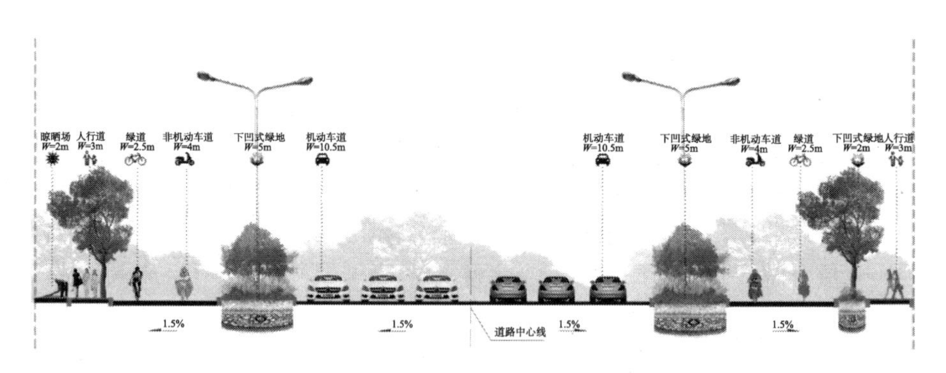


图 1-6　道路低影响开发系统典型横断面图

道路海绵城市工程施工要点包括[4]：

（1）施工单位应具备相应的城镇道路工程施工资质。从事城镇道路工程施工的技术管理人员、作业人员应认真学习并执行国家现行有关法律、法规、标准、规范。

（2）施工单位应建立健全施工技术、质量、安全生产管理体系，制定各项施工管理制度，并贯彻执行。

（3）施工前，施工单位应组织有关施工技术管理人员深入现场调查，了解掌握现场情况，做好充分的施工准备工作。

（4）工程开工前，施工单位应根据合同文件、设计单位提供的施工界域内地下管线等建（构）筑物资料，工程水文地质资料等踏勘施工现场，依据工程特点编制施工组织设计，并按其管理程序进行审批。

（5）施工单位应按合同规定的、经过审批的有效设计文件进行施工。未经批准的设计变更、工程洽商严禁施工。

（6）与道路同期施工，敷设于城镇道路下的新管线等构筑物，应按先深后浅的原则与道路配合施工。施工中应保护好既有及新建的地上杆线、地下管线等建（构）筑物。

（7）道路范围（含人行步道、隔离带）内的各种检查井井座应设于混凝土或钢筋混凝土井圈上。井盖宜能锁固。检查井的井盖、井座应与道路交通等级匹配。

### 1.1.4　绿地与广场海绵城市工程概述

绿地与广场是海绵城市建设的主体，各分部、分项工程构成如表1-4所示。

**表1-4　绿地与广场工程单位工程、分部工程、分项工程划分表**

| 单位（子单位）工程 | 分部工程 | 子分部工程 | 分项工程 |
|---|---|---|---|
| 绿化工程 | 栽植基础工程 | 栽植前土壤处理 | 栽植土、栽植前场地处理栽植土回填及地形造型、栽植土施肥和表层整理 |
| | | 重盐碱、重黏土地土壤改良工程 | 管沟、隔淋（渗水）层开槽、排盐（水）管敷设、隔淋（渗水）层 |
| | | 设施顶面栽植基层（盘）工程 | 耐根穿刺防水层、排蓄水层、过滤层、栽植土、设施障碍性面层栽植基盘 |
| | | 坡面绿化防护栽植基层工程 | 坡面绿化防护栽植层工程（坡面整理、混凝土格构、固土网垫、格栅、土木合成材料、喷射基质） |
| | | 水湿生植物栽植槽工程 | 水湿生植物栽植槽、栽植土 |
| | 栽植工程 | 常规栽植 | 植物材料、栽植穴（槽）、苗木运输和假植、苗木修剪、树木栽植、竹类栽植、草坪及草本地被播种、草坪及草本地被分栽、铺设草块及草卷、运动场草坪、花卉栽植 |
| | | 大树移植 | 大树挖掘及包装、大树吊装运输、大树栽植 |
| | | 水湿生植物栽植 | 湿生类植物、挺水植物、浮水植物、栽植 |
| | | 设施绿化栽植 | 设施顶面栽植工程、设施顶面垂直绿化 |
| | | 坡面绿化栽植 | 喷播、铺植、分栽 |
| | 养护 | 施工期养护 | 施工期的植物养护（支撑、浇灌水、裹干、中耕、除草、浇水、施肥、除虫、修剪抹芽等） |
| | 海绵工程 | 植草沟 | 坡度、溢流井、挡流堰、调蓄空间、消能截污设施 |
| | | 生物滞留设施 | 基层、坡度、溢流井、调蓄空间、消能截污设施、渗排管、防渗 |
| | | 下沉式绿地 | 基层、溢流井、调蓄空间、消能截污设施、渗排管、防渗 |
| | | 雨水湿地 | 过滤层、溢流井、调蓄空间、消能截污设施、渗排管、防渗 |
| 园林附属工程 | | 园路与广场铺装工程 | 基层，面层（碎拼花岗岩、卵石、嵌草、混凝土板块、透水砖、水洗石、透水混凝土面层、缝隙水泥预制板铺面等） |
| | | 假山、叠石、置石工程 | 地基基础、山石拉底、主体、收顶、置石 |
| | | 园林理水工程 | 管道安装、潜水泵安装、水景喷头安装 |
| | | 园林设施安装 | 座椅（凳）、标牌、果皮箱、栏杆、喷灌喷头等安装 |
| | | 雨水塘 | 土方、溢流堰、调蓄容积、水源、水位、前置塘、格栅、防渗 |
| | | 驳岸工程 | 坡度、护坡 |
| | | 渗井/渗渠 | 碎石层、透水混凝土、渗排管、土工布 |
| | | 蓄水池 | 土方、池体、蓄水容积、进出水、防渗 |

根据对绿地广场分部工程、分项工程的分析，绿地广场工程可分为绿化工程、园路、广场及停车场铺装工程。具体到海绵设施主要包括渗透技术（透水铺装、渗透塘渗井），蓄滞设施（下沉式绿地、生物滞留设施、雨水湿地），调节设施（调节池、调节塘），转输设施（植草沟、渗管/渠），储存设施（蓄水池），净化设施（人工土壤渗滤、初期雨水弃流设施）等。

广场海绵工程涉及的主要海绵设施有透水铺装、蓄水池等。

绿地与广场海绵城市工程施工要点包括[5, 6]：

（1）绿地广场传统工程，如园林绿化工程、园路工程、广场工程、停车场工程、水景工程、园林小品工程等，需符合《园林绿化工程施工及验收规范》（CJJ 82—2012）等相关规范的要求。

（2）低影响开发设施需符合本书相关章节设施施工工序及施工工法。

（3）施工现场质量管理应有相应的施工技术标准、健全的质量管理体系、施工质量检验制度和综合施工量水平评定考核制度。

（4）公园绿地工程的施工应编制施工组织设计或施工方案，经批准后方可实施。

（5）公园绿地工程的施工应按照批准的设计文件和施工技术标准进行施工。修改设计应有设计单位出具的设计变更通知单。

（6）各工序应按施工技术标准进行质量控制，每道工序完成后，应进行检查。

（7）相关各专业工程之间，应进行交接检验，并形成记录，未经监理工程师（建设单位技术负责人）检查认可，不得进行下道工序施工。

（8）参加工程施工质量验收的各方人员应具备规定的资格。

（9）公园绿地工程的施工应符合施工设计文件的要求。

（10）工程质量的验收均应在施工单位自行检查评定的基础上进行。

（11）隐蔽工程在隐蔽前应有施工单位通知有关单位进行验收，并应形成验收文件。

（12）分项工程的质量应按主控项目和一般项目验收。

（13）关系到植物成活的水、土、基质，涉及结构安全的试块、试件及有关材料，应按规定进行见证取样检测。

（14）承担见证取样检测及有关结构安全检测的单位应具有相应资质。

（15）公园绿地工程物资的主要原材料、成品、半成品、配件、器具和设备必须具有质量合格证明文件，规格型号及性能检测报告应符合国家现行技术标准及设计要求。植物材料、工程物资进场时应做检查验收，并经监理工程师核查确认，形成相应的检查记录。

（16）工程竣工验收后，建设单位应将有关文件和技术资料归档。

### 1.1.5　水系海绵城市工程概述

水系海绵城市工程分部、分项工程构成如表 1-5 所示。

**表 1-5　水系海绵城市工程单位工程、分部工程、分项工程划分表**

| 单位（子单位）工程 | 分部工程 | 子分部工程 | 分项工程 |
| --- | --- | --- | --- |
| 水系治理工程 | 地基与基础工程 | 土石方 | 基坑开挖、岸坡开挖、基坑支护、土方回填 |
| | | 地基基础 | 地基处理、混凝土基础、桩基础、堆（砌）石基础、石笼基础 |
| | 河床 | —— | 河道清淤、抛石挤淤、河堤处理、防渗或反滤层、泄水孔 |
| | 主体结构工程 | 砌石结构 | 浆砌块石挡墙、干砌块石挡墙、浆砌块石护坡、干砌块石护坡、干砌条石护面、帽石砌筑、镶面石砌筑、防渗或反滤层、变形缝、泄水孔 |
| | | 混凝土结构 | 底板（模板、钢筋、混凝土）、墙体（模板、钢筋、混凝土）、护壁桩（护壁、钢筋、混凝土）、护坡（模板、钢筋、混凝土）、防渗或反滤层、变形缝、泄水孔 |
| | | 生态河堤结构 | 格宾网箱、雷诺护垫、生态混凝土、反滤层 |
| | | 防渗及导渗工程 | 黏土防渗、混凝土防渗、反滤层、排水减压井、排水层 |
| | 清淤疏浚工程 | | 排泥管线、围埝、排泥区、泄水口、吹填施工 |
| 绿化工程 | | 植物种植 | 栽植土、栽植前场地处理栽植土回填及地形造型、栽植土施肥和表层整理、坡面绿化防护栽植层工程（坡面整理、混凝土格构、固土网垫、格栅、土木合成材料、喷射基质）、湿生类植物、挺水植物栽植 |

水系海绵城市工程涉及的主要海绵设施有雨水湿地、生态驳岸、植被缓冲带等。

水系海绵建设工程施工要点包括：

（1）水系传统工程，如河道开挖疏浚、河道防渗、清淤、围堰等，需符合《水工建筑物岩石基础开挖工程施工技术规范》（DL/T 5389—2007）、《水工混凝土施工规范》（DL/T 5144—2015）等相关规范的要求。

（2）低影响开发设施需符合本书相关章节设施施工工序及施工工法。

（3）从事河道治理及疏浚工程的施工单位应具备相应的施工资质，施工人员应具备相应的资格。河道治理及疏浚工程施工和质量管理应具有相应的施工技术标准。

（4）施工单位应建立、健全施工技术、质量、安全生产等管理体系，制订各项施工管理规定，并贯彻执行。

（5）施工单位应按照合同文件、设计文件和有关规范、标准要求，根据建设单位提供的施工界域内地下管线等构（建）筑物资料、工程水文地质资料，组织有关施工技术管理人员深入沿线调查，掌握现场实际情况，做好施工准备工作。

（6）施工单位应熟悉和审查施工图纸，掌握设计意图与要求实行自审、会审（交底）和签证制度；发现施工图有疑问、差错时，应及时提出意见和建议；如需变更设计，应按照相应程序报审，经相关单位签证认定后实施。

（7）施工单位在开工前应编制施工组织设计，对关键的分项、分部工程应分别编制专项施工方案。施工组织设计、专项施工方案必须按规定程序审批后执行，有变更时要办理变更审批。

（8）施工临时设施应根据工程特点合理设置，并有总体布置方案。对不宜间断施工的项目，应有备用动力和设备。

（9）施工测量应实行施工单位复核制、监理单位复测制，填写相关记录，并符合下列规定：

①施工前，建设单位应组织有关单位进行现场交桩，施工单位对所交桩进行复核测量，原测桩有遗失或变位时，应及时补钉桩校正，并应经相应的技术质量管理部门和人员认定；

②临时水准点和河道中心线控制桩的设置应便于观测、不易被扰动且必须牢固，并应采取保护措施，开挖河道的沿线临时水准点，每 200m 不宜少于 1 个；

③临时水准点、河道中心线控制桩、高程桩，必须经过复核方可使用，并应经常校核；

④对既有河道、构（建）筑物与拟建工程衔接的平面位置和高程，开工前必须校测。

（10）施工测量的允许偏差，应符合表 1-6 的规定，并应满足国家现行标准《工程测量规范》（GB 50026—2007）和《城市测量规范》（CJJ/T 8—2011）的有关规定；对有特定要求的河道还应遵守其特殊规定。

**表 1-6　施工测量的允许偏差表**

| 项目 | | 允许偏差 |
|---|---|---|
| 水准测量高程闭合差/mm | 平地 | $\pm 20\sqrt{n}$ |
| | 山地 | $\pm 6\sqrt{n}$ |
| 导线测量方位角闭合差/(″) | | $40\sqrt{n}$ |
| 导线测量相对闭合差 | | 1/5000 |
| 直接丈量测距的两次较差 | | 1/5000 |

（11）工程所用的主要原材料、构（配）件等产品进入施工现场时必须进行进场验收并妥善保管。进场验收时应检查每批产品的订购合同、质量合格证书、性能检验报告、使用说明书、进口产品的商检报告及证件等，并按国家有关标准规定进行复验，验收合格后方可使用。

（12）现场配制的混凝土、砂浆、防水涂料等工程材料应经检测合格后使用。所用成品、半成品、构（配）件等在运输、保管和施工过程中，必须采取有效措施防止其损坏、锈蚀或变质。

（13）施工单位必须遵守国家和地方政府有关环境保护的法律、法规，采取有效措施控制施工现场的各种粉尘、废气、废弃物、污泥、污水以及噪声、振动等对环境造成的污染和危害。

（14）施工单位必须取得安全生产许可证，并应遵守有关施工安全、劳动保护、防火、防毒的法律、法规，建立安全管理体系和安全生产责任制，确保安全施工。对临近重要构（建）筑物的深基槽等特殊作业，应制定专项施工方案。

（15）在质量检验、验收中使用的计量器具和检测设备，必须经计量检定、校准合格后使用。承担材料和设备检测的单位，应具备相应的资质。

（16）河道治理及疏浚工程施工质量控制应符合下列规定：

①各分项工程应按照施工技术标准进行质量控制，每分项工程完成后，必须进行检验；

②相关各分项工程之间，必须进行交接检验，所有隐蔽分项工程必须进行隐蔽验收，未经检验或验收不合格不得进行下道分项工程。

③施工单位应按照相应的施工技术标准对工程施工质量进行全过程控制，建设单位、勘察单位、设计单位、监理单位等各方应按有关规定对工程质量进行管理。

④工程经过竣工验收合格后，方可投入使用。

### 1.1.6　海绵城市低影响开发设施概述

海绵城市分为大海绵、中海绵、小海绵。所谓“大海绵”指绿海绵、蓝海绵，主要由规划部门来管理，通过在规划中管控绿线、蓝线来实现；“中海绵”指灰海绵，即传统意义上的市政基础设施，以单一功能的市政工程为主导，包括道路、管网系统，主要由城建部门负责管理；“小海绵”指低影响开发海绵，分布于建筑与小区、城市道路、绿地与广场等小海绵体。单个小海绵体微不足道，但成千上万个小海绵体拼成了大的海绵块。本书所阐述的海绵体是指小海绵，由工程分解到单个小海绵体，即低影响开发设施。

低影响开发设施是指在城市开发建设过程中，通过生态化措施，尽可能维持城市开发建设前后水文特征不变，有效缓解不透水面积增加造成的径流总量、径流峰值与径流污染增加等对环境造成不利影响的措施。根据设施的主要功能，可以分为渗滞设施、调节设施、储存设施、转输设施、截污净化设施五大类。

建筑与小区、城市道路、绿地广场、水系四类用地有不同的用地功能、用地构成、土地利用布局、水文地质特点，在选择低影响开发设施中综合考虑各类特点，可参照表 1-7 选用。

**表 1-7　低影响开发设施**

| 技术类型（按主要功能） | LID 设施 | 用地类型 | | | |
|---|---|---|---|---|---|
| | | 建筑与小区 | 城市道路 | 绿地与广场 | 城市水系 |
| 渗滞技术 | 透水砖铺装 | ● | ● | ● | ◎ |
| | 透水混凝土铺装 | ◎ | ◎ | ◎ | ◎ |
| | 透水沥青铺装 | ◎ | ◎ | ◎ | ◎ |
| | 屋顶绿化 | ● | ○ | ○ | ○ |
| | 渗透塘 | ● | ◎ | ● | ○ |
| | 渗井 | ● | ◎ | ● | ○ |
| | 简易型生物滞留设施 | ● | ● | ● | ◎ |
| | 复杂型生物滞留设施 | ● | ● | ◎ | ◎ |
| | 下沉式绿地 | ● | ● | ● | ◎ |
| 储存技术 | 蓄水池 | ◎ | ○ | ◎ | ○ |
| | 雨水罐 | ● | ○ | ○ | ○ |
| | 屋面雨水收集系统 | ● | ○ | ○ | ○ |
| | 湿塘 | ● | ◎ | ● | ● |
| 调节技术 | 调节塘 | ● | ◎ | ● | ◎ |
| | 调节池 | ◎ | ◎ | ◎ | ○ |
| 转输技术 | 转输型植草沟 | ● | ● | ● | ◎ |
| | 干式植草沟 | ● | ● | ● | ◎ |
| | 湿式植草沟 | ● | ● | ● | ◎ |
| | 渗透管/渠 | ● | ● | ● | ○ |
| 截污净化技术 | 雨水湿地 | ● | ● | ● | ● |
| | 植被缓冲带 | ● | ● | ● | ● |
| | 初期雨水弃流设施 | ● | ◎ | ◎ | ○ |
| | 人工土壤渗滤 | ◎ | ○ | ◎ | ◎ |

注：●——宜选用；◎——可选用；○——不宜选用。

表格来源：《海绵城市建设技术指南——低影响开发雨水系统构建》[7]。

# 1.2　施工图识图

## 1.2.1　制图标准

### 1. 图纸要求

图纸的宽度 $b$ 应根据图样的复杂程度和比例，按现行国家标准《房屋建筑制图统一标准》（GB 50001—2010）中图线的有关规定选用。

总图制图应根据图纸功能按表 1-8 规定的线型选用。

**表 1-8　总图制图的图线选型**

| 名称 | | 线型 | 线宽 | 用途 |
|---|---|---|---|---|
| 实线 | 粗 | | $b$ | （1）新建设施±0.00 高度的可见轮廓线<br>（2）新建管线 |
| | 中 | | $0.75b$ | 道路红线 |
| | 细 | | $0.5b$ | （1）原有设施±0.00 高度的可见轮廓线<br>（2）新建人行道、排水沟、坐标线、尺寸线、等高线 |
| 虚线 | 粗 | | $b$ | 新建设施地下轮廓线 |
| | 细 | | $0.5b$ | 原有设施地下轮廓线 |
| 单点长画线 | 粗 | | $b$ | 土方填挖区的零点线 |
| | 细 | | $0.5b$ | 分水线、中心线、对称线、定位轴线 |
| 双点长画线 | 粗 | | $b$ | 总平面图用地红线 |
| | 细 | | $0.5b$ | 设施红线 |
| 折断线 | | | $0.5b$ | 断线 |
| 不规则曲线 | | | $0.5b$ | 水体轮廓线 |

注：根据各类图纸所表示的内容重点不同使用不同粗细线型。

### 2. 比例要求

制图比例的选择参见表 1-9。

**表 1-9　制图比例选择**

| 图名 | 比例 |
|---|---|
| 总平面图、索引图 | 1∶300、1∶500、1∶1000、1∶2000 |
| 竖向布置图、种植平面图、放线定位图 | 1∶300、1∶500、1∶1000 |
| 详图 | 1∶10、1∶20、1∶50 |

3. 计量单位要求

总图中的坐标、标高、距离以米为单位。坐标以小数点标注三位，不足以“0”补齐；标高、距离以小数点后两位数标注，不足以“0”补齐。详图可以毫米为单位。

道路纵坡度、设施边坡坡度、排水沟沟底纵坡、管线坡度宜以百分计，并应取小数点后一位，不足时以“0”补齐。

设施、道路、构（建）筑物方位角（或方向角），宜注写到“秒”，特殊情况应另加说明。

4. 坐标标注要求

总图应按上北下南方向绘制。根据场地形状或布局，可向左或向右偏转，但不宜超过45º。总图中应绘制指北针或风玫瑰图，样式可参照图1-7。

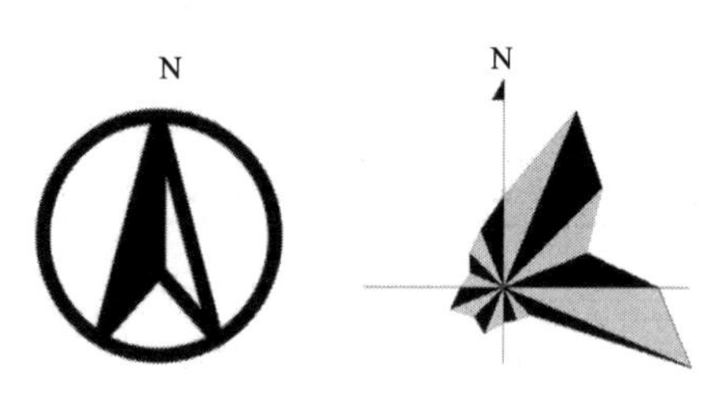


图1-7　指北针和风玫瑰图

坐标网线应以细实线表示。测量坐标网应画成交叉十字线，坐标代号宜用“*X*、*Y*”表示；若设施需自设坐标，应画成网格通线，自设坐标代号宜用“*A*、*B*”表示。坐标值为负数时，应注“－”号；为正数时，“+”号可以省略。

总平面图上有测量和设施两种坐标系统时，应在附注中注明两种坐标系统的换算公式。

表示设施构（建）筑物位置的坐标应根据设计不同阶段要求标注，当设施与坐标轴线平行时，可注其对角坐标。与坐标轴线成角度或设施平面复杂时，宜标注三个以上坐标，坐标宜标注在图纸上。根据工程具体情况，构（建）筑物也可用相对尺寸定位。

在一张图上，主要构（建）筑物用坐标定位时，根据工程具体情况也可用相对尺寸定位。

设施构（建）筑物、道路、管线等应标下列部位的坐标或定位尺寸：

（1）方形构（建）筑物的轮廓线轴线交点；

（2）圆形构（建）筑物的中心；

（3）条形构（建）筑物的中线或其交点、起始点、转折点；

（4）不规则构（建）筑物的主要弧度点及变点；

（5）管线（包括管沟、管架或管桥）的中线交叉点和转折点。

5. 标高要求

总图中标注的标高应为绝对标高，当标注相对标高时，则应注明相对标高与绝对标高的换算关系。总图中以下部位需标注标高：

（1）设施构（建）筑物标注其有代表性的标高，并用文字注明标高所指的位置。

（2）管线标注管顶标高。

（3）道路标注路面中心线交点及变坡点标高。

（4）植草沟标注设施中心点及设施顶部标高，并指明边坡坡度。

（5）挡土墙标注墙顶和墙趾标高，路堤、边坡标注坡顶和坡脚标高，排水沟标注沟顶和沟底标高。

（6）场地平整标注其控制位置标高，铺砌场地标注其铺砌面标高。

（7）标高符号应按现行国家标准《房屋建筑制图统一标准》（GB 50001—2010）的有关规定进行标注。

6. 名称和编号要求

总图上的设施构（建）筑物应注写名称，名称宜直接标注在图上。当图样比例小或图面无足够位置时，也可编号列表标注在图内。当图形过小时，可标注在图形外侧附近处。

总图上的管线、线形构（建）筑物及道路曲线转折点等，应进行编号。

一个工程中，整套总图图纸所注写的场地、构（建）筑物、道路等的名称应统一，各设计阶段的上述名称和编号应一致。

### 1.2.2　总平面图识读

总平面图是地图的一种，可以用水平面代替水准面。用平面方式把设计范围内的低影响开发设施，包括透水铺装、渗透塘、生物滞留设施、下沉式绿地、雨水湿地、植草沟等设施，沿铅垂线方向投影到平面上，按规定的符号（或文字说明）和比例缩小而构成的相似图形，叫作平面图。

1. 用地周边环境

标明设施所处的位置，在总平面图中标注出设计地段的位置、所处的环境、周边的用地情况、交通道路情况、景观条件、管线情况、径流情况等。图 1-8 为迁安市某公园海绵城市红线范围外周边用地情况。图 1-9 为迁安市某公园海绵城市外围进入设计范围径流量计算图。

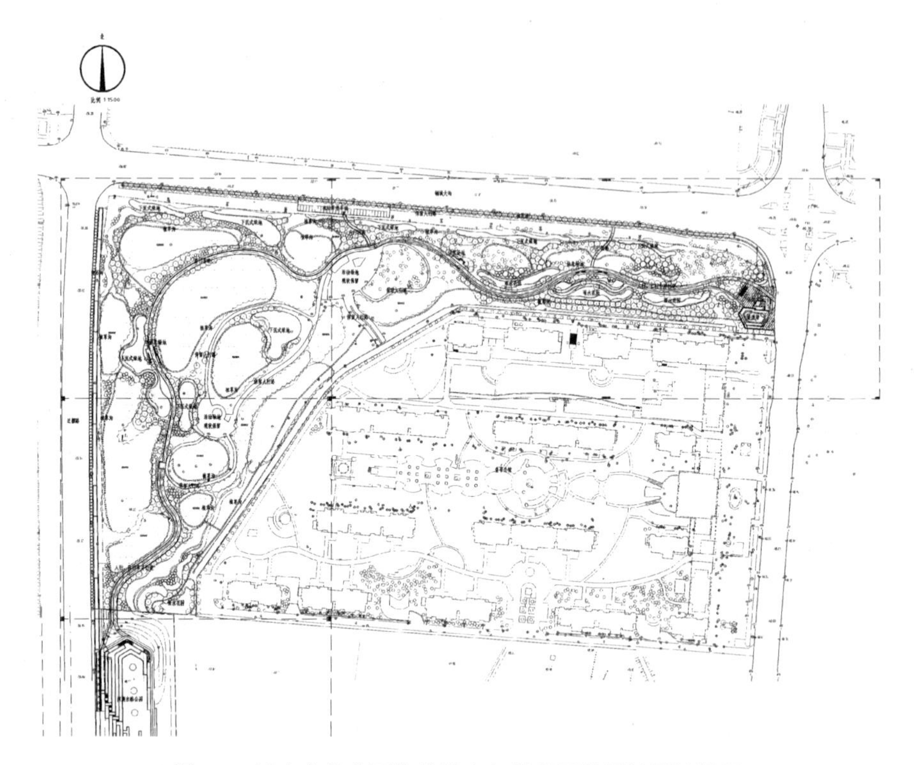

图 1-8　迁安市某公园海绵城市红线范围外周边用地情况

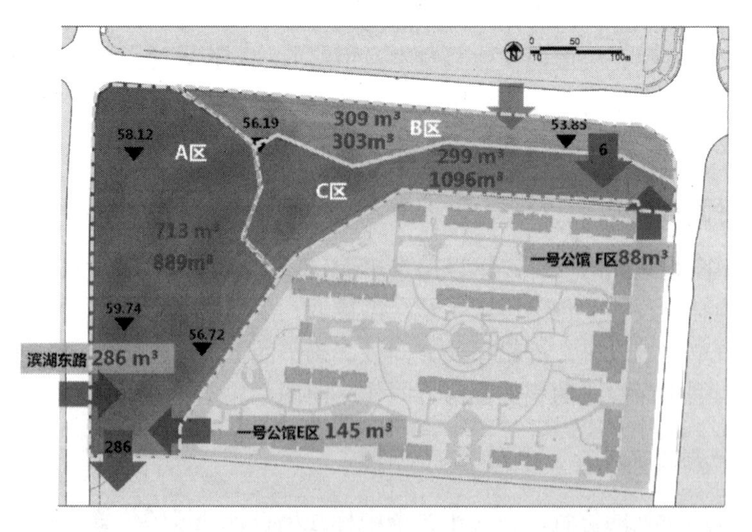


图 1-9　迁安市某公园海绵城市外围进入设计范围径流量计算图

2. 设计红线

标明设计用地的范围，用红色虚线标出，即设计红线范围。

3. 总平面图的定位

（1）尺寸标注：以图中某一原有景物为参照物，标注新设计的低影响开发设施和参照物之间的距离。它一般适用于设计范围较小、内容相对较少的小项目的设计，如迁安市某公园海绵城市总平面图局部示例（图 1-10）。

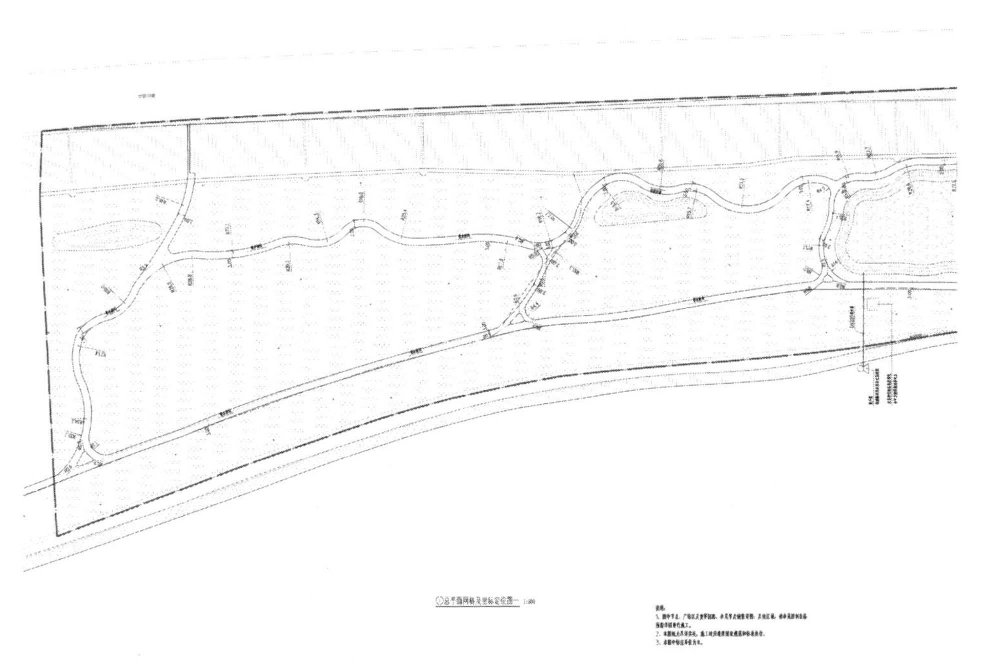

图 1-10　迁安市某公园海绵城市总平面图局部

（2）坐标网标注：坐标网以直角坐标的形式进行定位，有建筑坐标网及测量坐标网两种形式。建筑坐标网是以某一点为“零”点（一般为原有建筑的转角或原有道路的边坡等），并以水平方向为 $B$ 轴，垂直方向为 $A$ 轴，按一定距离绘制出方格网，也是设计图中常用的定位形式。测量坐标网是根据测量基准点的坐标来确定方格网的坐标，并以水平方向为 $Y$ 轴，垂直方向为 $X$ 轴，按一定距离绘制出方格网，坐标网均用细实线绘制，常用（2m×2m）～（10m×10m）的网格绘制。迁安市某公园海绵城市总平面图局部示例如图 1-11 所示。

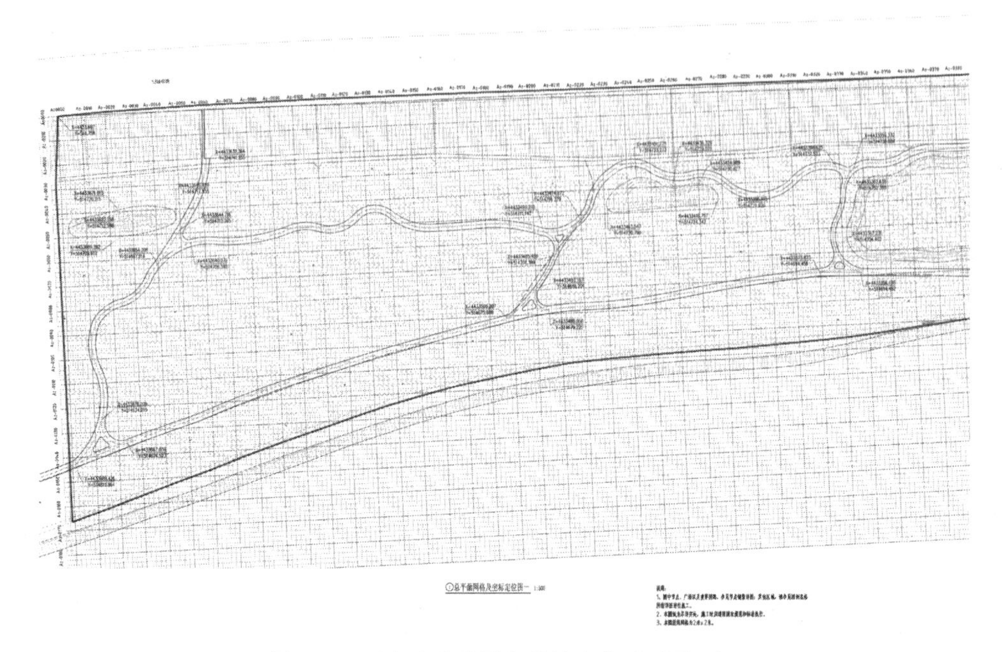

图 1-11　迁安市某公园海绵城市总平面图局部

（3）索引标注：在总平面图中，会因为比例问题而无法表达清楚某一局部，为方便施工需另画详图。一般用索引符号注明画出详图的位置、详图的编号以及详图所在的图纸编号。索引符号和详图符号内的详图编号与图纸编号两者对应一致。按“国际”规定，索引符号的圆和引出线均应以细实线绘制，圆直径为 8～10mm。引出线应对准圆心，圆内过圆心画一水平线，上半圆中用阿拉伯数字注明该详图的编号，下半圆中用阿拉伯数字注明该详图所在图纸的图纸号。如果详图与被索引的图样在同一张图纸内，则在下半圆中间画一水平细实线。索引出的详图，如采用标准图，应在索引符号水平直径处的长线上加注该标准图册的编号。当索引符号用于索引剖面详图时，应在被剖切的部位绘制剖切位置线。引出线所在一侧应为投射方向。图 1-12 为迁安市某公园海绵城市总平面索引图。

4. 标题

标题除了起到标示、说明设计项目及设计图纸的名称作用之外，还具有一定的装饰效果，以增强图面的观赏效果。标题应该注意与图纸总体风格相协调。

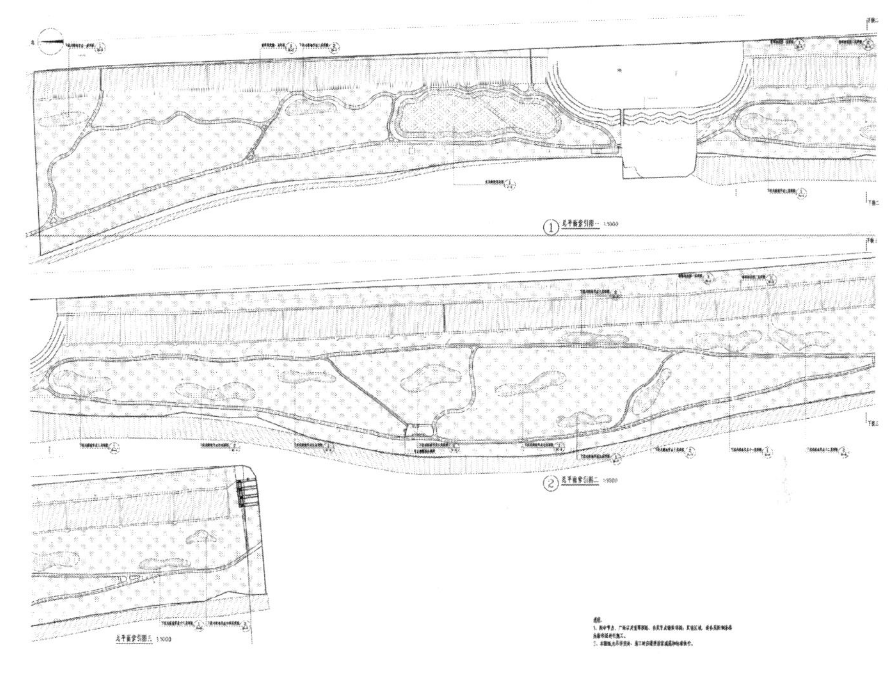

图 1-12　迁安市某公园海绵城市总平面索引图

5. 图例表

图例表说明图中一些自定义的图例对应的含义。

### 1.2.3　设施详图识读

低影响开发设施由于有些局部工程的细部构造必须用更详细的图纸来做辅助说明或表达出设计意图，因此，经常画出比例较大的图（常为 1∶10、1∶20、1∶50），这种图纸叫作大样图（或详细施工图）。

低影响开发设施详图图示的内容包括以下几部分：

（1）图名、比例、文字说明。

（2）设施平面形状、大小、定位放线位置。

（3）设施截面形状、深度、构造、材料组成、边坡坡度、竖向。

（4）设施各组成部分的位置和工法。

（5）设施各组成部分的详细尺寸。

（6）设施水力系统流向。

以下列举了几种通用设施的平面详图和剖面详图。图 1-13 为透水铺装平面详图和剖面详图，图 1-14 为下沉式绿地平面详图和剖面详图，图 1-15 为植草沟平面详图和剖面详图，图 1-16 为渗透塘详图，图 1-17 为新旧沥青路面搭接详图，图 1-18 为路缘石剖面详图，图 1-19 为渗透管/渠平面详图和剖面详图，图 1-20 为溢流口平面详图和剖面详图。

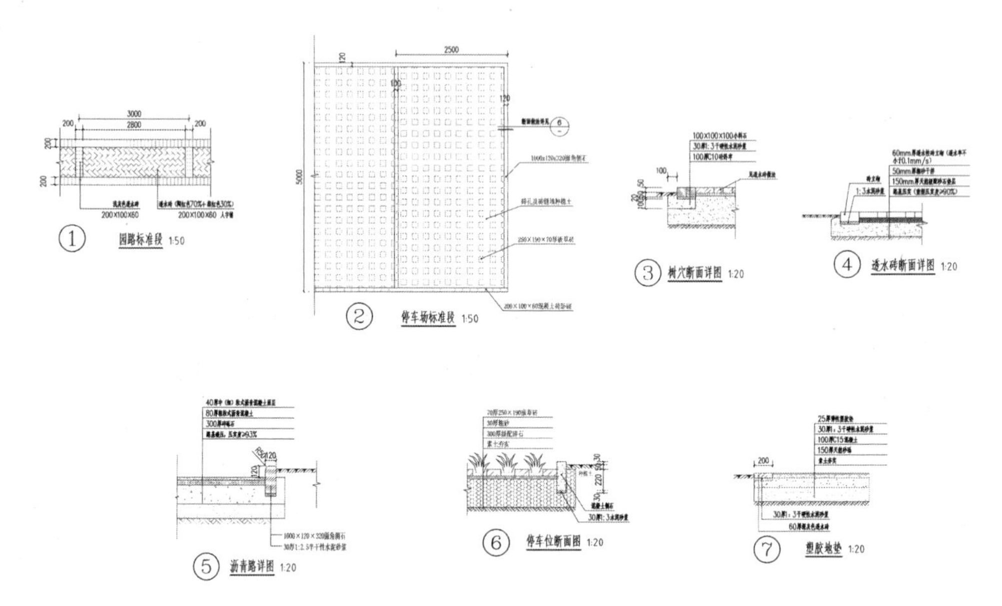


图 1-13　透水铺装平面详图和剖面详图（单位：mm）

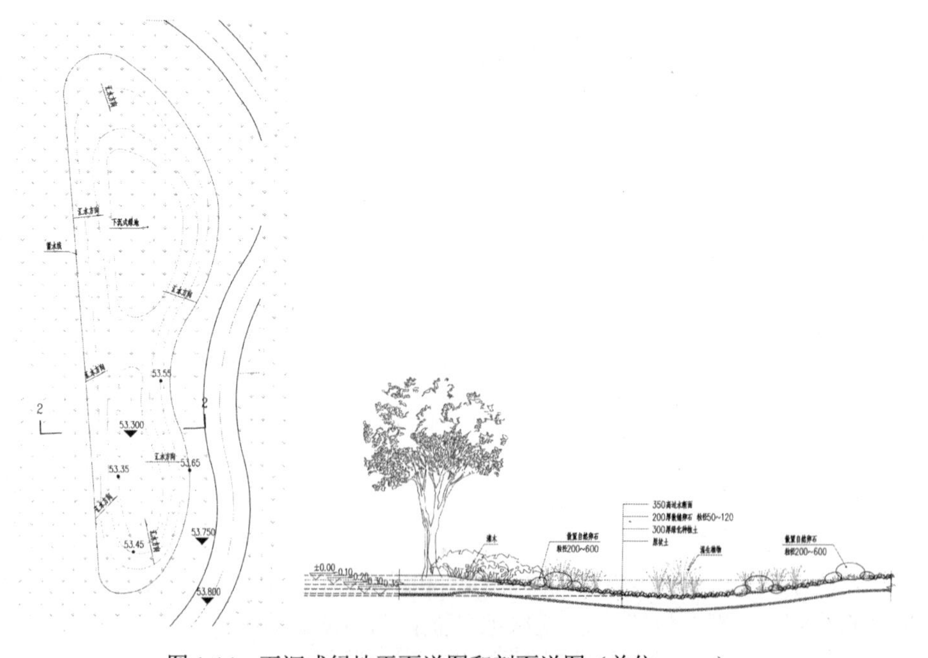


图 1-14　下沉式绿地平面详图和剖面详图（单位：mm）

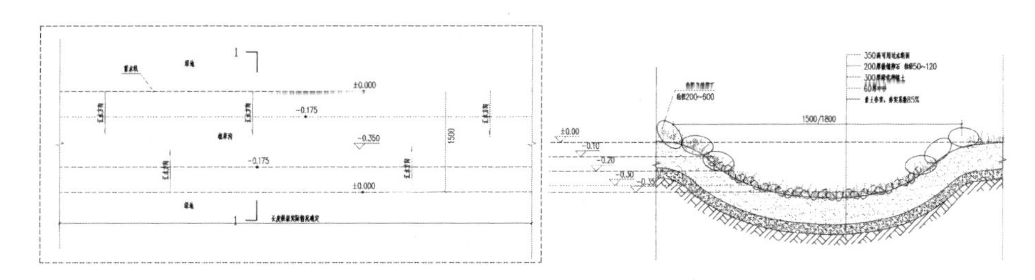


图 1-15　植草沟平面详图和剖面详图（单位：mm）

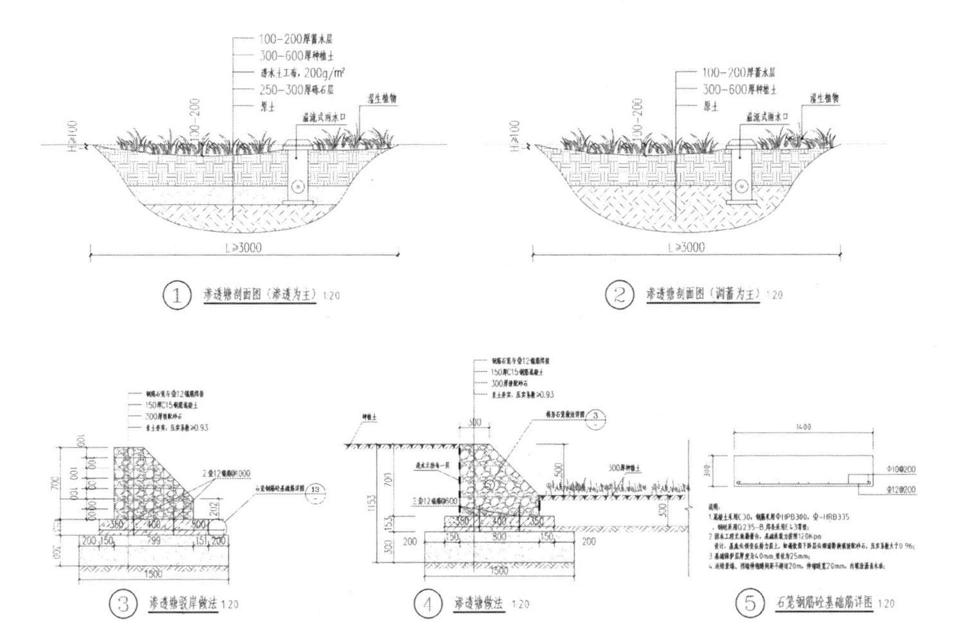


图 1-16　渗透塘详图（单位：mm）

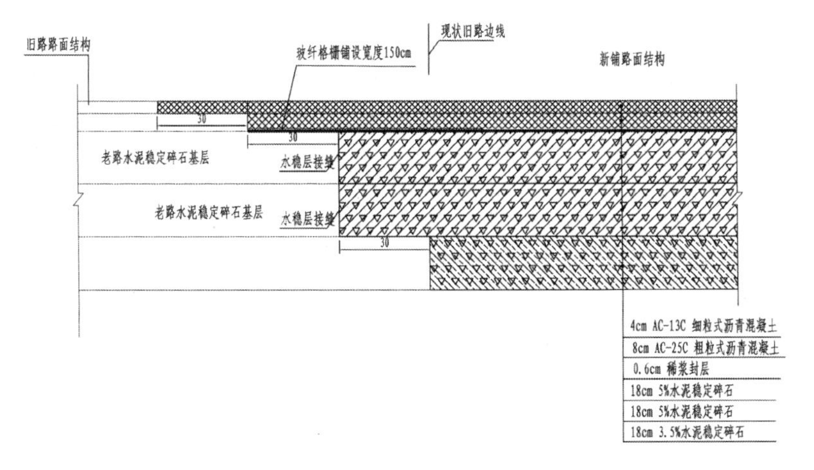


图 1-17　新旧沥青路面搭接详图

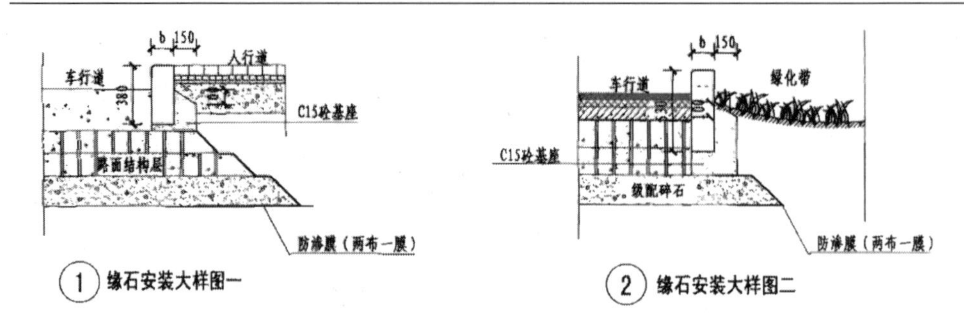


图 1-18　路缘石剖面详图（单位：mm）

图片来源：《海绵城市工程设计图集——低影响开发雨水控制及利用》[8]

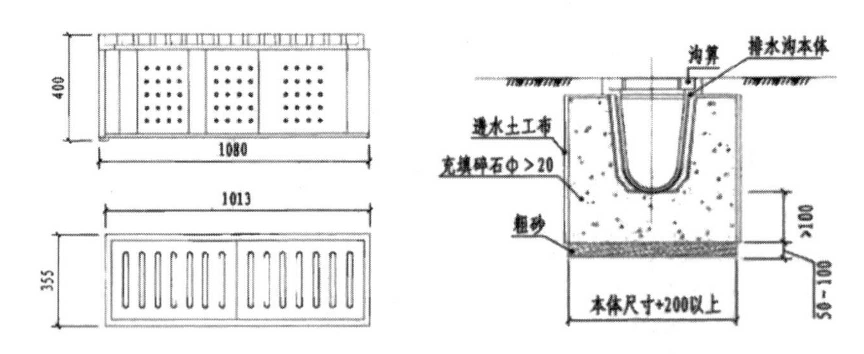


图 1-19　渗透管/渠平面详图和剖面详图（单位：mm）

图片来源：《海绵城市工程设计图集——低影响开发雨水控制及利用》[8]

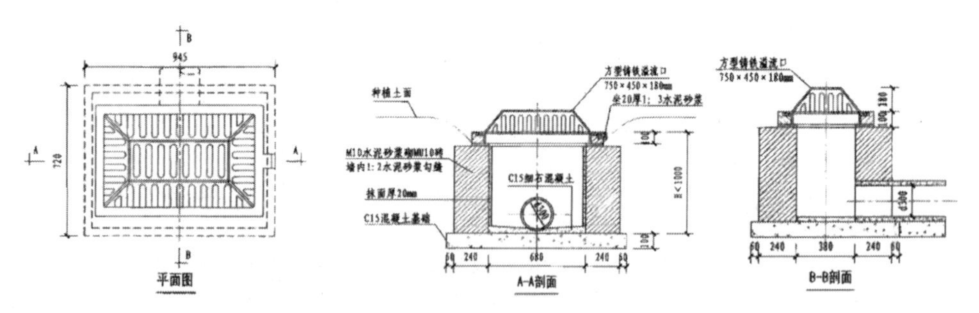


图 1-20　溢流口平面详图和剖面详图（单位：mm）

图片来源：《海绵城市工程设计图集——低影响开发雨水控制及利用》[8]

### 1.2.4　植物配置图识读

1. 苗木表

通常在图面上适当位置用列表的方式绘制苗木统计表，具体统计并说明苗木编号、苗木名称、株高、冠幅、主枝数和数量等。

2. 种植施工说明

对植物选苗、栽植和养护过程中需要注意的问题进行说明。

3. 植物种植位置

种植位置用坐标网络进行控制，或可直接在图样上用具体尺寸标出株间距、行间距及端点植物与参照物之间的距离。不同类别的植物，可以用不同图例区分植物种类，也可以用直接标注的方式。种植平面图对设施不同植物种类的平面位置及规格，采用不同图例表示，也可以采用文字和苗木表表示。乔木、灌木及地被植物图例可参见相关图集。

4. 施工放样图和剖、断面图

某些有着特殊要求的植物景观还需给出这一景观的施工放样图和剖、断面图。园林植物种植设计图是组织种植施工、编制预算、养护管理及工程施工监理和验收的重要依据，它应能准确表达出种植设计的内容和意图，并且对于施工组织、施工管理以及后期的养护都起到很大的作用。

5. 案例（以迁安市某公建海绵城市建设为例）

苗木表如表 1-10 和表 1-11 所示。

**表 1-10　迁安市某公建海绵城市苗木表一**

| 序号 | 苗木名称 | | 苗木规格要求 | | | 数量 | 备注 |
|---|---|---|---|---|---|---|---|
| | 中文名 | 拉丁名 | 株高 | 冠幅 | 主枝数 | | |
| 1 | 醉鱼草 | *Buddleja lindleyana* | $H$=0.8～1.0m | $P$>0.8m | >5 主枝 | 45 株 | 冠形饱满，整株移植 |
| 2 | 海州常山 | *Clerodendrum trichotomum* | $H$=1.0～1.2cm | $P$>1.0m | >3 主枝 | 21 株 | 冠形饱满，整株移植 |
| 3 | 红瑞木 | *Cornus alba* Linn. | $H$=0.8～1.0cm | $P$>0.6m | >5 主枝 | 28 株 | 冠形饱满，整株移植 |
| 4 | 木槿 | *Hibiscus syriacus* Linn. | $H$=1.2～1.5cm | $P$>0.8m | >5 主枝 | 74 株 | 冠形饱满，整株移植 |
| 5 | 棣棠花 | *Kerria japonica* DC. | $H$=0.5～0.8cm | $P$>0.5m | >8 主枝 | 12 株 | 冠形饱满，整株移植 |
| 6 | 紫薇 | *Lagerstroemia indica* Linn. | $H$=1.2～1.5cm | $P$>1.0m | >5 主枝 | 32 株 | 冠形饱满，整株移植 |
| 7 | 金银木 | *Lonicera maackii* | $H$=1.2～1.5cm | $P$>1.0m | >3 主枝 | 55 株 | 冠形饱满，整株移植 |

续表

| 序号 | 苗木名称 | | 苗木规格要求 | | | 数量 | 备注 |
|---|---|---|---|---|---|---|---|
| | 中文名 | 拉丁名 | 株高 | 冠幅 | 主枝数 | | |
| 8 | 粉花绣线菊 | *Spiraea japonica* L. | *H*=0.4～0.6cm | *P*＞0.5m | ＞8 主枝 | 14 株 | 冠形饱满，整株移植 |
| 9 | 金焰绣线菊 | *Spiraea x bumalda* cv. | *H*=0.3～0.5cm | *P*＞0.3m | ＞8 主枝 | 17.1m$^2$ | 16 株/ m$^2$ |
| 10 | 金山绣线菊 | *Spiraea japonica* Gold Mound | *H*=0.3～0.5cm | *P*＞0.3m | ＞8 主枝 | 51 m$^2$ | 16 株/ m$^2$ |
| 11 | 柽柳 | *Tamarix chinensis* Lour. | *H*=0.8～10cm | *P*＞0.8m | ＞3 主枝 | 24 株 | 冠形饱满，整株移植 |
| 12 | 天目琼花 | *Viburnum sargentii* K. | *H*=1.0～1.2cm | *P*＞1.0m | ＞3 主枝 | 12 株 | 冠形饱满，整株移植 |
| 13 | 花叶杞柳 | *Salix integra* | *H*=0.8～1.0m | *P*＞0.8m | ＞3 主枝 | 19 株 | 冠形饱满，整株移植 |
| 14 | 冷季型草坪 | | 草块 | | | 995.4m$^2$ | |

**表 1-11　迁安市某公建海绵城市苗木表二**

| 序号 | 苗木名称 | | 苗木规格要求 | 种植密度 | 数量 | 备注 |
|---|---|---|---|---|---|---|
| | 中文名 | 拉丁名 | | | | |
| 15 | 玉簪 | *Hosta plantaginea* | 二年生，5～8 芽/丛 | 16 丛/m$^2$ | 64.2m$^2$ | 无病虫害，长势良好 |
| 16 | 紫萼玉簪 | *Hosta ventricosa* | 二年生，5～8 芽/丛 | 16 丛/m$^2$ | 20m$^2$ | 无病虫害，长势良好 |
| 17 | 大花萱草 | *Hemerocallis middendorfii* | 二年生，5～8 芽/丛 | 25 丛/ m$^2$ | 470 m$^2$ | 无病虫害，长势良好 |
| 18 | 鸢尾 | *Iris tectorum* | 二年生，5～8 芽/丛 | 25 丛/m$^2$ | 170m$^2$ | 无病虫害，长势良好 |
| 19 | 千屈菜 | *Lythrum salicaria* | 二年生，3～5 芽/丛 | 16 丛/ m$^2$ | 138m$^2$ | 无病虫害，长势良好 |
| 20 | 松果菊 | *Echinacea purpurea* | 二年生，2～3 芽/丛 | 16 丛/m$^2$ | 227m$^2$ | 无病虫害，长势良好 |
| 21 | 马蔺 | *Iris lactea* Pall. | 二年生，5～8 芽/丛 | 25 丛/m$^2$ | 628m$^2$ | 无病虫害，长势良好 |
| 22 | 蓝花鼠尾草 | *Salvia farinacea* | 二年生，3～5 芽/丛 | 25 丛/m$^2$ | 382m$^2$ | 无病虫害，长势良好 |
| 23 | 金鸡菊 | *Coreopsis drummondii* Torr. | 二年生，3～5 芽/丛 | 25 丛/m$^2$ | 464.6m$^2$ | 无病虫害，长势良好 |

续表

| 序号 | 苗木名称 | | 苗木规格要求 | 种植密度 | 数量 | 备注 |
|---|---|---|---|---|---|---|
| | 中文名 | 拉丁名 | | | | |
| 24 | 狼尾草 | *Pennisetum alopecuroides* | 二年生，8～10 分芽/丛 | 9 丛/$m^2$ | 230.3$m^2$ | 无病虫害，长势良好 |
| 25 | 美国薄荷 | *Monarda didyma* L. | 二年生，2～3 芽/丛 | 16 丛/$m^2$ | 74.8$m^2$ | 无病虫害，长势良好 |
| 26 | 柳枝稷 | *Panicum virgatum* | 二年生，8～10 分芽/丛 | 9 丛/$m^2$ | 140$m^2$ | 无病虫害，长势良好 |
| 27 | 黄菖蒲 | *Iris pseudacorus* L. | 二年生，3～5 芽/丛 | 25 丛/$m^2$ | 291$m^2$ | 无病虫害，长势良好 |
| 28 | 红蓼 | *Polygonum orientale* L. | 二年生，2～3 芽/丛 | 9 丛/$m^2$ | 19.2$m^2$ | 无病虫害，长势良好 |
| 29 | 桔梗 | *Platycodon grandiflorus* | 二年生，3～5 芽/丛 | 9 丛/$m^2$ | 182$m^2$ | 无病虫害，长势良好 |
| 30 | 荆芥 | *Nepeta cataria* L. | 二年生，2～3 芽/丛 | 16 丛/$m^2$ | 200$m^2$ | 无病虫害，长势良好 |
| 31 | 滨菊 | *Leucanthemum vulgare* Lam. | 二年生，2～3 芽/丛 | 16 丛/$m^2$ | 228$m^2$ | 无病虫害，长势良好 |
| 32 | 黑心菊 | *Rudbeckia hirta* L. | 二年生，2～3 芽/丛 | 16 丛/$m^2$ | 165.2$m^2$ | 无病虫害，长势良好 |
| 33 | 紫菀 | *Aster tataricus* L. f. | 二年生，3～5 芽/丛 | 25 丛/$m^2$ | 238.9$m^2$ | 无病虫害，长势良好 |
| 34 | 八宝景天 | *Hylotelephium erythrostictum* L. | 二年生，3～5 芽/丛 | 25 丛/$m^2$ | 132.8$m^2$ | 无病虫害，长势良好 |
| 35 | 斑叶芒 | *Miscanthus sinensis* Andress. | 二年生，8～10 分芽/丛 | 9 丛/$m^2$ | 7$m^2$ | 无病虫害，长势良好 |

种植施工设计说明如下：

1）地理位置

迁安市位于河北省东北部，燕山南麓，滦河岸边，地理坐标为东经 118°37′～40°15′之间。境内地势西北高，东南低；山峰连绵起伏，东部为徐流营至五道沟系低山丘陵，西北东三面与中部和南部较开阔的平原相衬，形成“簸箕”状。地貌类型有低山、丘陵、谷地、平原，属燕山隆起带余脉南麓。

2）气候类型

迁安市为暖温带半湿润大陆性气候。冬季受西伯利亚和蒙古冷空气影响，盛行偏北风；夏季受太平洋高压影响，盛行偏南风。年平均气温 10.9℃，全年日照时数 2629.9h，无霜期 98d。

3）种植施工、设计原则

（1）种植设计原则。

①在方案基础上，进行植物空间布局和设计；

②以乡土植物为主。

（2）种植施工原则。

①满足植物的生态习性，坚持适地适树的原则；

②在保证景观观赏性的同时，充分发挥植物的生态作用。

4）下沉类绿地

下沉类绿地包括雨水花园、生态植草沟、生态滞留带、绿地下沉改造等低影响开发设施。这类设施是一种有效的雨水自然净化与处置技术，也是一种生物滞留设施。一般建在地势较低的区域，通过天然土壤或更换人工土和种植植物净化、消纳小面积汇流的初期雨水。它具有建行费用低，运行管理简单，自然美观，易与景观结合等优点。

（1）下沉类绿地的主要功能为：

①通过滞蓄削减洪峰流量、减少雨水外排，保护下游管道、构筑物和水体；

②利用植物截流、土壤渗滤净化雨水，减少污染；

③充分利用径流雨量，涵养地下水，也可对处理后的雨水加以收集利用，缓解水资源的短缺；

④经过合理的设计以及妥善的维护能改善小区的环境，为鸟类等动物提供食物和栖息地，达到良好的景观效果。

（2）典型下沉式绿地如雨水花园的构造。

①蓄水层。为暴雨提供暂时的储存空间，使部分沉淀物在此层沉淀，进而促使附着在沉淀物上的有机物和金属离子得以去除。其高度根据周边地形和当地降雨特性等因素而定。

②覆盖层。一般采用树皮进行覆盖，对雨水花园起着十分重要的作用，可以保持土壤的湿度，避免表层土壤板结而造成渗透性能降低。在树皮下土壤界面上营造了一个微生物环境，有利于微生物的生长和有机物的降解，同时还有助于减少径流雨水的侵蚀。覆盖厚度一般为5～10cm。

③换填层。种植土层为植物根系吸附以及微生物降解碳氢化合物、金属离子、营养物和其他污染物提供了一个很好的场所，有较好的过滤和吸附作用。换填层土壤初始下渗率不小于150mm/h，稳定下渗率不小于75mm/h，TSS去除率不小于75%，有机质（%LOI）32.5%～3.5%。推荐换填层土壤级配：60%粗砂+20%原土+20%椰糠（注：所有椰壳在混合前必须剔除干净）。

④砾石层。为防止换填层土壤介质流失，砾石上层增加10cm砂层（细和粗），碎石层厚度为30cm，粒径采用3～5cm。

5）种植施工要点

①定点放线：根据种植设计图纸，按比例放样于地面，确定各种植物的种植点。

②种植密度依据苗木表密度进行。

③花卉在种植入土坑时，在根部打上泥浆，并使根均匀铺开，在回填土时，轻轻摇动植株以确保土壤渗透根系。

④铺置草坪后应立即浇水，并用平底铁铲或木板均匀拍打，使草皮与种植土充分结合（拍打器底部的黏土要及时清除），同时撒上一层薄薄的细砂。浇水时用细浇水喉，避免水土流失。如发现收缩，连接处应填上细的表土，刷平之后浇水。播种草坪为混配，具体比例如下：野牛草∶黑麦草∶蛇莓∶紫花地丁∶白三叶=5∶3∶1∶0.5∶0.5。

⑤种植土中要求不含建筑垃圾、石块以及有毒的有机工业废料；为保证苗木的成活率，种植土需掺入适量的腐殖土（或草炭土），比例为种植土∶腐殖土（或草炭土）=8∶2，腐殖土（或草炭土）必须充分腐熟，并与种植土混合均匀充分，去除杂物，平整度和坡度应符合设计要求。

6）维护管理说明

（1）植物定植后，为了保证良好运行，需要进行建植后养护和日常维护。建植后的维护措施有：

①当植物定植后，为了阻止杂草的生长，保持土壤的湿度，避免土壤板结而导致土壤渗透性下降，需要给雨水花园覆盖 5cm 左右的树皮。

②建成初期，若遇到大雨，流速较快，容易侵蚀雨水花园床底，将几块砖头或一些石块放在入水口处可降低径流系数，防止雨水对花园床底的侵蚀。

③最初几周每隔一天浇 1 次水，并且要经常去除杂草，直到植物能够正常生长并且形成稳定的生物群落。

（2）日常维护措施有：

①在几次降雨或一次强降雨后需检查雨水花园的覆盖层及植被的受损情况，如若受损则应及时更换。

②沉淀物会在表面积累，阻止雨水下渗，因此要定期清理雨水花园表面的沉积物。

③在早春，根据植物需水状况，适当对植物进行灌溉。

④检查植被生长状况，防止过度繁殖，定期修剪生长过快的植物，去除影响景观效果的杂草。

⑤每年冬末或早春剪掉枯死的植物枝叶。

种植平面图如图 1-21 所示。

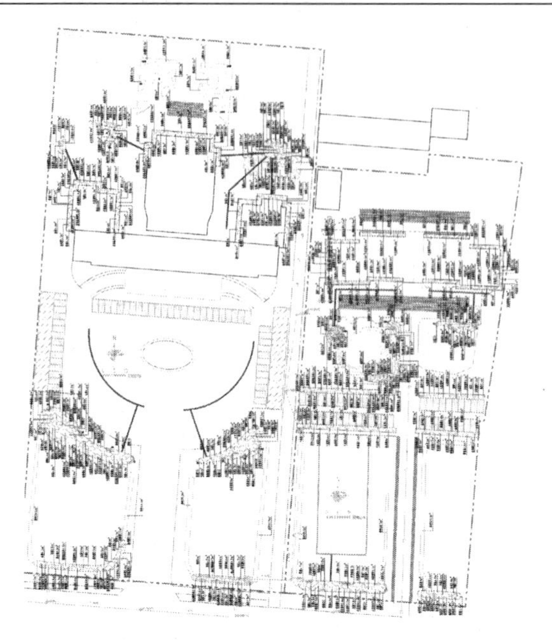

图 1-21　迁安市某公建海绵城市建设种植平面图

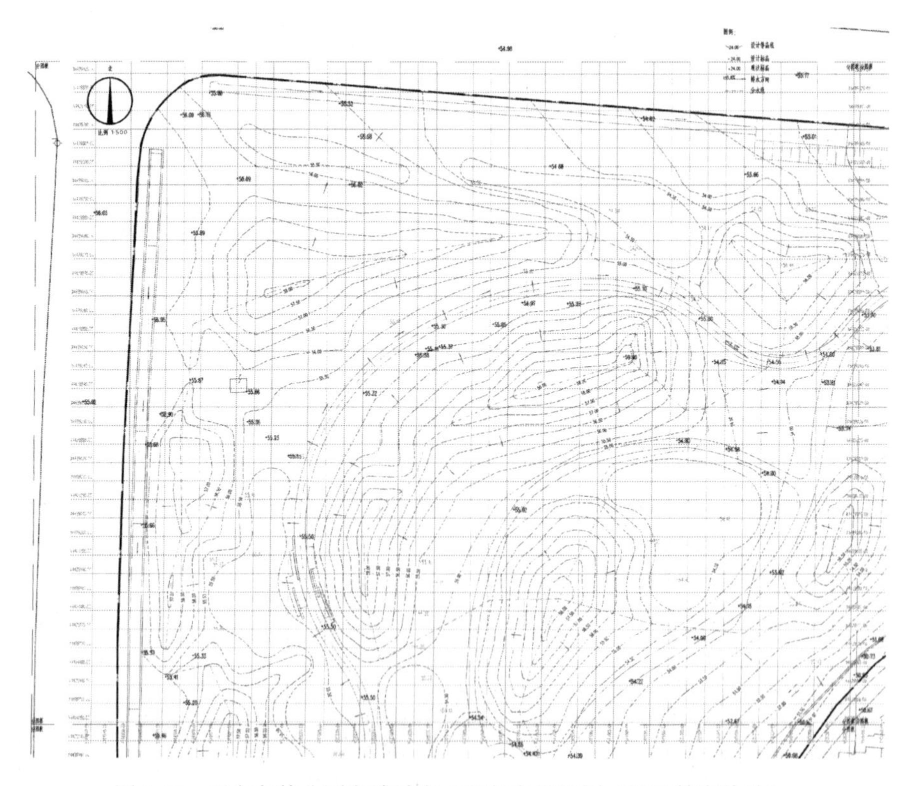

图 1-22　迁安市某公园海绵城市工程竖向设计图（设计等高线法）

### 1.2.5　竖向设计图识读

竖向设计图用于反映场地的标高、坡高，是对项目平面进行高程确定的设计形成的竖向空间，表示方法主要有设计标高法、设计等高线法和局部剖面法三种。图 1-22 为迁安市某公园海绵城市工程竖向设计图（设计等高线法）。

### 1.2.6　定位放线图识读

放线定位点主要通过标注图纸中设施关键点的坐标，如设施起点、终点、拐点等，方便土方施工前按设计图对现场进行实际测量再进行基础开挖。放线定位图一般采用平面网格定位或平面坐标定位。图 1-23 为迁安市某公园海绵城市工程定位放线图（平面坐标法）。

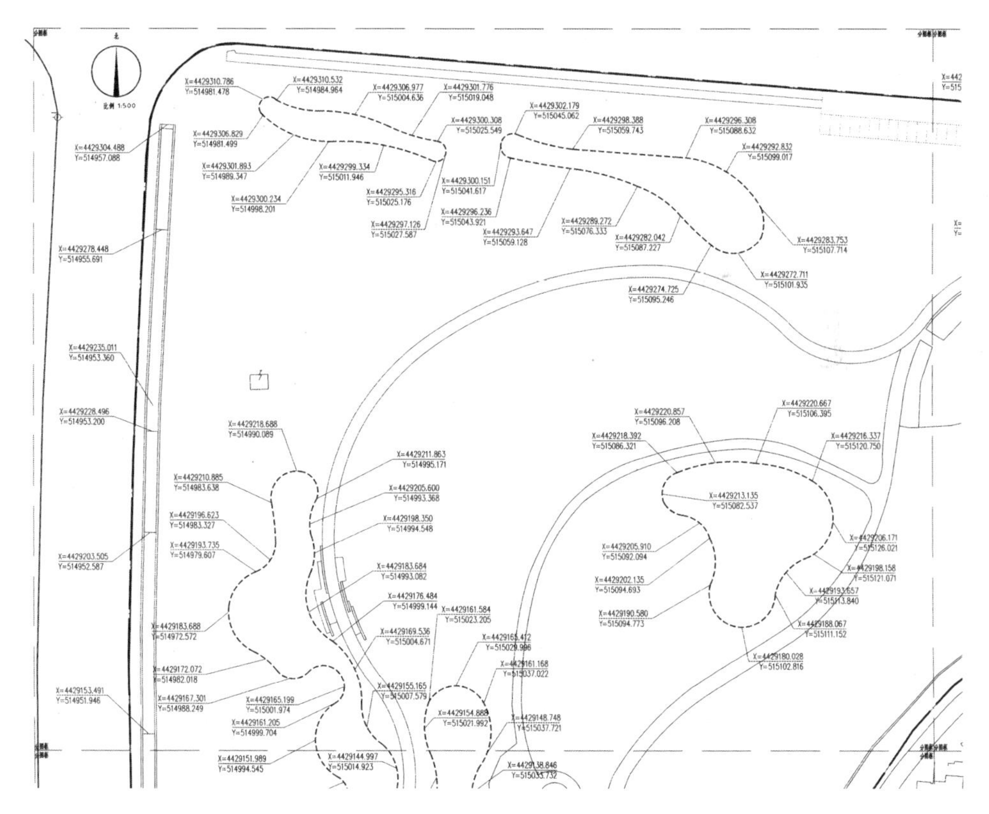


图 1-23　迁安市某公园海绵城市工程定位放线图（平面坐标法）

# 1.3　海绵城市施工程序

海绵城市施工程序是指海绵城市进入实施阶段后，在施工过程中应遵循的先后顺序，按照施工程序进行施工，可以有效地提高施工速度，保证施工质量、安全，降低施工成本。

海绵城市施工程序分为施工进场前的准备工作、现场施工阶段和竣工验收阶段。

## 1.3.1　施工进场前的准备工作

海绵城市工程建设各设施的各工序、各工种在施工过程中，首先要有一个施工进场前的准备期。施工进场前的准备工作，施工人员的主要任务是领会图纸设计的意图、掌握工程特点、了解工程质量要求、熟悉施工现场、合理安排施工力量，为顺利完成现场各项施工任务做好准备工作。其内容具体包括技术交底、施工测量放线、材料构配件的采购订货、施工机械的配置、临时设施的搭设。

## 1.3.2　现场施工阶段

施工进场前的各项准备工作就绪后，就可按计划正式开展施工，即进入现场施工阶段。海绵城市工程具体施工阶段，分解至低影响开发设施，设施类型多样，涉及的工序及工法种类多且要求高，本书设施施工技术章节对各设施工序及工法提出了各自不同的要求，在现场施工中应注意以下几点：

（1）严格按照施工组织设计和施工图进行施工安排，若有变化，须经计划、设计双方提请有关部门共同研究讨论并以正式的施工文件形式决定后，方可实施变更。

（2）严格执行各有关设施的施工规程，确保各设施的技术措施的落实。不得随意改变，更不能混淆设施施工。

（3）严格执行各工序间施工中的检查、验收、交接手续签字盖章的要求，并将其作为现场施工的原始资料妥善保管，明确责任。

（4）严格执行施工中的各类变更（工序变更、规格变更、材料变更等）的请示、批准、验收、签字的规定，不得私自变更和未经甲方检查、验收、签字而进入下一工序，并将有关文字材料妥善保管，作为竣工结算、决算的原始依据。

（5）严格执行施工的阶段性检查、验收的规定，尽早发现施工中的问题，及时纠正，以免造成大的损失。

（6）严格执行施工管理人员对进度、安全、质量的要求，确保各项措施在施工过程中得以贯彻落实，以防各类事故的发生。

（7）严格服从工程项目部的统一指挥、调配，确保工程计划的全面完成。

### 1.3.3 竣工验收阶段

施工项目竣工质量验收是施工质量控制的最后一个环节，是对施工过程质量控制成果的全面检验，是从终端把关方面进行质量控制。未经验收或验收不合格的工程，不得交付使用，如图 1-24 所示。

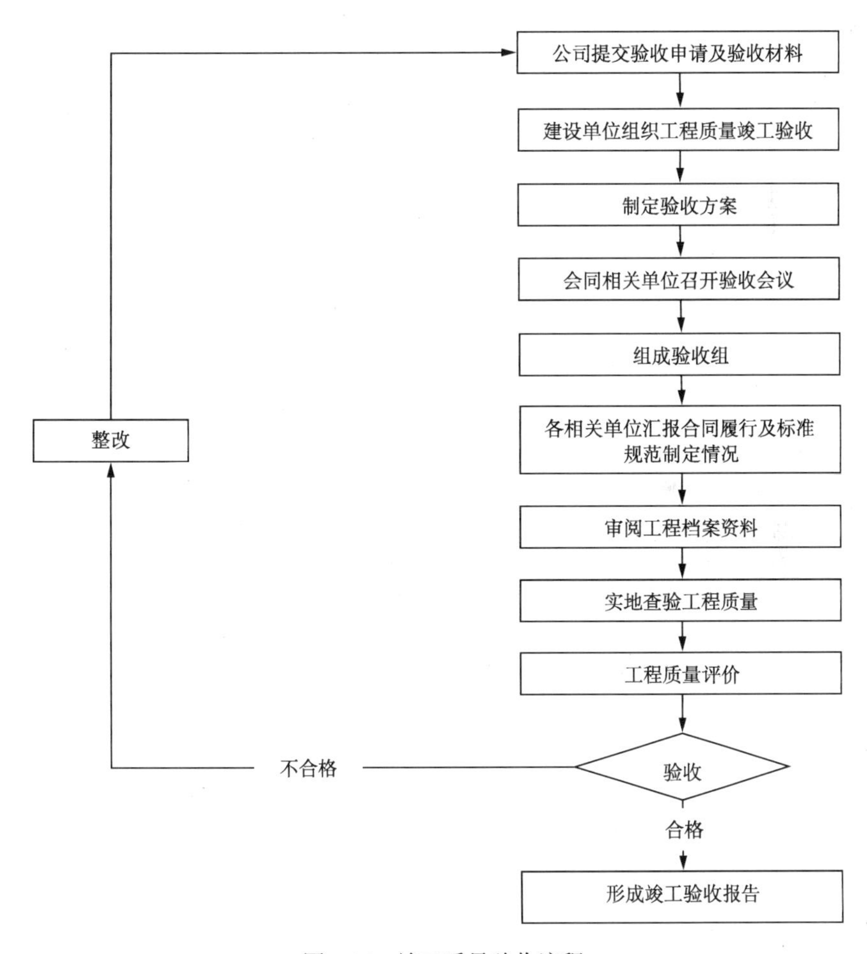


图 1-24　竣工质量验收流程

施工单位完成设计图纸和合同约定的全部内容后，自行组织验收，并编制工程竣工报告及竣工验收申请单，由施工单位法定代表人和技术负责人签字并加盖单位公章后，提交给监理单位；未委托监理的工程直接提交给建设单位。

监理单位核查工程竣工报告，根据施工单位报送的工程竣工报验单申请，由总监理工程师组织专业监理工程师，对竣工资料进行审查，并对工程质量进行全面检查，对检查中发现的问题督促施工单位及时整改，并对工程质量等级做出评价。经监理单位检查验收合格后，由总监理工程师签署工程竣工报验单，并向建设单位提出质量评估报告。工程竣工报告经总监理工程师签署意见后，由施工单位提交建设单位。

项目主管部门或建设单位在接到监理单位的质量评估和竣工报验单后，经审查，确认符合竣工验收条件和标准，即可组织正式验收，制定验收方案。

建设单位应当在组织工程竣工验收 7 个工作日前，将验收时间、地点及验收组名单书面通知工程质量监督机构，并提交有关工程质量文件和质量保证资料；具备验收条件的，工程质量监督机构应当按照建设单位通知的验收时间、地点派员对竣工验收工作进行监督。

建设单位组织工程竣工验收：

（1）建设、勘察、设计、施工、监理单位分别报告工程合同履约情况和在工程建设各个环节执行法律、法规和工程建设强制性标准的情况；

（2）审阅建设、勘察、设计、施工、监理单位的工程档案资料；

（3）实地查验工程质量；

（4）对工程勘察、设计、施工、设备安装质量和各管理环节等方面做出全面评价，形成经验收组人员签署的工程竣工验收意见。

编制建设工程竣工验收报告。建设工程竣工验收报告应当包括下列内容：工程概况、项目建设情况、施工许可证号、施工图设计文件审查批准书号、工程质量情况以及建设、勘察、设计、施工图审查机构、施工、工程监理等单位签署的质量合格意见文件。

案例：河北省《建设工程竣工验收报告》格式，详见附录。

# 第 2 章　施工进场前的准备工作

施工进场前的准备工作是海绵城市施工的第一道工序，也是至关重要的一道工序。准备工作包括施工设计图纸的交底与识读、场地清理、场地排水、场地放线、材料购置及验收、施工机械配置及临时设施的搭设。准备工作未做好，容易造成后续工程的窝工甚至返工，进而影响工程效果。

## 2.1　设计交底与施工图纸的现场核对

施工图是进行现场施工的可靠技术保障，是施工的重要依据。施工前应向有关单位了解地下管线和隐蔽物埋设情况。施工单位应当认真审核施工图，领会设计意图和要求，对消能沟槽、渗排水管、净化区、进出水口等平面位置、高程进行复核，发现与现场情况有出入时，应当提出修改建议，如需变更设计，应按照有关程序报审。

技术人员在设计交底前要进行图纸会审，检查图纸和资料是否齐全，图纸是否有错误和矛盾；掌握设计内容及各项技术要求，熟悉土层地质、水文勘察资料，进行图纸会审，搞清建设场地范围与周围地下设施管线的关系。

施工设计现场交底人员要齐全，由业主方、设计师、工程监理、施工负责人四方参与，在交底时应全部到达施工现场，认真勘查施工现场，摸清施工现场情况，如运输道路、植被、邻近建筑物、地下设施、管线、障碍物、地面上施工范围内的障碍物和堆积物状况，供水、供电、通信情况，防洪排水系统等。

设计技术交底包括以下几项内容：

（1）图纸中分部分项部位的标高、轴线尺寸、预留洞、预留件的位置，结构设计意图等有关说明；

（2）施工操作方法，对不同工种要分别交底，施工顺序和工序间的穿插、衔接要详细说明；

（3）新结构、新材料、新工艺的操作工艺；

（4）冬雨季施工措施及特殊施工中的操作方法与注意事项、要点等；

（5）对原材料的规格、型号、标准和质量要求；

（6）各种混合板料的配合比和添加剂的要求详细交底，必要时，对第一使用者负责示范；

（7）各工种各工序穿插交接时间可能发生的技术问题预测；

（8）降低成本措施中的技术要求等。

## 2.2　施工测量放线

### 2.2.1　测量放线的原则

低影响开发工程测量放线类同于园林景观工程。低影响开发设施为单独项目施工工程，同整体园林景观工程施工同步进行。

为了确保低影响开发设施单体项目在平面和高程上都能符合设计要求，同周边区域互相连成统一的整体，放线要遵循“从整体到局部，先控制后分部”的原则。即先在施工现场建立统一的平面控制网和高程控制网，然后以此为基础，将各个待建的低影响开发设施的位置测设出来。

### 2.2.2　场地清理

在施工地范围内，凡是有碍于工程的开展或影响工程稳定的地面物和地下物均应予以清理，以便于后续的施工工作正常开展。

生物性废物。有碍施工的草皮、乔灌木及竹类应先行挖除，凡土方挖深不大于 50cm 或填方高度较小的土方施工，其施工现场及排水沟中的树林都必须连根拔除。伐除树木可用锯斧等工具进行。

非生物性废物。在拆除建筑物与构筑物时，应根据其结构特点，遵循现行《建筑施工安全技术统一规范》（GB 50870—2013）的规定进行操作，按照一定次序进行，注意操作安全。操作时可以用铁锤、镐，也可用挖土机、推土机等机械设备。另外，在施工区域内，影响工程质量的软弱土层、腐殖土、淤泥、孤石、大卵石、垃圾以及不宜作填土和回填土料的稻田湿土，应分情况采取全部挖除或设排水沟疏干、抛填砂砾和块石等方法进行妥善处理。

管线等其他异常物。如果施工场地内的地面、地下或水中发现有管线通过或其他异常物体时，应事先请有关部门协调查清。在未查清前不可动工，以免发生危险或造成其他损失。

场地清理后，应做好场地“四通一平”（即水通、路通、电通、通信通和场地平整）。市公用临时道路选线应以不妨碍工程施工为标准，结合设计园路、地质状况及运输荷载等因素综合确定；施工现场的给水排水、电力等应能满足工程施工的需要；场地平整时要与施工图的土方平衡相结合，以减少工程浪费；做好季节性施工的准备；并要做好拆除清理地上、地下障碍物和建设用材料堆放点的设置安排等工作。

### 2.2.3　场地排水

施工前应先排除场地积水，特别是在雨季，在有可能汇入地表水的方向上都应设置永久性或临时性排水沟，排走地面水或将地面水排到低洼处，再用水泵排走；或疏通原有排水泄洪系统。

1. 排除地面积水

施工前，应根据施工区的地形特点，在场地周围挖好排水沟（在山地施工为防山洪，在山坡上应做截洪沟），使场地内排水通畅，场外的水也不能流入。

2. 排除地下水

一般情况下，低影响开发设施底部渗透面距离季节性最高地下水位或岩石层不得小于 1m，若出现雨季时小于 1m，应及时把地下水排除。

排除地下水的方法很多，一般多采用明沟将水引至集水井，并用水泵排出。一般按地下水位的高低和排水面积来安排排水系统，先定出主干渠和集水井的位置，再定支渠的位置和数目。土壤的含水量大且要求排水迅速的，支渠应分布密些，其间距约为 1.5m，反之分布可疏些。

设置排水沟时，排水沟的纵向坡度一般不小于 2%；山坡地区，在离边坡上沿 5～6m 处，设置排洪沟、截水沟，阻止坡顶雨水流入开挖基坑区域内，或在需要的地段修筑挡水堤坝阻水。

### 2.2.4　场地放线

场地清理完毕并验收合格后，需对施工现场进行放线打桩工作。

1. 平整场地的放线[9]

此类放线方法适合透水铺装、生物滞留设施、下沉式绿地、屋顶绿化、植草沟、渗透管/渠等场地较平整的低影响开发设施放线。对于此类设施，一般采用方格网法施工放线。方格网的形式可布置成矩形或正方形。方格网的边长根据设施的大小和分布而定，一般为 5～10m 的整数长度，正方形方格网的边长一般为 100～200m。

方格网的主轴线，应尽可能位于场地中央，它是绿地控制方格网的扩展基础。两根主轴线的垂直交叉点，即为主点。其施工坐标一般由设计单位给出，也可在总平面图上用图解法求得一点的施工坐标，然后推算其他点的施工坐标。在测设之前，应把主点的施工坐标换算成测量坐标。主轴线上，纵横轴各个端点应布置在场区的边界上，必要时主轴线各个端点可布置在场区外的延长线上，以便于恢复施工过程中损坏的轴线点。为了便于定线、量距和标桩保护，轴线点不要落在待建的项目上。

将方格网放线到地上，在每个方格网交点处立桩木，桩木上应标有桩号和施工标高，木桩一般选用 5cm×5cm×40cm 的木条，侧面须平滑，下端削尖，以便打入土中。桩上的桩号与施工图上方格网的编号相一致，施工标高中挖方注上“+”号，填方注“－”号。相邻方格网之间应通视，能够长期保存标桩。在确定施工标高时，由于实际地形可能与图纸有出入，因此如果所改造地形要求较高，放线时则需要用水准仪重新测量各点标高，以重新确定施工标高。

2. 基坑场地的放线

此类放线方法适合渗透塘、渗井、雨水湿地、湿塘、干塘、蓄水池、植被缓冲带等挖基坑及有边坡要求的低影响开发设施放线。对于此类设施，仍可以利用方格作为控制网。对于渗透塘、雨水湿地、湿塘等场区面积较大时，采用方格网法时可以用分级方法。首级可采用“十”字形、“口”字形或“田”字形，然后再加密方格网。挖基坑有边坡要求时，需要精确边坡施工，可以采用边坡样板来控制边坡坡度。

当低影响开发设施同园林景观工程同时施工时，可根据园林景观总平面图上各个单体低影响开发设施的布置情况，参照施工总平面图及建设单位提供的坐标点，选定绿地方格网的主轴线，然后再布置方格网。

3. 定点乔、灌木的放线

此类放线方法适合低影响开发设施中的乔木及灌木。对于此类放线，场地红线放线后，根据施工图放样于地面，确定各树种的种植点。低影响开发设施中的乔木、灌木主要有生态树池、生态驳岸及其他低影响开发设施的边缘，一般为规则式种植。以生态树池为例，可按道牙或道路中心线为依据定出行位，用皮尺、测绳等，按照设计的株距，用白灰标出种植点来。每隔 10 株于株距间钉一木条作为行位控制标记，定位时要注意树体与邻近建筑物、市政管线、排水沟等设施的距离，详见表 2-1 所列。

**表 2-1　乔木、灌木与其他设施的最小距离**　　（单位：m）

| 设施 | 乔木 | 灌木 |
| --- | --- | --- |
| 建筑物外墙 | 3.0 | 0.5 |
| 电线杆、柱、塔 | 2.0 | 0.5 |
| 邮筒、站牌 | 1.2 | 1.2 |
| 车行道边缘 | 1.5 | 0.5 |

续表

| 设施 | 乔木 | 灌木 |
| --- | --- | --- |
| 排水明沟边缘 | 1.0 | 0.5 |
| 人行道边缘 | 1.0 | 0.5 |
| 地下涵洞 | 3.0 | 1.5 |
| 燃气管 | 2.0 | 1.5 |
| 给排水管 | 1.5 | 1.5 |
| 电缆 | 1.5 | 1.5 |

## 2.3　施工平面图的布置

海绵城市施工工程通常有多种低影响开发设施，如图 2-1 所示，应认真审图，区别不同低影响开发设施的施工工序和施工工艺。低影响开发设施应按照先地下后地上的顺序进行施工，进行下一子项施工前必须对上一子项验收合格。

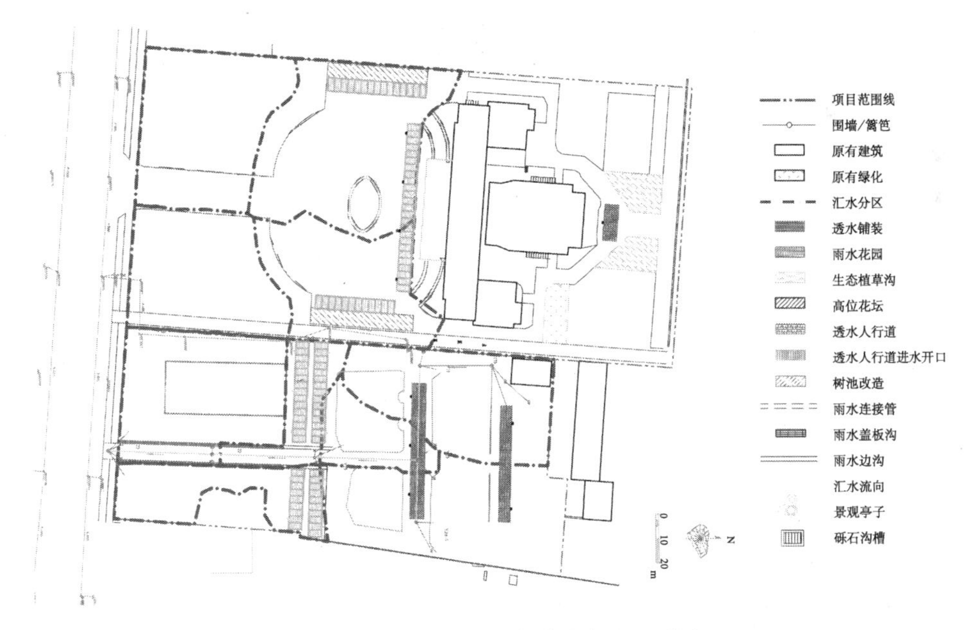


图 2-1　迁安市某学校海绵城市总平面图

## 2.4　材料构配件的采购订货

施工中所需的各种材料、构配件等要按计划组织到位，并要做好验收、入库登记等工作。凡运到施工现场的材料、半成品或购配件，在进场前均需进行验收，材料到场后由项目公司工程部及时提交材料验收申请及申报文件，申报文件包括材料种类、到货数量、产品合格证、技术资料等，由工程部负责保存整理。

监理单位接到材料验收申请及申报文件后会同建设单位或质量检测部门、供应商、管理单位进行材料验收。主要验收材料包括，常规建筑材料：钢筋、水泥、混凝土、砌块、砾石、防水材料、涂料、管材等；海绵材料：透水沥青、透水混凝土、透水砖、渗排管、蓄水模块、种植土、植物材料等。

验收通过后各方会签《材料/构配件进场报验单》（表 2-2）和《材料进场验收单》（表 2-3），各方留档并建立《工程材料验收台账》（表 2-4）。进场材料未经检验或试验不合格，在施工中不得投入使用或加工，工程部应拒收，并责令供应商将不合格材料及时运离施工现场。

**表 2-2　材料/构配件进场报验单**

（承包[　　]材验号）

合同名称：　　　　合同编号：　　　　承包人：

<table>
<tr><td colspan="11">致：（监理机构）<br>我方于　年　月　日进场的工程材料/构配件数量如下表。拟用于下述部位：<br>1、　　；2、　　；3、<br>经自检，符合技术规范和合同要求，请审核，并准予进场使用。<br>附件：1、出厂合格证；　2、检验报告；　3、质量保证书。</td></tr>
<tr><td rowspan="2">序号</td><td rowspan="2">材料/构配件名称</td><td rowspan="2">材料/构配件来源、产地</td><td rowspan="2">材料/构配件规格</td><td rowspan="2">用途</td><td rowspan="2">本批材料/构配件数量</td><td colspan="4">承包人试验</td><td rowspan="2">材料/构配件进场日期</td></tr>
<tr><td>试样来源</td><td>取样地点、日期</td><td>试验日期、操作人</td><td>试验结果</td></tr>
<tr><td></td><td></td><td></td><td></td><td></td><td></td><td></td><td></td><td></td><td></td><td></td></tr>
<tr><td></td><td></td><td></td><td></td><td></td><td></td><td></td><td></td><td></td><td></td><td></td></tr>
<tr><td></td><td></td><td></td><td></td><td></td><td></td><td></td><td></td><td></td><td></td><td></td></tr>
<tr><td colspan="3">承包人：（全称及盖章）<br><br>负责人：（签名）<br><br>日期：　年　月　日</td><td colspan="8">致：（承包人）<br>上述工程材料□符合/□不符合合同要求，□准许/□不准许进场，□同意/□不同意使用在所述工程部位。<br>监理机构：（全称及盖章）<br>专业监理工程师：（签名）<br>日期：　年　月　日</td></tr>
</table>

说明：本表一式 4 份，由承包人填写，监理机构检验、审核后，返回承包人 2 份，监理机构、发包人各 1 份。

**表 2-3　材料进场验收单**

供货日期：　年　月　日

| 材料供应单位 | | | | 联系人 | | 联系电话 | |
|---|---|---|---|---|---|---|---|
| 序号 | 材料及构配件名称 | 规格/型号 | 单位 | 数量 | 验收结果 | | 备注 |
| | | | | | | | |
| | | | | | | | |
| | | | | | | | |
| | | | | | | | |
| 供货商验收意见：<br><br>签字（章）：<br>日期： | 承建商验收意见：<br><br>签字（章）：<br>日期： | | | 监理单位验收意见：<br><br>签字（章）：<br>日期： | | 建设单位验收意见：<br><br>签字（章）：<br>日期： | |

各材料验收流程如图 2-2 所示，验收标准参照低影响开发设施施工相关章节。

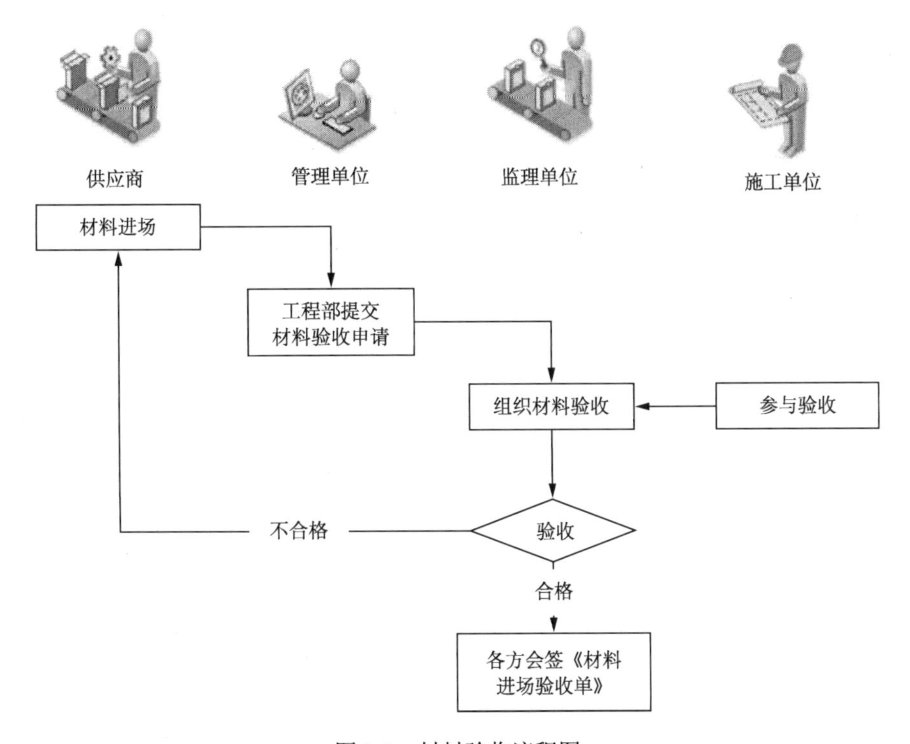


图 2-2　材料验收流程图

**表 2-4　工程材料验收台账**

项目名称：　　　　　　　　　　　　　　编号：

| 序号 | 材料名称 | 材料规格 | 数量 | 进场时间 | 验收时间 | 验收人姓名 | | | | 送检时间 | 检验结果 | 公司领导抽查签名 |
|---|---|---|---|---|---|---|---|---|---|---|---|---|
| | | | | | | 承建商 | 监理工程师 | 现场工程师 | 工程部经理 | | | |
| | | | | | | | | | | | | |
| | | | | | | | | | | | | |
| | | | | | | | | | | | | |

## 2.5　施工机械的配置

组织施工机械进场，并进行安装调试工作。

### 2.5.1　土方开挖工程机械配置

当开挖场地较小时，可采用人力开挖；当场地和基坑面积及土方量较大时，为节约劳力，降低劳动强度，加快工程建设速度，一般多采用机械化开挖方式。

1. 人力开挖施工器具

人力开挖施工机械工具主要是锹、镐、板锄、条锄、钢钎等，如图 2-3 所示。人力施工应组织好劳动力，而且要注意施工安全和保证工程质量：

（1）施工人员有足够的工作面，避免互相碰撞，发生危险，一般平均每人应有 4～6$m^2$ 的作业面积；

（2）开挖土方附近不得有重物和易坍落物体；

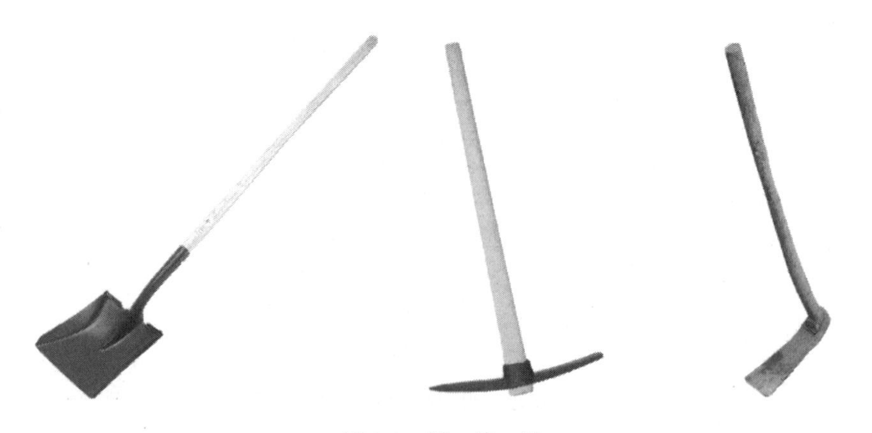

图 2-3　锹、镐、锄

（3）随时注意观察土质情况，操作要符合挖方边坡要求，垂直下挖超过规定深度时，必须设支撑板支撑；

（4）土壁下不得向里挖土，以免坍塌；

（5）在坡上或坡顶施工者，不得随意向坡下滚落重物；

（6）按设计要求施工，施工过程中注意保护基桩、龙门板或标高桩。

2. 机械开挖施工机械[9]

机械开挖的常用机械有：推土机、铲运机、单斗挖掘机（包括正铲、反铲、拉铲、抓铲等）、多斗挖掘机、装载机等。

1）推土机

推土机（图 2-4）是一种能够用于挖掘、运输土方和平整场地的土方工程机械，按行走方式可以分为履带式和轮胎式推土机。根据低影响开发特点，宜选用履带式推土机，履带式推土机附着牵引力大，接地比压小（0.04～0.13MPa），爬坡能力强，但行驶速度慢。对于湿塘、雨水湿地等沼泽性低影响开发设施，宜选用专用型推土机，这类推土机有采用三角形宽履带板以降低接地比压的湿地推土机和沼泽地推土机。

图 2-4　推土机

（1）适用范围：

①推Ⅰ～Ⅳ类土；

②找平表面，场地平整；

③短距离移挖作填，回填基坑（槽）、管沟并压实；

④开挖深度不大于 1.5m 的基坑（槽）；

⑤堆筑高 1.5m 内的路基、堤坝；

⑥拖羊足碾；

⑦配合挖土机从事集中土方、清理场地、修路开道等。

（2）作业特点：

①推平；

②运距 100m 内的堆土（效率最高为 60m/h）；

③开挖浅基坑；

④推送松散的硬土、岩石；

⑤回填、压实；

⑥配合铲机助铲；

⑦牵引；

⑧下坡坡度最大 35°，横坡最大为 10°，几台同时作业，前后距离应大于 8m。

（3）辅助机械：

土方挖后运出需配备装土、运土设备。推挖Ⅲ～Ⅳ类，应用松土机预先翻松。

（4）优点：

操作灵活，运转方便，需工作面小，可挖土、运土、易于转移，行驶速度快，应用广泛。

2）铲运机

铲运机（图 2-5）是一种利用铲斗铲削土壤，并将碎土装入铲斗进行运送的铲土运输机械，能够完成铲土、装土、运土、卸土和分层填土、局部碾实的综合作业。

（1）适用范围：

①开挖含水率 27%以下的Ⅰ～Ⅳ类土；

②大面积场地平整、压实；

③运距 800m 内的挖运土方；

④开挖大型基坑（槽）、管沟，填筑路基等。但不适合于砾石层、冻土地带及沼泽地区使用。

（2）作业特点：

①大面积整平；

②开挖大型基坑、沟渠；

③运距 800～1500m 内的挖运土（效率最高为 200～350m/h）；

图 2-5　铲运机

④填筑路基、堤坝；

⑤回填压实土方；

⑥坡度控制在 20°以内。

（3）辅助机械：

开挖坚土时需用推土机助铲，开挖Ⅲ、Ⅳ类土宜先用推土机械预先翻松 20～40cm；自行式铲运机用轮胎行驶，适合长距离运输，但开挖也须用助铲。

（4）优点：

操作简单灵活，不受地形限制，不需特设道路，准备工作简单，能独立工作，不需其他机械配合能完成铲土、运土、卸土、填筑、压实等工序，行驶速度快，易于转移，需用劳力少，生产效率高。

3）挖掘机

挖掘机（图 2-6），又称挖土机，是用铲斗挖掘高于或低于承机面的物料，并装入运输车辆或卸至堆料场的土方机械。按照铲斗不同可以分为正铲挖掘机、反铲挖掘机、拉铲挖掘机和抓铲挖掘机。

（1）反铲挖掘机最常见，向后向下，强制切土，用于开挖地面以下深度不大的土方，最大挖土深度 4～6m，经济合理深度为 1.5～3m，较大较深基坑可用多层接力挖土。基本作业方式有：沟端挖掘、沟侧挖掘、直线挖掘、曲线挖掘、保持一定角度挖掘、超深沟挖掘和沟坡挖掘等。

（2）正铲挖掘机多用于挖掘地表以上的物料，特点是“前进向上，强制切土”。正铲挖掘力大，工作面应在 1.5m 以上，开挖高度超过挖土机挖掘高度时，可采取分层开挖，宜用于开挖高度大于 2m 的干燥基坑，但须设置上下坡道。正铲的挖斗比同当量的反铲的挖掘机的斗要大一些，可开挖含水量不大于 27%的Ⅰ～Ⅳ类土和经爆破后的岩石与冻土碎块，且与自卸汽车配合完成整个挖掘运输作业，还可以挖掘大型干燥基坑和土丘，平整大型场地土方，用于工作面狭小且较深的大型管沟和基槽路堑。正铲挖土机的开挖方式根据开挖路线与运输车辆的相对位置的不同，挖土和卸土的方式有以下两种：正向挖土，侧向卸土；正向挖土，反向卸土。

图 2-6　挖掘机（施工现场用于蓄水池基底开挖）

（3）拉铲挖掘机也叫索铲挖掘机，挖土特点是“向后向下，自重切土”。宜用于开挖停机面以下的Ⅰ～Ⅲ类土，开挖较深较大的基坑（槽）、管沟。工作时，利用惯性力将铲斗甩出去，挖得比较远，挖土半径和挖土深度较大，但不如反铲灵活准确。尤其适用于开挖大而深的基坑或水下挖土，填筑路基、堤坝，挖掘河床，不排水挖取水中泥土。

（4）抓铲挖掘机也叫抓斗挖掘机，其挖土特点是“直上直下，自重切土”。宜用于开挖停机面以下的Ⅰ、Ⅱ类土，在土质比较松软的地区，可用于开挖施工面较狭窄的深基坑、基槽，桥基、桩孔挖土，疏通旧有渠道以及挖取水中淤泥等，或用于装载碎石、矿渣等松散料。开挖方式有沟侧开挖和定位开挖，如将抓斗做栅条状，还可用于储木场装载矿石块、木片、木材等。

人工开挖时，两人操作间距应大于 2.5m。多台机械开挖时，应对边坡的稳定进行验算，挖土机械离边坡应有一定的安全距离，防止塌方，导致翻机事故；挖土机械间距应大于 10m；在挖土机械工作范围内，不允许进行其他作业。

### 2.5.2　土方转运工程机械配置

按土方调配方案组织劳动力、机械和运输路线土方转运方式分为机械转运和人工转运。

1. 机械转运

机械转运工具主要是汽车和装载机（图 2-7）。机械转运长距离转运土方需要经过城市街道时，车厢不能装得太满，在驶出工地之前应当扫掉车轮粘上的泥土，不得在街道上撒落泥土和污染环境。

图 2-7　装载机

（1）适用范围：
①外运多余土方；
②履带式改换挖斗时，可用于开挖；
③装卸土方和散料；
④松散土的表面剥离；
⑤地面平整和场地清理等工作；
⑥回填土；
⑦拔除树根。
（2）作业特点：
①开挖停机面以上土方；
②轮胎式只能装松散土方；

③松散材料装车；

④吊运重物，用于铺设管道。

（3）辅助机械：

土方外运需配备自卸汽车，作业面需经常用推土机平整并推松土方。

（4）优点：

操作灵活，回转移位方便、快速；可装卸土方和散料，行驶速度快。

2. 人工转运

人工转运适宜距离短、土方量小的转运。人工转运辅助工具有推车、人力车等。

### 2.5.3　土方翻松工程机械配置

土壤翻松是指将一定深度的紧实土层变为疏松细碎的土层，从而增加土壤孔隙度，以利于下渗雨水，对透水铺装、渗透塘、渗井、生物滞留设施等下渗功能的低影响开发设施尤为重要。常见的土方翻松机械有犁和松土机。

松土机是土方翻松施工中用齿形松土器耙松硬土、冻土、旧路面及至中等硬度岩石的机械。松土机有种类繁多的杆部设计，杆的设计影响松土机性能，柄强度，表面和残渣扰动，压裂土壤的有效性和拉动底土所需的马力。

杆柄有翼尖和常规尖端，如图 2-8 所示。翼状尖端通常可以间隔得更远，因为它们比常规尖端能够更大范围地翻松土壤。翻松的土壤范围宽度要均匀，深度不可过深。

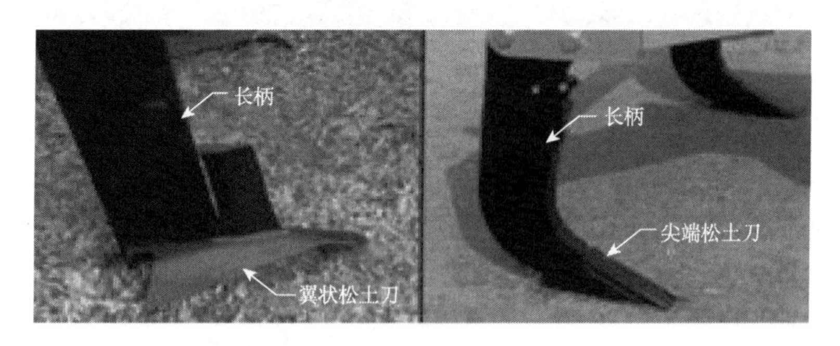


图 2-8　翼状松土机和常规尖端松土机

### 2.5.4　土方压实工程机械配置

土方的压实根据工程量的大小选择采用人工夯压或机械碾压。人工夯压可用夯、碾等工具；机械碾压可用碾压机、振动碾或用拖拉机带动铁碾，小型夯压机械有蛙式夯、内燃夯等。

蛙式打夯机适用于夯实灰土、素土地基以及场地平整工作，不能用于夯实坚硬或软硬不均、相差较大的地面，更不得夯打混有碎石、碎砖的杂土，打夯施工现场如图 2-9 所示。

图 2-9　打夯施工现场

压路机（图 2-10），又称压土机，可用于压实沙性、半黏性及黏性土壤，也可用于沥青混凝土路面压实施工。碾轮构造有光碾、槽碾和羊足碾等。光碾应用最普遍，主要用于路面面层压实。采用机械或液压传动，能集中力量压实突起部分，压实平整度高，适用于沥青路面压实作业。

图 2-10　压路机

## 2.6　临时设施的搭设

临时设施包括工程施工用的仓库、办公室、食堂及施工道路、侵蚀控制措施等必要的附属设施。

### 1. 临时侵蚀控制措施

临时侵蚀控制措施主要用于控制滑坡、塌方、土壤压实等水土流失现象。

在容易发生水土流失范围外设置多道环形截水沟来拦截附近的地表水，在范围内，为防止地表、地下水渗入滑体，应修设或疏通原排水系统来疏导。主排水沟宜与滑坡滑动方向一致，支排水沟与滑坡方向成30°～45°斜交，以免冲刷坡脚。此外，也可在滑坡面种植草皮、植树、浆砌片石等保护坡面。

对已滑坡工程，稳定后采取设置混凝土锚固排桩、挡土墙、抗滑锚杆、抗滑明洞或混凝土墩与挡土墙相结合的方法加固坡脚，并在下段作排水沟、截水沟，陡坝部分采取去土减重，保持适当坡度。

### 2. 临时施工道路

修筑临时施工道路是为了供机械进场和土方运输使用，主要临时运输道路宜结合永久性道路的布置，修筑道路的坡度、转弯半径应符合安全要求，两侧做排水沟。

临时施工道路如果需要填方，应控制边坡坡度，可采用1∶1.5。

### 3. 临时配套设施

临时配套设施包括临时性生产和生活设施，如工具库、材料库、临时工棚、休息室、办公棚等，同时敷设现场供水、供电等管线并进行试水、试电等。

# 第 3 章　低影响开发渗滞设施施工技术

低影响开发渗滞设施是指低影响开发“蓄、滞、渗、净、用、排”中主要以“渗、滞”为主的设施，包括透水铺装（透水砖铺装、透水混凝土铺装、透水沥青铺装）、渗透塘、渗井、生物滞留设施、下沉式绿地。从设施施工相关的基础知识、施工工序、检查清单、施工工法着手，规范施工人员的施工技术。低影响开发渗滞设施的重点是通过土壤缓慢下渗雨水、蓄滞雨水，减少雨水径流量，因此施工关键点是在土方地基开挖时，不得压实原土，在渗透率不满足要求的情况下，要对原土进行翻松。屋顶绿化作为屋顶的低影响开发设施，主要对雨水进行“滞”的作用，设施施工关键点是屋顶要做好防水。

## 3.1　透水铺装施工技术

### 3.1.1　透水铺装的基础知识

透水铺装是指将透水良好、孔隙率较高的材料应用于铺装结构，在保证一定的路面强度和耐久性的前提下，使雨水能够顺利进入铺装结构内部，并向下渗入土基，从而达到雨水下渗补充地下水，以消除地表径流等目的的铺装形式。一般的道路设计，为了保证路面结构的承载能力，防止水损坏，都尽量采用不透水材料，而透水铺装设计思想是通过透水材料在各结构层的应用，使雨水能够顺畅进入道路结构并及时下渗，这导致了透水铺装结构承载力下降，因此，透水路面铺装主要应用于人行道、广场、停车场等路面承载力要求较低的场合。透水铺装可补充地下水并具有一定的峰值流量削减和雨水净化作用。

透水铺装按铺装材料不同分为三种：透水砖铺装、透水混凝土铺装、透水沥青铺装。

透水铺装按铺装方式不同分为三种：透水整体现浇铺装、透水板材砌块铺装和嵌草铺装。整体现浇铺装的路面适宜风景区通车干道、公园主园路、次园路或一些附属道路。园林铺装广场、停车场、回车场等也常常采用整体现浇铺装。采用这种铺装的路面主要是透水混凝土铺装和透水沥青铺装。板材砌块铺装（即透水砖铺装）是指用整形的透水砖铺在路面作为道路结构面层，适用于一般的散步游览道、草坪路、岸边小路和城市游憩林荫道、街道上的人行道。嵌草铺装是指采用预制混凝土砌块和草皮相间铺装路面，主要用于人流量不太大的公园散步道、小游园道路、草坪道路或庭园内道路、停车场等地。

1. 透水砖铺装的基础知识

透水砖具有保持地面的透水性、保湿性，防滑、高强度、抗寒、耐风化、吸音等特点，按制备方式不同可分为两类：烧制产品和非烧产品。

烧制产品主要包括高温高压产品和中温中压产品。高温高压产品主要为陶瓷透水砖，烧成温度在1200℃以上，烧成时间为8～12h，成形压力约1600t。

非烧产品主要包括两层结构硅砂透水砖、单层透水水泥砖、胶黏石子砖（后两种老产品已逐渐被市场淘汰）。两层结构硅砂透水砖的上层是沙子黏合结构，下层为透水混凝土结构，两层材料的致密度与膨胀系数相差比较大，并且在昼夜温差比较大的地区，它的结构不稳定。

透水砖按其组成材料不同可分为六类：普通透水砖、聚合物纤维混凝土透水砖、彩石复合混凝土透水砖、彩石环氧通体透水砖、混凝土透水砖、生态砂基透水砖，如图3-1所示。

图3-1　透水砖

普通透水砖：材质为普通碎石的多孔混凝土材料经压制成形，用于一般街区人行步道、广场，是一般化铺装的产品。

聚合物纤维混凝土透水砖：材质为花岗岩石集料、高强水泥和水泥聚合物增强剂，并掺和聚丙烯纤维，送料配比严密，搅拌后经压制成形，主要用于市政、重要工程和住宅小区的人行步道、广场、停车场等场地的铺装。

彩石复合混凝土透水砖：材质面层为天然彩色花岗岩、大理石与改性环氧树脂胶合，再与底层聚合物纤维多孔混凝土经压制复合成形，此产品面层华丽，具天然色彩，有与石材一般的质感，与混凝土复合后，强度高于石材且成本略高于混凝土透水砖，价格是石材地砖的1/2，是一种经济、高档的铺地产品。主要用于豪华商业区、大型广场、酒店停车场和高档别墅小区等场所。

彩石环氧通体透水砖：材质集料为天然彩石与进口改性环氧树脂胶合，经特殊工艺加工成形，此产品可预制，还可以现场浇制，并可拼出各种艺术图形和色彩线条，给人们一种赏心悦目的感受。主要用于园林景观工程和高档别墅小区。

混凝土透水砖：材质为河沙、水泥、水，再添加一定比例的透水剂而制成的混凝土制品。此产品与树脂透水砖、陶瓷透水砖、缝隙透水砖相比，生产成本低，制作流程简单、易操作。广泛用于高速路、飞机场跑道、车行道、人行道、广场及园林建筑等地方。

生态砂基透水砖：它是通过“破坏水的表面张力”的透水原理，有效解决传统透水材料通过孔隙透水易被灰尘堵塞及“透水与强度”“透水与保水”相矛盾的技术难题，在常温下免烧结成型，以沙漠中风积沙为原料生产出的一种新型生态环保材料。其渗透原理和成型方法被住房与城乡建设部建筑节能与科技司评为国内首创，并成功运用于“鸟巢”、水立方、上海世博会中国馆、中南海办公区、国庆 60 周年长安街改造等国家重点工程。

透水砖铺装结构自上而下可采用透水砖、粗砂干拌、天然级配砂砾、路基。图 3-2 为透水砖铺装的典型剖面，图 3-3 为透水砖大样，图 3-4 为透水砖铺装实景图。

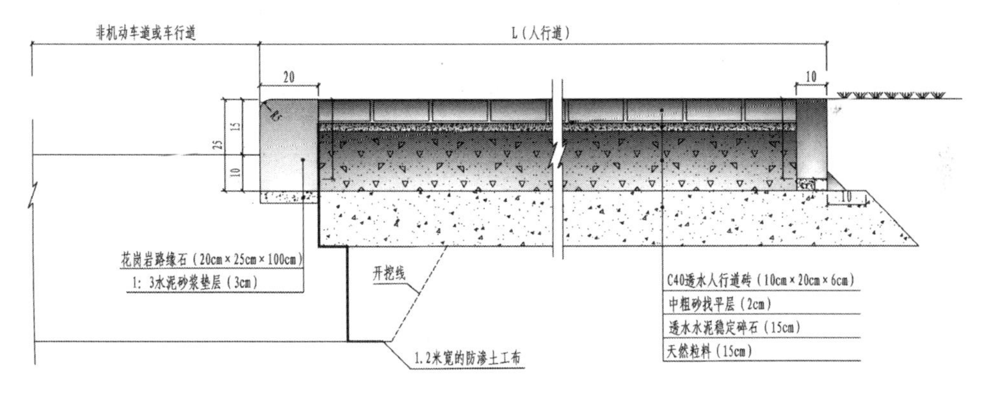


图 3-2　人行道透水砖铺装路面结构图（单位：cm）

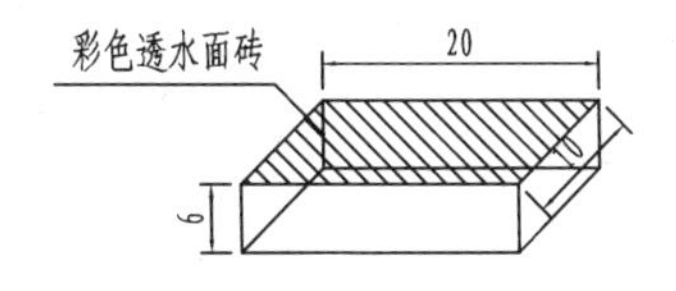


图 3-3　人行道透水砖大样图（单位：cm）

图 3-4　透水砖铺装实景图

2. 透水水泥混凝土铺装的基础知识

透水水泥混凝土（图 3-5）是一种不掺或者掺少量细骨料的混凝土，空隙率较大，一般为 15%～25%，目的是要形成贯通的孔洞，可以使水迅速通过混凝土排走，不形成积水，以有效缓解城市内涝。透水水泥混凝土是一种采用水泥净浆或加入少量细集料的砂浆薄层以包裹在粗集料颗粒的表面，作为集料颗粒之间的胶结层，形成骨架，且具有孔隙结构的多孔混凝土材料。由于集料级配特殊，形成了蜂窝状结构，或称为米花糖结构。由于缺少了大部分细骨料的存在，透水水泥混凝土的强度较低，目前，大部分学者配制的透水混凝土的抗压强度在 C20～C25 之间，部分学者配制的 C30 级透水混凝土强度较高，但透水系数和孔隙率较低，无法真正用于工程实践。

透水水泥混凝土的优点有：①增加城市可透水、透气面积，有利于缓解城市“热岛效应”；②增加地表相对湿度，发挥透水路基的“蓄水池”功能；③减轻降雨季节道路排水负担；④吸收噪音，防止路面积水和夜间反光；⑤有良好的耐磨性和防滑性。

将透水性混合料直接摊铺在路基上，经压实、养护等工艺构筑而成的路面即为透水水泥混凝土路面。透水性混凝土路基应稳定、均质，以保证雨水能够顺利渗透。与传统的封闭性路基结构相比，透水性混凝土路基是开放式的。

图 3-5　透水水泥混凝土

透水水泥混凝土铺装结构自上而下可采用透水混凝土面层、透水基层、路基，如图 3-6 所示。

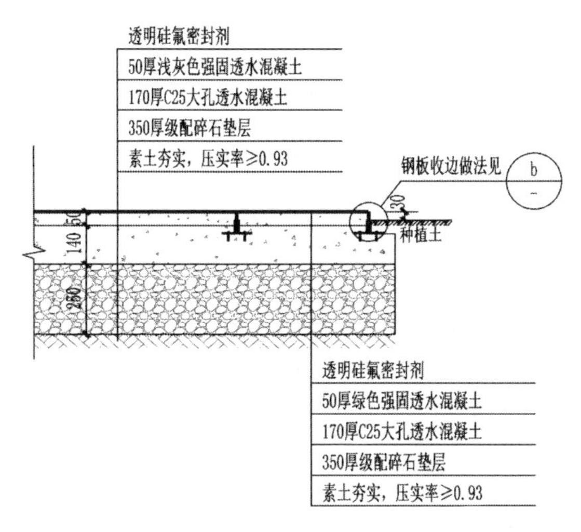


图 3-6　透水水泥混凝土铺装结构图示例（单位：cm）

透水水泥混凝土可作为生态树池（图 3-7），也可在路面使用（图 3-8）。

图 3-7　透水水泥混凝土作为生态树池

图 3-8　透水水泥混凝土作为路面

### 3. 透水沥青混凝土铺装的基础知识

透水沥青混凝土（图 3-9）是一种压实后空隙率在 20%左右的路面材料，是能够在混合料内部形成排水通道的新型沥青混凝土面层。透水沥青混凝土利用级配调整使粗细集料间的孔隙率提高，降落在道路上的雨水可从透水沥青混合料内大量的孔隙迅速排至道路两边。透水沥青路面增加城市可透水、透气面积，加强地表与空气的热量和水分交换，调节城市气候，降低地表温度，有利于缓解城市“热岛效应”。透水沥青路面不易剥落和老化，高温天气不易产生泛油现象。

图 3-9　透水沥青混凝土

透水沥青混凝土路面压实后空隙率在 18%～25%，降雨渗透到排水功能层，路表水可进入路面横向排出或渗入路基内部，它具有良好的排水性能，能够迅速排出路表积水，从而消除路表水膜，提高雨天行车的安全性和舒适性，并可以大幅降低交通噪音。其粗集料高达 80%，具有良好的抗滑性能。其较大的空隙率能够吸收噪音，为低噪声沥青路面。因此，透水沥青混凝土路面具有良好的使用性能和广泛的应用前景。

透水沥青路面结构类型可采用下列分类方式：

①透水沥青路面Ⅰ型：路表水进入表面层后排入邻近排水设施；

②透水沥青路面Ⅱ型：路表水由面层进入基层（或垫层）后排入邻近排水设施；

③透水沥青路面Ⅲ型：路表水进入路面后渗入路基。

透水沥青混凝土铺装结构自上而下可采用透水沥青混凝土面层、透水基层、路基，如图 3-10 所示。

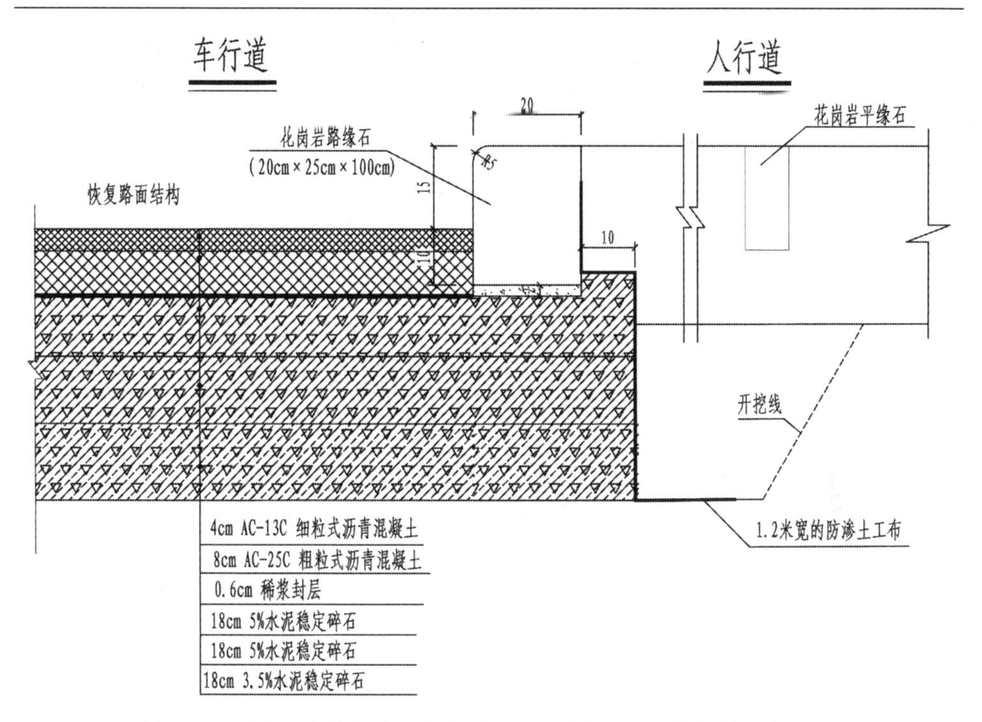


图 3-10　透水沥青铺装路面结构图示例（除标示外，其余单位为 cm）

透水沥青混凝土可作为公园步道，具有一定的景观效果，如图 3-11 所示。

图 3-11　透水沥青混凝土作为公园步道

透水砖、透水水泥混凝土、透水沥青混凝土三类透水铺装的适用范围由其孔隙率、渗透率和承载力所决定，三类透水材料对比和三种类型透水铺装与道路类别的应用衔接如表 3-1 所示。

**表 3-1　三种主要透水铺装比较表**

| 类型 | 透水砖 | 透水混凝土 | 透水沥青 |
|---|---|---|---|
| 综合成本 | 较高 | 较低 | 较低 |
| 强度 | 高 | 低 | 一般 |
| 表面粗糙度 | 平整 | 粗糙 | 粗糙 |
| 整体性 | 一般 | 好 | 好 |
| 对路基稳定性要求 | 一般 | 高 | 高 |
| 对路基透水性要求 | 高 | 高 | 高 |
| 适用道路类别 | 人行道、路边停车位等 | 人行道、非机动车道、小型车辆停车场、组团级住宅路面等 | 人行道、非机动车道、机动车道等 |
| 交通条件 | 仅供行人 | 仅供行人和非机动车及小型机动车 | 可供大型车辆 |

### 3.1.2　透水砖铺装的施工工序

透水砖铺装按图 3-12 所列工序施工。

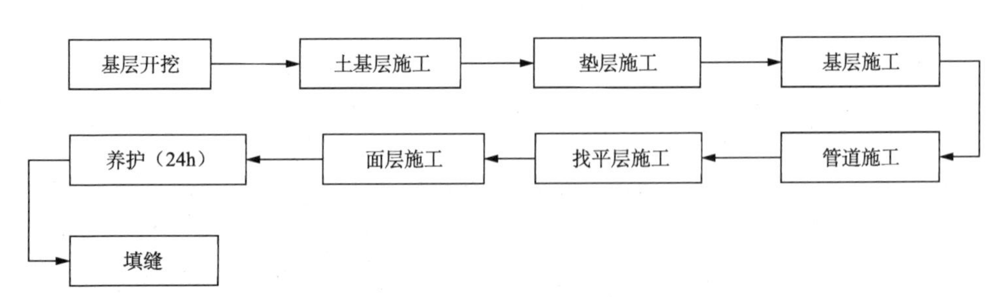


图 3-12　透水砖铺装施工工序

透水砖铺装具体施工内容及检查清单如表 3-2 所示。

**表 3-2　透水砖铺装施工内容及检查清单**

| 施工内容 | 施工子项 | 检查情况 | |
|---|---|---|---|
| 1.施工前准备 | 1.1 定位放样。标出警示范围，防止压实现状土壤。同时，要核实该区域土壤在其他工程实施时是否被压实过，或开展过其他工程 | | |
| | 1.2 上游排水区要确保实施水土保持措施，或将其排水妥善处理 | | |
| | 1.3 对施工材料的性能和尺寸检查 | 透水砖符合要求 | 是○　否○ |
| | | 暗渠（根据需要）符合要求 | 是○　否○ |

续表

| 施工内容 | 施工子项 | 检查情况 | |
|---|---|---|---|
| 1.施工前准备 | 1.3 对施工材料的性能和尺寸检查 | 过滤石（必须洗净）符合要求 | 是○ 否○ |
| | | 垫层石（必须洗净）符合要求 | 是○ 否○ |
| | | 排水管符合要求 | 是○ 否○ |
| | | 接缝填充石（根据需要）符合要求 | 是○ 否○ |
| | | 其他组件符合要求 | 是○ 否○ |
| | 1.4 场地空间需要足够大，以便满足侧挖要求 | | 是○ 否○ |
| | 1.5 召开施工准备会议 | | |
| | 1.6 场地清理 | 场地平整 | 是○ 否○ |
| | | 无树根、杂草、废渣、垃圾等 | 是○ 否○ |
| 2.基础工程 | 2.1 设施开挖尺寸和位置应满足设计要求 | | 是○ 否○ |
| | 2.2 开挖过程未遇到地下水（注：如果在开挖过程中遇到地下水，设施建设必须停止，设计人员必须修改设计方案） | | 是○ 否○ |
| | 2.3 开挖基底原土壤的厚度为 8～10cm，利于雨水渗透 | | |
| | 2.4 场地平整及回填 | | |
| | 2.5 铺设垫层 | | |
| | 2.6 垫层压实 | 压实度不小于 95% | 是○ 否○ |
| | 2.7 铺设基层 | | |
| 3.面层工程 | 3.1 铺设找平层 | 人行道应为 30～40mm；停车场及车行道应为 40～50mm | |
| | 3.2 铺设面层 | | |
| | 3.3 填缝 | 缝隙饱满 | 是○ 否○ |
| | | 无余砂 | 是○ 否○ |
| 4.管道工程 | 4.1 铺设地下排水管 | 材料符合要求 | 是○ 否○ |
| | | 直径符合要求 | 是○ 否○ |
| | | 穿孔管符合要求 | 是○ 否○ |
| | | 相对排水口标高应为水平或正坡度 | 是○ 否○ |
| | 4.2 地下排水管端口或按照设计要求安装清理孔和检查孔 | | |
| | 4.3 在砾石床周围安装土工布 | | |
| | 4.4 压实土工布 | | |
| | 4.5 排水沟施工（根据需要） | 宽度符合要求 | 是○ 否○ |
| | | 相对排水口标高应为水平或正坡度 | 是○ 否○ |

### 3.1.3 透水砖铺装的施工工法

1. 土基层施工[10,11]

土基层碾压应遵循先轻后重、先稳后振、先低后高、先慢后快、轮迹重叠的原则，从边缘向中央进行，达到设计要求压实度为止。不宜采用压路机碾压时，应用人工或振动振荡夯实机等夯实。

土基必须密实、均匀、稳定。土基顶面压实度应达到 90%（重型标准）。为保证土基的渗透性，不宜超过 93%。浸水饱和后，回弹模量不小于 15MPa。在透水人行道与车行道分界的位置 0.5m 范围内，压实度应按照车行道压实度要求进行控制。

土基设计回弹模量值不宜小于 20MPa。土质路基压实应采用重型击实标准控制，土质路基压实度不应低于表 3-3 所示要求。

表 3-3 土质路基压实度

| 填挖类型 | 深度范围/mm | 压实度/% |
|---|---|---|
| 填方 | 0～800 | 90 |
| | >800 | 87 |
| 挖方 | 0～300 | 90 |

2. 垫层施工[11]

（1）施工前应确认土基验收合格。

（2）中粗砂、级配碎石、尾矿砂可作为垫层材料。

中粗砂或天然级配砂砾料的含泥量应不大于 5%，泥块含量应小于 2%，含水率应小于 3%。

级配碎石宜为质地坚硬、耐磨的破碎花岗岩或石灰石。集料中扁平、长条粒径含量不应超过 10%，且不应含有黏土块、植物等物质。碎石级配应符合表 3-4 规定。

表 3-4 碎石级配

| 筛孔尺寸/mm | 通过率/% | 筛孔尺寸/mm | 通过率/% |
|---|---|---|---|
| 26.50 | 100 | 4.75 | 8～16 |
| 19.00 | 85～95 | 2.36 | 0～7 |
| 13.20 | 65～80 | 0.075 | 0～3 |
| 9.50 | 55～71 | | |

（3）垫层应进行摊铺，适量洒水并压实，压实度应不小于 95%。

（4）天然粒料垫层，最大粒径宜不大于26.5mm，小于等于0.075mm颗粒含量不超过3%，有效空隙率大于等于15%。

3. 基层施工

（1）施工前应确认垫层验收合格。

（2）透水混凝土基层或手摆石灌砂基层宜加厚或设置渗水沟，沟中填级配砾石。

（3）透水混凝土或级配砂砾基层施工时，每间距30m宜设置$\phi$1500mm渗水井，井内填级配砾石。

（4）水泥稳定层为基层时，每间距1.5m宜按梅花形设置$\phi$75mm PVC-U塑料透水管，管中填无砂混凝土。

（5）若在广场或停车场等铺装面积较大的基层时，每间距20m宜设置$\phi$300mm连通孔（与地下透水层连通），孔内填级配砾石。

透水砖路面（地面）地基土应满足基土抗压弹性模量$E_0 \geqslant 30$MPa要求。透水砖路面可分为Ⅰ型路面、Ⅱ型路面和Ⅲ型路面，每种类型的适用范围主要有：

Ⅰ型——以小区道路（1.75t以下汽车通行）为代表，还包括小型停车场、市政道路人行道（有停车）等。

Ⅱ型——以市政道路人行道为代表，还包括休闲广场、步行街（无公交通行）、景观广场等。

Ⅲ型——以小区步行道为代表，还包括公园休闲道、宅间小路等。

三级透水砖路面的抗压回弹模量和压实度性能指标如表3-5所示。

**表3-5　透水砖路面抗压回弹模量和压实度性能指标**

| 透水砖路面类型 | 部位 | 抗压回弹模量 $E$/MPa | 压实度/% |
|---|---|---|---|
| Ⅰ型路面 | 水泥稳定层 | ≥1300 | 95 |
| | 无砂混凝土 | ≥1500 | 95 |
| Ⅱ型路面 | 水泥稳定层 | ≥1300 | 95 |
| | 无砂混凝土 | ≥1300 | 93 |
| | 级配砂砾底基层、垫层材料 | ≥180 | 93 |
| Ⅲ型路面 | 中粗砂垫层或手摆石灌砂 | — | 93 |
| | 级配砂砾基层、垫层材料 | ≥180 | 93 |

4. 渗透管施工

渗管/渠四周应填充砾石或其他多孔材料，砾石层外包透水土工布，土工布搭接宽度应不少于200mm。

5. 找平层施工

（1）施工前应确认透水基层验收合格。

（2）透水砖找平层用砂与黏结剂重量比宜为8∶1，再加入少量水拌和，每罐料搅拌时间应保证2min以上，搅拌均匀后应达到手握成团、落地成花的状态。

（3）透水黏结找平层的摊铺厚度：人行道应为30～40mm；停车场及车行道应为40～50mm。

6. 排水沟施工

透水砖铺装土基层土壤透水系数应不小于$1.0\times10^{-3}$mm/s，且土基顶面距离地下水位宜大于1.0m。当以上条件不满足时，宜增加排水沟。

排水沟在坡面上的比降，应根据其排水去处（蓄水池或天然排水道）的位置而定，当排水出口的位置在坡脚时，排水沟大致与坡面等高线正交布设；当排水去处的位置在坡面时，排水沟可基本沿等高线或与等高线斜交布设。

根据排水沟的设计断面尺寸，沿施工线进行挖沟和筑埂。筑埂填方部分应将地面清理耙毛后均匀铺土，每层厚约20cm，用杵夯实后厚约15cm，沟底或沟埂薄弱环节处应加固处理。

7. 面层施工

切割砖时，应弹线切割；遇到连续切割砖的现象，应保证切边在一条直线，偏差应不大于2mm。

按放线高程，在方格内按线砌第一行样板砖，然后以此挂纵横线，纵线不动，横线平移，依次按线及样板砖砌筑。直线段纵线应向远处延伸，纵缝应直顺。曲线段可砌筑成扇形状，空隙部分用切割砖填筑，也可按直线顺延铺筑，然后填补边缘处空隙。对基层强度不足产生的沉陷、破碎损坏，应先加固基层，再铺砌面层砌块。

铺装时应避免与路缘石出现空隙，如有空隙应甩在建筑物一侧，建筑物一侧及井边出现空隙可用切割砖填平。铺装时，砖应轻、平放，落砖应贴近已铺好的砖垂直落下，不能推砖，造成积砂现象，并应观察和调整好砖面图案的方向。用木槌或胶锤轻击砖的中间1/3面积处，不应损伤砖的边角，直至透水砖顶面与标志点引拉的通线在同一标高，并使砖平铺在找平层上稳定。铺砌时应随时用水平尺检验平整度。透水砖铺装过程中，不应在新铺装的路面上拌和砂浆、堆放材料或遗撒灰土。面层铺装完成到基层达到规定强度前，应设置围挡，维持铺装完成面的平整。铺砌后的砖面应平整一致，同时坡向要根据施工现场利于排水而调整。施工的一般允许偏差要求如表3-6所示。

**表 3-6 透水砖路面施工项目一般允许偏差值**

| 序号 | 项目 | 频率 | 允许偏差 | 检查方法 |
|---|---|---|---|---|
| 1 | 表面平整度 | 每 20m，1 处 | δ5mm | 3m 靠尺和楔形塞尺 |
| 2 | 宽度 | 每 40m，1 处 | 不小于设计规定 | 钢尺量 |
| 3 | 相邻块高差 | 每 20m，1 处 | ≤2mm | 钢尺和楔形塞尺 |
| 4 | 横坡 | 每 20m，1 处 | ±0.3% | 水准仪测量 |
| 5 | 纵缝直顺度 | 每 40m，1 处 | ≤10mm | 拉 5m 线和用钢尺 |
| 6 | 横缝直顺度 | 每 20m，1 处 | ≤10mm | 拉 5m 线和用钢尺 |
| 7 | 缝宽 | 每 20m，1 处 | ≤2mm | 钢尺 |
| 8 | 井框与路面高差 | 每座 4 处 | ≤5mm | 钢尺和楔形塞尺 |

表格来源：河北省《海绵城市设施施工及工程质量验收规范》[12]。

面层砌块发生错台、凸出、沉陷时，应将其取出，整理基层和找平层，重新铺装面层，填缝。更换的砌块色彩、强度、块型、尺寸均应与原面层砌块一致，砌块的修补部位宜大于损坏部位一整砖。

8. 填缝施工

透水砖面层铺砌完成并养护 24h 后，用填缝砂填缝（当缝隙小于 2mm 时不进行填缝），分多次进行，直至缝隙饱满，同时将遗留在砖表面的余砂清理干净。

9. 路缘石施工

（1）路缘石基础宜与相应的基层同步施工。

（2）安装路缘石的控制桩，直线段桩距宜为 10～15m；曲线段桩距宜为 5～10m；路口处桩距宜为 1～5m。

（3）采用 1∶2（体积比）水泥砂浆勾平缝。

（4）砌筑应稳固，直线段顺直，曲线段圆顺，砂浆饱满，缝隙均匀，勾缝密实，外露面清洁，线条顺畅，平缘石不阻水。

（5）路缘石采用 1∶2 水泥砂浆灌缝。灌缝后，常温期养护不应少于 3 天。立缘石、平石及平缘石安砌允许偏差见表 3-7。

**表 3-7 路缘石施工及检验技术要求**

| 项目 | 允许偏差/mm | 检验频率 | | 检验方法 |
|---|---|---|---|---|
| | | 范围 | 点数 | |
| 顶面高程 | ≤10 | 100m | 1 | 用水准仪测量 |
| 直顺度 | ≤3 | 20m | 1 | 拉 20m 线量 3 点取最大值 |
| 相邻块高差 | ±3 | 20m | 1 | 用塞尺量取最大值 |
| 缝宽 | ±10 | 20m | 1 | 用钢尺量 3 点取最大值 |

表格来源：河北省《海绵城市设施施工及工程质量验收规范》[12]。

透水砖铺装完成后采用扫缝施工，应采用干中砂，并保证 7 天之内不受扰动。

### 3.1.4 透水混凝土铺装的施工工序

透水混凝土铺装应按图 3-13 所列工序施工。

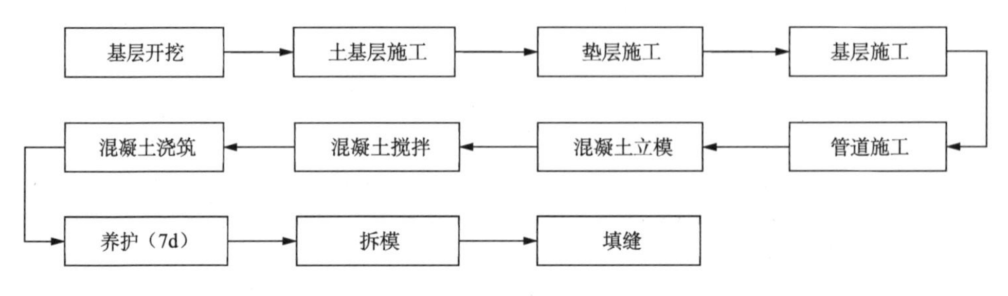


图 3-13 透水混凝土铺装施工工序

透水混凝土铺装具体施工内容及检查清单如表 3-8 所示。

**表 3-8 透水混凝土铺装施工内容及检查清单**

| 施工项 | 施工子项 | 检查情况 | |
|---|---|---|---|
| 1.施工前准备 | 1.1 定位放样。标出警示范围，防止压实现状土壤。同时，要核实该区域土壤在其他工程实施时是否被压实过，或开展过其他工程 | | |
| | 1.2 上游排水区要确保实施水土保持措施，或将其排水妥善处理 | | |
| | 1.3 对施工材料的性能和尺寸检查 | 混凝土原材料符合要求 | 是○ 否○ |
| | | 混凝土碎石料符合要求 | 是○ 否○ |
| | | 暗渠（如果需要）符合要求 | 是○ 否○ |
| | | 过滤石（必须洗净）符合要求 | 是○ 否○ |
| | | 垫层石（必须洗净）符合要求 | 是○ 否○ |
| | | 排水管符合要求 | 是○ 否○ |
| | | 接缝填充石（根据需要）符合要求 | 是○ 否○ |
| | | 其他组件符合要求 | 是○ 否○ |
| | 1.4 场地空间需要足够大，以便满足侧挖要求 | | |
| | 1.5 召开施工准备会议 | | |
| | 1.6 场地清理 | 场地平整 | 是○ 否○ |
| | | 无树根、杂草、废渣、垃圾等 | 是○ 否○ |

续表

| 施工项 | 施工子项 | 检查情况 | |
|---|---|---|---|
| 2.基础工程 | 2.1 设施开挖尺寸和位置应满足设计要求 | | 是○ 否○ |
| | 2.2 开挖过程未遇到地下水（注：如果在开挖过程中遇到地下水，设施建设必须停止，设计人员必须修改设计方案） | | 是○ 否○ |
| | 2.3 开挖基底原土壤的厚度为 8～10cm，利于雨水渗透 | | |
| | 2.4 场地平整及回填 | | |
| | 2.5 铺设垫层 | | |
| | 2.6 垫层压实 | 压实度不小于 95% | 是○ 否○ |
| | 2.7 铺设基层 | | |
| 3.面层工程 | 3.1 混凝土立模 | | |
| | 3.2 混凝土搅拌 | | |
| | 3.3 混凝土浇筑 | | |
| | 3.4 拆模 | | |
| | 3.5 填缝 | 缝隙饱满 | 是○ 否○ |
| | | 无余砂 | 是○ 否○ |
| 4.管道工程 | 4.1 铺设地下排水管 | 材料符合要求 | 是○ 否○ |
| | | 直径符合要求 | 是○ 否○ |
| | | 穿孔管符合要求 | 是○ 否○ |
| | | 相对排水口标高应为水平或正坡度 | 是○ 否○ |
| | 4.2 地下排水管端口或按照设计要求安装清理孔和检查孔 | | |
| | 4.3 在砾石床周围安装土工布 | | |
| | 4.4 压实土工布 | | |
| | 4.5 排水沟施工（根据需要） | 宽度符合要求 | 是○ 否○ |
| | | 相对排水口标高应为水平或正坡度 | 是○ 否○ |

### 3.1.5　透水混凝土铺装的施工工法

1. 基层施工

透水混凝土路面基层施工工法同透水砖铺装。

2. 透水混凝土立模

混凝土立模的平面位置和高程符合设计要求，支立稳固准确，接头紧密而无离缝、前后错位和高低不平等现象。模板接头处及模板与基层相接处均不能漏浆。模板内侧清洁并涂隔离剂，支模时用 $\phi$18mm 螺纹钢筋打入基层进行固定。

透水混凝土模板根据模板材料选择支设的方法，钢筋支护的间距宜不大于 500mm，嵌入基层深度宜不大于 200mm，使用木模板时，模板背后宜加背楞，不得在基层上挖槽嵌入模板。

透水混凝土模板支设的允许偏差与检验方法如表 3-9 规定。

**表 3-9　透水混凝土模板支设的允许偏差与检验方法**

| 序号 | 检查项目 | 允许偏差/mm | 检验频率 | | 检验方法 |
|---|---|---|---|---|---|
| | | | 范围 | 点数 | |
| 1 | 中线偏位 | 15 | 100m | 2 | 用经纬仪、钢尺量 |
| 2 | 宽度 | ≤15 | 20m | 1 | 用钢尺量 |
| 3 | 顶面高度 | ±10 | 20m | 1 | 用水准仪测量 |
| 4 | 相邻模板高度差 | ≤3 | 每个接点 | 1 | 用塞尺测量 |
| 5 | 模板接缝宽度 | ≤3 | 每缝 | 1 | 用钢尺量 |
| 6 | 侧面垂直度 | ≤4 | 20m | 1 | 用水平尺、卡尺量 |
| 7 | 顶面平整度 | ≤2 | 每两缝间 | 1 | 用直尺、塞尺量 |
| 8 | 纵向顺直度 | ≤5 | 50m | 1 | 用 20m 小线、钢尺量取最大值 |

表格来源：河北省《海绵城市设施施工及工程质量验收规范》[12]。

3. 透水混凝土搅拌

透水混凝土拌和前需将石子及黄沙洗刷干净并风干，必须采用机械搅拌，如强制式双卧轴式混凝土搅拌机。搅拌机的容量应根据工程量大小、施工进度、施工顺序和运输工具等参数选择。搅拌地点距作业面运输时间不宜超过 0.5h。

一次投料拌和。具体步骤为先将按配合比称量好的水泥、掺合料、骨料加入到搅拌机中，搅拌 25s 使其均匀混合，然后加入总用水量的 50%再搅拌 35s，使拌合物达到均匀湿润状态，最后将剩余的水和减水剂混合在一起边搅拌边加入，最后阶段搅拌 120s 左右，具体流程如图 3-14 所示。

预拌水泥净浆。具体步骤为先将按配合比称量好的水泥和掺合料加入到搅拌机中，一边搅拌一边加入拌和水和减水剂，搅拌 60s 使其均匀，然后加入骨料搅拌 120s，具体流程如图 3-15 所示。

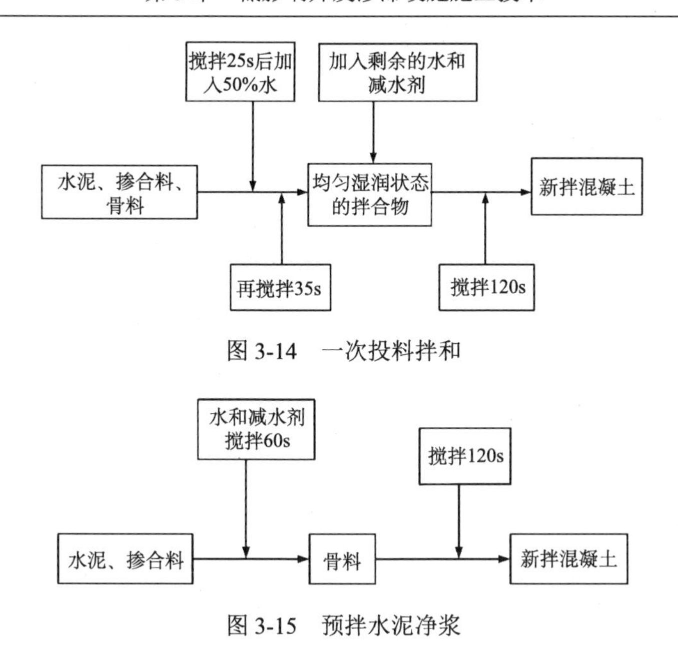


图 3-14　一次投料拌和

图 3-15　预拌水泥净浆

水泥裹石。具体步骤为先将按配合比称量好的骨料和 20%的水加入到搅拌机中，搅拌 30s 使骨料表面达到均匀湿润状态，然后将水泥掺合料加入其中，形成水泥浆壳对骨料表面的包裹，最后将剩余的水和减水剂混合在一起，一边搅拌一边加入，最后阶段搅拌 150s 左右，具体流程如图 3-16 所示。

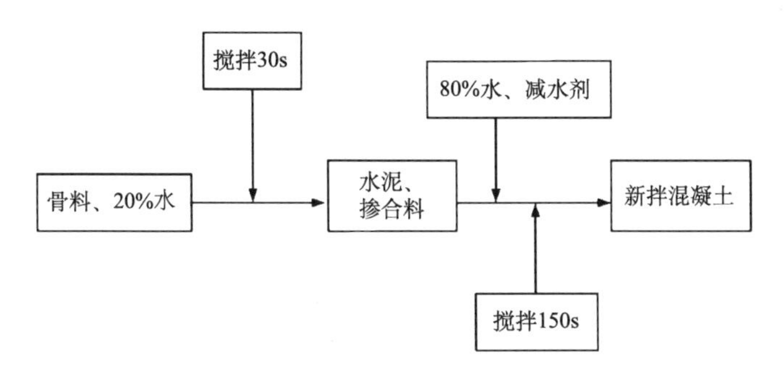


图 3-16　水泥裹石

4. 透水混凝土面层浇筑

透水面层浇筑应在透水结构层混凝土初凝之前完成，且透水面层和透水结构层摊铺间隔时间不宜超过 2h。

混凝土运到现场应立即摊铺，摊铺厚度可根据事先实验的松铺高度系数确定，松铺系数宜控制在 1.05～1.12。摊铺后用刮杠刮平，对摊铺不均匀的部位进行补料。

透水面层的振动整平遍数以 3 次为宜，振动整平时要均匀行驶，对缺料部位及时补料，直至将混凝土压至模板上表面齐平为止，并应随时检查模板，如有下沉、变形或松动，应及时纠正。

混凝土整平后，对表面缺料、麻面较多的部位和路面边缘进行修整：①对于露集料透水混凝土面层，在表面修整后应立即在混凝土表面层喷刷冲洗剂，喷刷厚度以 1～2mm 为宜，喷刷后应及时用薄膜覆盖；②对于露集料透水混凝土面层，根据现场的气温和湿度情况确定冲刷时间，以面层表面水泥浆可冲刷干净且石子不脱落为度。用 2～4MPa 的高压水对表面进行冲洗，露集料面层颗粒表面无明显浆体，颗粒黏结牢固。

透水混凝土面层浇筑应在透水结构层混凝土初凝之前完成，且透水面层和透水结构层摊铺间隔时间不宜超过 2h。透水混凝土路面浇筑高度应比季节性地下水至少高出 900mm。透水混凝土面层强度不应小于 C20，厚度应不小于 60mm。

铺筑完的路面应立即用塑料布覆盖保湿，每天洒水养护至一周龄期。

### 5. 渗透管施工

渗透管在行车路面下时覆土深度应不小于 700mm。

### 6. 透水混凝土模板拆除

混凝土拆模要注意掌握好时间（24h），一般以既不损坏混凝土，又能兼顾模板周转使用为准，必要时可以相同条件试块控制确定，在混凝土达到 10MPa 后拆除。混凝土模板拆除过程中，应注意成品的保护，依照后支先拆的顺序，首先拔掉竖向锚固筋，然后去掉横向背楞，最后逐渐撬动剥离模板，整个过程中应避免损伤路面。

### 7. 填缝

（1）采用灌入式填缝的方式，应符合以下规定：

①灌注填缝料必须在缝槽干燥状态下进行，填缝料应与混凝土缝壁黏附紧密不渗水。

②填缝料的灌注深度宜为 3～4cm。当缝槽大于 3～4cm 时，可填入多孔柔性衬底材料。填缝料的灌注高度，夏天宜与板面平；冬天宜稍低于板面。

③热灌填缝料加热时，应不断搅拌均匀，直到规定温度。当气温较低时，应用喷灯加热缝壁。施工完毕，应仔细检查填缝料与缝壁黏结情况，在有脱开处，应用喷灯小火烘烤，使其黏结紧密。

（2）施工缝应设在缩缝或胀缝处。

（3）在临近桥梁或其他固定构筑物处、与柔性路面相接处、板厚改变处、交叉口路缘切点处、小半径平曲线和凹形竖曲线纵坡变换处，均应设置胀缝。此外尽量不设或少设胀缝。夏季施工可不设胀缝，其他季节宜设胀缝，其间距为 1.50m。无法设传力杆时，可采用边缘钢筋型。

（4）在临近胀缝或路面自由端部的 3 条缩缝内，均宜加设传力杆。

（5）拉杆应采用螺纹钢筋，设在板厚中央，并对拉杆中部 10cm 范围内进行防锈处理。

（6）传力杆应采用光面钢筋，其长度的一半加 5cm 应涂以沥青或加塑料套，胀缝的传力杆上应在涂沥青的一端加一套子。套子宜在相邻板中交替布置。

（7）接缝板选用泡沫橡胶板，应满足如下要求：压缩应力 0.2～0.6Pa，复原率大于 90%，挤出量小于 5mm，弯曲荷载 0～50N；填缝料选用氯丁橡胶类，应满足如下要求：灌入稠度小于 20s，失黏时间 6～24h，弹性（复原率）大于 75%，流度 0，拉伸量大于 15mm。

（8）混凝土板纵横向自由边边缘加设补强钢筋。

（9）混凝土路面横纵缝及胀缝位置保持和原有路面一致。

（10）局部板块破除修补施工时，宜用液压镐凿除破碎混凝土板，并注意对相邻板块的影响，尽可能地保留原有拉杆或传力杆，原混凝土板块未设拉杆传力杆或者拉杆传力杆断的，需要植筋安设或采用原规格拉杆传力杆焊接。

混凝土板块纵缝和横缝施工缝构造和混凝土板块拼宽纵缝构造示意图如图 3-17 和图 3-18 所示。

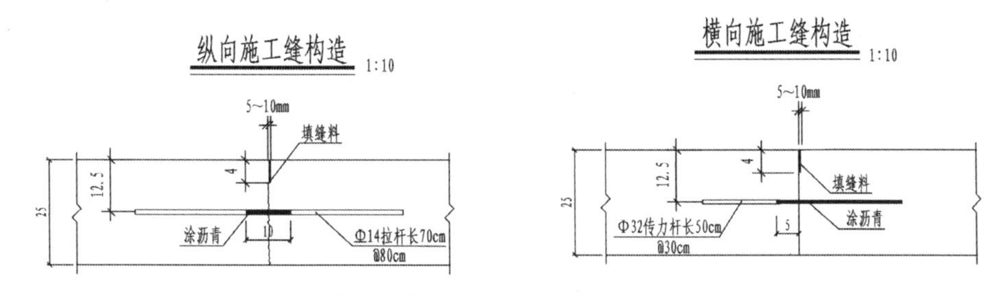


图 3-17　纵向和横向施工缝构造示意图（除标示外，其余单位为 cm）



图 3-18　混凝土板块拼宽纵缝构造示意图（除标示外，其余单位为 cm）

### 3.1.6　透水沥青铺装的施工工序

透水沥青铺装按图 3-19 所列工序施工。

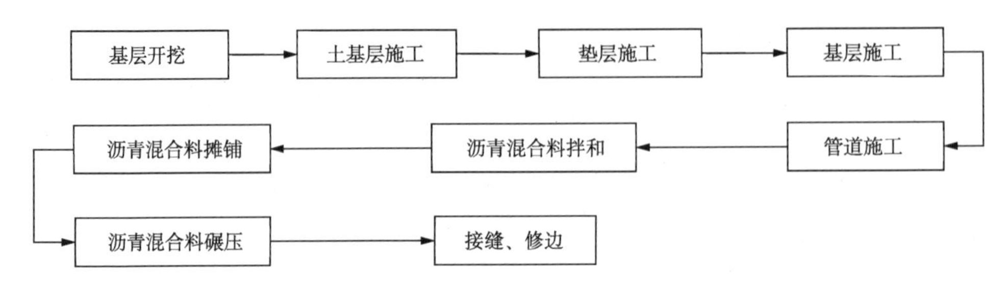


图 3-19　透水沥青铺装施工工序

透水沥青铺装具体施工内容及检查清单如表 3-10 所示。

**表 3-10　透水沥青铺装施工内容及检查清单**

| 施工项 | 施工子项 | 检查情况 | |
|---|---|---|---|
| 1.施工前准备 | 1.1 定位放样。标出警示范围，防止压实现状土壤。同时，要核实该区域土壤在其他工程实施时是否被压实过，或开展过其他工程 | | |
| | 1.2 上游排水区要确保实施水土保持措施，或将其排水妥善处理 | | |
| | 1.3 对施工材料的性能和尺寸检查 | 沥青混合料符合要求 | 是○ 否○ |
| | | 暗渠（如果需要）符合要求 | 是○ 否○ |
| | | 过滤石（必须洗净）符合要求 | 是○ 否○ |
| | | 垫层石（必须洗净）符合要求 | 是○ 否○ |
| | | 排水管符合要求 | 是○ 否○ |
| | | 接缝填充石（根据需要）符合要求 | 是○ 否○ |
| | | 其他组件符合要求 | 是○ 否○ |
| | 1.4 场地空间需要足够大，以便满足侧挖要求 | | |
| | 1.5 召开施工准备会议 | | |
| | 1.6 场地清理 | 场地平整 | 是○ 否○ |
| | | 无树根、杂草、废渣、垃圾等 | 是○ 否○ |
| 2.基础工程 | 2.1 设施开挖尺寸和位置应满足设计要求 | | 是○ 否○ |
| | 2.2 开挖过程未遇到地下水（注：如果在开挖过程中遇到地下水，设施建设必须停止，设计人员必须修改设计方案） | | 是○ 否○ |

续表

| 施工项 | 施工子项 | 检查情况 | |
|---|---|---|---|
| 2.基础工程 | 2.3 开挖基底原土壤的厚度为8～10cm，利于雨水渗透 | | |
| | 2.4 场地平整及回填 | | |
| | 2.5 铺设垫层 | | |
| | 2.6 垫层压实 | 压实度不小于95% | 是○　否○ |
| | 2.7 铺设基层 | | |
| 3.面层工程 | 3.1 沥青混合料拌和 | | |
| | 3.2 沥青混合料摊铺 | | |
| | 3.3 沥青混合料碾压 | | |
| | 3.4 填缝 | 缝隙饱满 | 是○　否○ |
| | | 无余砂 | 是○　否○ |
| | 3.5 修边 | | |
| 4.管道工程 | 4.1 铺设地下排水管 | 材料符合要求 | 是○　否○ |
| | | 直径符合要求 | 是○　否○ |
| | | 穿孔管符合要求 | 是○　否○ |
| | | 相对排水口标高应为水平或正坡度 | 是○　否○ |
| | 4.2 地下排水管端口或按照设计要求安装清理孔和检查孔 | | |
| | 4.3 在砾石床周围安装土工布 | | |
| | 4.4 压实土工布 | | |
| | 4.5 排水沟施工（根据需要） | 宽度符合要求 | 是○　否○ |
| | | 相对排水口标高应为水平或正坡度 | 是○　否○ |

### 3.1.7　透水沥青铺装的施工工法

1. 一般规定

（1）透水沥青路面开工前，宜铺筑单幅长度为100～200m的试验路段，进行混凝土的试拌、试铺和试压，确定合适的施工工艺。

（2）当遇到雨天或气温低于10℃时，不得进行透水沥青路面的施工。

2. 下封层施工

认真按验收规范对基层严格验收，如果有不合要求的地段需按要求进行处理，认真对基层进行清扫，并用森林灭火器吹干净。

采用汽车式洒布机进行下封层施工。

### 3. 透水沥青混合料拌和

透水沥青混合料中粗集料宜采用轧制碎石，技术要求应符合表 3-11 规定。

**表 3-11　透水沥青混合料中粗集料性能指标**

| 试验项目 | 单位 | 层次位置 | |
|---|---|---|---|
| | | 表面层 | 其他层次 |
| 石料压碎值 | % | ≤26 | ≤28 |
| 洛杉矶磨耗损失 | % | ≤28 | ≤30 |
| 表观相对密度 | — | ≥2.6 | ≥2.5 |
| 吸水率 | % | ≤2 | ≤2 |
| 坚固性 | % | ≤8 | ≤10 |
| 针片状颗粒含量 | % | ≤10 | ≤15 |
| 水洗法＜0.075mm 颗粒含量 | % | ≤1 | ≤1 |
| 软石含量 | % | ≤3 | ≤5 |

透水沥青路面表面层粗集料磨光值及与沥青的黏附性应符合表 3-12 规定。

**表 3-12　粗集料磨光值及与沥青的黏附性**

| 雨量气候区 | | 1（湿区） | 2（湿润区） | 3（半干区） | 4（干旱区） |
|---|---|---|---|---|---|
| 年降水量/mm | | ＞1000 | 1000～500 | 500～250 | ＜250 |
| 磨光值 PSV | | ≥42 | ≥40 | ≥38 | ≥36 |
| 粗集料与沥青的黏附性 | 表面层 | ≥5 | ≥5 | ≥5 | ≥4 |
| | 其他层次 | ≥5 | ≥5 | ≥4 | ≥4 |

透水沥青混合料生产温度控制应符合表 3-13 的规定。

**表 3-13　透水沥青混合料生产温度控制**

| 混合料生产温度 | 规定值/℃ | 允许值/℃ |
|---|---|---|
| 沥青加热温度 | 165 | ±5 |
| 集料加热温度 | 195 | ±5 |
| 混合料出厂温度 | 180 | ±5 |

透水沥青混合料宜根据道路等级、气候及交通条件按表 3-14 规定工程设计级配范围。

**表 3-14 级配碎石的级配范围**

| 通过下列筛孔（mm）的质量百分率（%） | | | | | | | | |
|---|---|---|---|---|---|---|---|---|
| 筛孔尺寸/mm | 31.5 | 26.5 | 19.0 | 9.5 | 4.75 | 2.36 | 0.6 | 0.075 |
| 通过率/% | 100 | 80～95 | 65～85 | 30～60 | 20～40 | 10～22 | 3～12 | 1～6 |

透水沥青中大粒径混合料技术要求如表 3-15 所示。

**表 3-15 大粒径透水性沥青混合料技术要求**

| 技术指标 | 单位 | 技术要求 |
|---|---|---|
| 击实次数（双面） | 次 | 4.62 |
| 空隙率 | % | 13～18 |
| 析漏损失 | % | <0.2 |
| 飞散损失 | % | <20 |
| 参考沥青用量 | % | 3～3.5 |
| 动稳定度 | 次/mm | ≥2600 |

注：用于动稳定度指标测试的车辙试件厚度为 8cm。

透水沥青混合料运输过程中，应采取保温措施。运送到摊铺现场的混合料温度应不低于 175℃。

沥青混合料由间隙式拌和机拌制，骨料加热温度控制在 175～190℃，后经热料提升斗运至振动筛，经 33.5mm、19mm、13.2mm、5mm 四种不同规格筛网筛分后储存到五个热矿仓中去。沥青采用导热油加热至 160～170℃，五种热料及矿粉和沥青用料经生产配合比设计确定，最后吹入矿粉进行拌和，直至沥青混合料均匀一致，所有矿料颗粒全部裹覆沥青，混合料无花料、无结团或块或严重粗料细料离析现象为止。沥青混凝土的拌和时间由试拌确定，出厂的沥青混合料温度严格控制在 155～170℃。

4. 透水沥青混合料摊铺

施工前，应提前 0.5～1.0h 预热摊铺机费平板，使其温度不低于 100℃。铺筑过程中，费平板的振捣或开锤压实装置应具有适宜的振动频率和振幅。

摊铺机应缓慢、均匀、连续不间断地摊铺，不得随意变换速度或中途停顿。摊铺速度宜控制在 1.5～3.0m/min。透水沥青混合料的摊铺温度应不低于 170℃。应采用沥青摊铺机摊铺。摊铺机受料前，应在料斗内涂刷防黏剂并在施工中经常将两侧板收拢。铺筑透水沥青混合料时，一台摊铺机的铺筑宽度不宜超过 6.0（双车道）～7.5m（3 车道以上），宜采用两台或多台摊铺机前后错开 10～20m 成梯队方式同步摊铺。

透水沥青混合料的松铺系数应通过试验段确定。摊铺过程中应随时检查摊铺层厚度及路拱、横坡。

5. 透水沥青混合料碾压

选择合理的压路机组合方式及碾压步骤，以达到最佳结果，沥青混合料压实采用钢筒式静态压路机及轮胎压路机组合的方式。

沥青混合料的压实按初压、复压和终压（包括成型）三个阶段进行。压实过程中，初压温度不应低于160℃。复压应紧接初压进行，复压温度不应低于130℃。终压温度不宜低于90℃。

压实后的沥青混合料符合压实度及平整度的要求。

透水沥青混合料面层应符合表3-16要求。

**表3-16　透水沥青混合料面层允许偏差**

<table>
<tr><th colspan="2" rowspan="2">项目</th><th rowspan="2">允许偏差</th><th colspan="4">检验频率</th><th rowspan="2">检验方法</th></tr>
<tr><th>范围</th><th colspan="3">点数</th></tr>
<tr><td colspan="2">纵断高程/mm</td><td>±15</td><td>20m</td><td colspan="3">1</td><td>用水准仪测量</td></tr>
<tr><td colspan="2">中线偏差/mm</td><td>≤20</td><td>100m</td><td colspan="3">1</td><td>用经纬仪测量</td></tr>
<tr><td rowspan="6">平整度/mm</td><td rowspan="3">标准差</td><td rowspan="3">≤1.5</td><td rowspan="3">100m</td><td rowspan="3">路宽/m</td><td><5</td><td>1</td><td rowspan="3">用测平仪检测</td></tr>
<tr><td>5～15</td><td>2</td></tr>
<tr><td>>15</td><td>3</td></tr>
<tr><td rowspan="3">最大间隙</td><td rowspan="3">≤5</td><td rowspan="3">20m</td><td rowspan="3">路宽/m</td><td><5</td><td>1</td><td rowspan="3">用3m直尺和塞尺连续量取两尺，取最大值</td></tr>
<tr><td>5～15</td><td>2</td></tr>
<tr><td>>15</td><td>3</td></tr>
<tr><td colspan="2">宽度/mm</td><td>不小于设计值</td><td>40m</td><td colspan="3">1</td><td>用钢尺量</td></tr>
<tr><td colspan="2" rowspan="3">横坡</td><td rowspan="3">±0.3%且不反坡</td><td rowspan="3">20m</td><td rowspan="3">路宽/m</td><td><5</td><td>2</td><td rowspan="3">用水准仪测量</td></tr>
<tr><td>5～15</td><td>4</td></tr>
<tr><td>>15</td><td>6</td></tr>
<tr><td colspan="2">井框与路面高差/mm</td><td>≤5</td><td>每座</td><td colspan="3">1</td><td>十字法，用直尺、塞尺量取最大值</td></tr>
<tr><td rowspan="2">抗滑</td><td rowspan="2">摩擦系数</td><td rowspan="2">符合设计要求</td><td rowspan="2">20m</td><td colspan="3">1</td><td>摆式仪</td></tr>
<tr><td colspan="3">全线连续</td><td>横向力系数车</td></tr>
</table>

续表

| 项目 | | 允许偏差 | 检验频率 | | 检验方法 |
|---|---|---|---|---|---|
| | | | 范围 | 点数 | |
| 抗滑 | 构造深度 | 符合设计要求 | 20m | 1 | 砂铺法 |
| | | | | | 激光构造深度仪 |

注：1. 测平仪为全线每车道连续检测每 100m 计算标准差，无测平仪时可采用 3m 直尺检测。表中检验频率点数为测线数。

2. 平整度、抗滑性能也可采用自动检测设备进行检测。

3. 底基层表面、下面层应按设计规定用量洒泼透层油、黏层油。

4. 中面层、下面层仅进行中线偏位、平整度、宽度、横坡的检测。

5. 十字法检查井框与路面高差，每座检查井均应检查。十字法检查中，以平行于道路中线，过检查井盖中心的直线做基线，另一条线与基线垂直，构成检查用十字线。

表格来源：河北省《海绵城市设施施工及工程质量验收规范》[12]。

6. 沥青面层接缝施工

（1）清理缝面和台阶：接缝面不允许有松动抛撒的集料，无灰尘、不污染，台阶面上不应留下夹层和杂物。

（2）喷洒黏层油：要求喷洒均匀，接缝面不露白、不流淌。

（3）接缝面热处理：通过提前烘烤接触面使老路接缝面温度升高到 100～110℃。摊铺机铺筑的热料和加热的缝面接触能有效地提高接缝的黏合力。

（4）接缝面处补料、剔除大集料，确保接缝面沥青混合料都能均匀填满。

（5）接缝压实：压路机距接缝面 20～30cm 先将热料稳压以防止接缝处集料推移，再贴紧接缝振压接缝处沥青混合料，使接缝处新老沥青混合料互相嵌挤形成整体。

（6）接缝平整度：3m 直尺最大间隙 $h \leqslant 5$mm；压实度：满足设计要求；表面没有离析线，不出现油迹。

（7）做完的摊铺层外露边缘应准确到要求的线位，修边切下的材料及任何其他的废弃沥青混合料应从路上清除。

（8）透水沥青路面与不透水沥青路面衔接处，应做好封水、防水处理。

## 3.2　渗透塘施工技术

### 3.2.1　渗透塘的基础知识

渗透塘是指雨水通过侧壁和池底来入渗的滞蓄水池（塘），可有效补充地下水、削减峰值流量、分流，建设费用较低。渗透塘适用于汇水面积较大（大于 1hm$^2$）且具有一定空间条件的区域，通常位于地面低洼地，但应用于径流污染严重、设施底部渗透面距离季节性最高地下水位或岩石层小于 1m 及距离建筑物基础小于 3m（水平距离）的区域时，应采取必要的措施防止发生次生灾害。渗透塘在净化雨水的同时，还可以起到改善景观的效果。

根据下渗形式，渗透塘分为两种类型[13]：①雨水能迅速渗透的下渗塘；②能根据降雨量大小，水位可调节的永久型池塘。当位于排洪压力大的区域，大面积的渗透塘也可以作为滞洪区。永久型池塘渗透塘不适于在降水量小蒸发量大的地区，由于蒸发损失水量，难以维持水面，使得栽植的水生植物不容易存活。滞洪区平面和剖面图如图 3-20 所示。

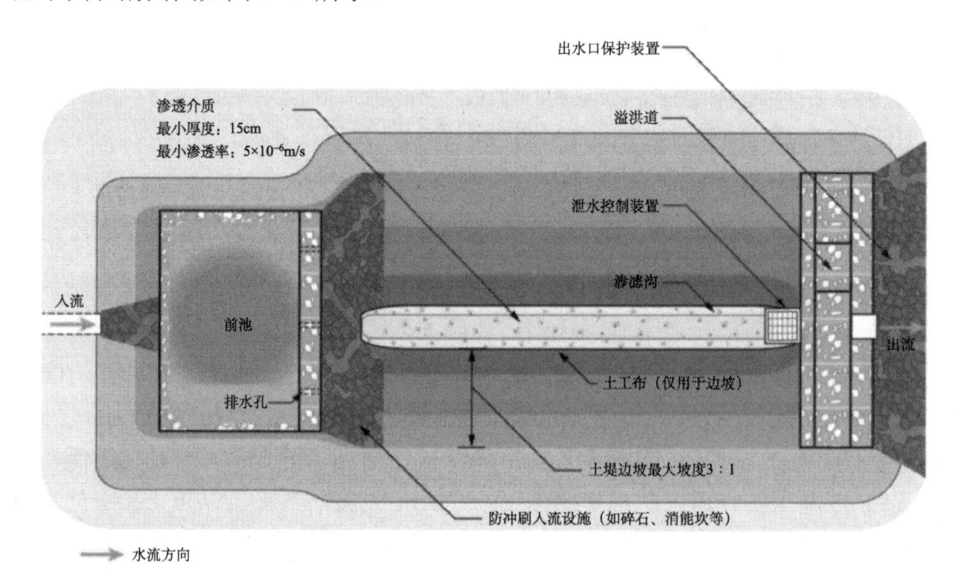


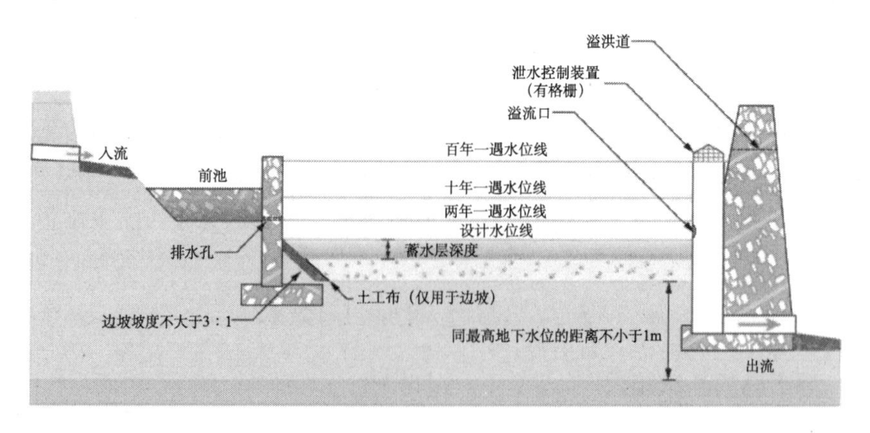


图 3-20　滞洪区平面图和剖面图

图片来源：*New Jersey Stormwater Best Management Practices Manual*[13]

根据开敞形式，渗透塘可以分为两种类型[13]：①地面渗透塘；②地下渗透塘。地面渗透塘适用于土地充足，有足够的可利用地面且土壤渗透性能良好的区域。地面渗透塘的优点是渗透面积大，能提供较大的渗水和储水容量，净化能力强，对水质和预处理要求低，管理方便，具有渗透、调节、净化、改善景观、降低雨水管系负荷与造价等多重功能。缺点是占地面积大，在土地不充足的地区应用受到限制；由于有自由水面，对养护管理要求较高，容易滋生蚊虫和垃圾造成堵塞

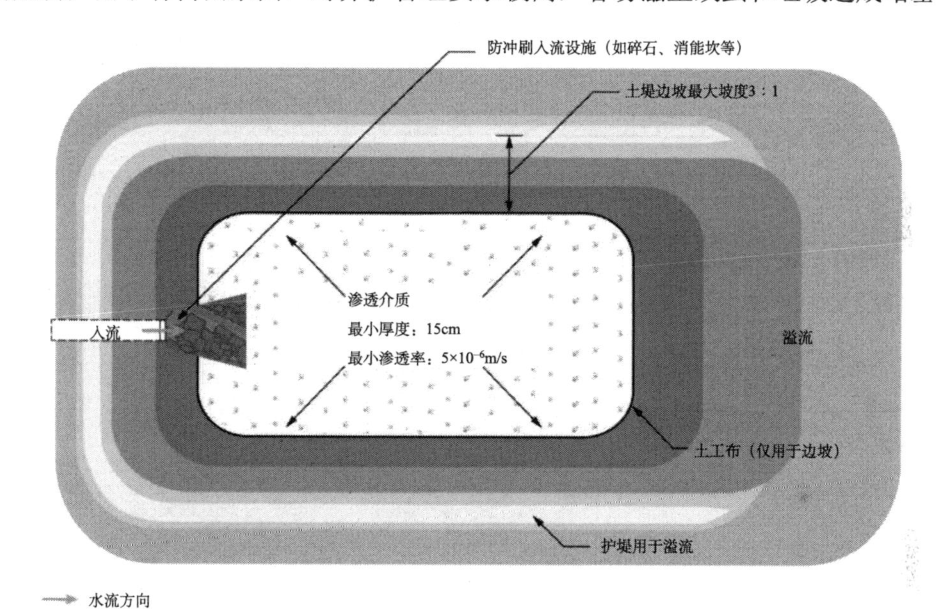


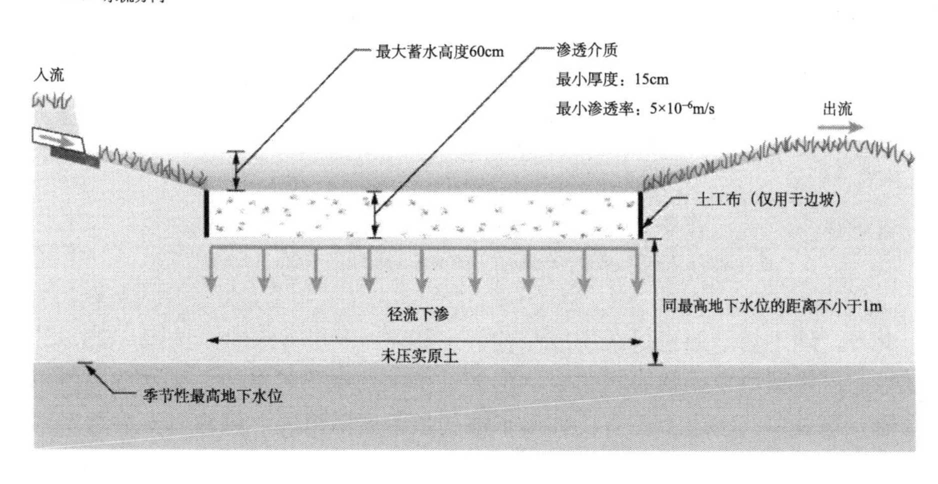


图3-21　地面渗透塘平面图和剖面图

图片来源：*New Jersey Stormwater Best Management Practices Manual*[13]

使渗透能力下降。地面渗透塘通常需要跟景观结合，以充分发挥城市土地资源的景观效益。地面渗透塘平面和剖面图如图 3-21 所示。

当土地比较紧张，没有足够的用地建设地面渗透塘，可以考虑建设地下渗透塘，实际上也可以称之为地下贮水渗透装置。地下渗透塘由混凝土砌块、穿孔管、碎石床等构成，雨水入流后逐渐下渗。地下渗透塘种类繁多，形状各异。地下渗透塘剖面图如图 3-22 所示。

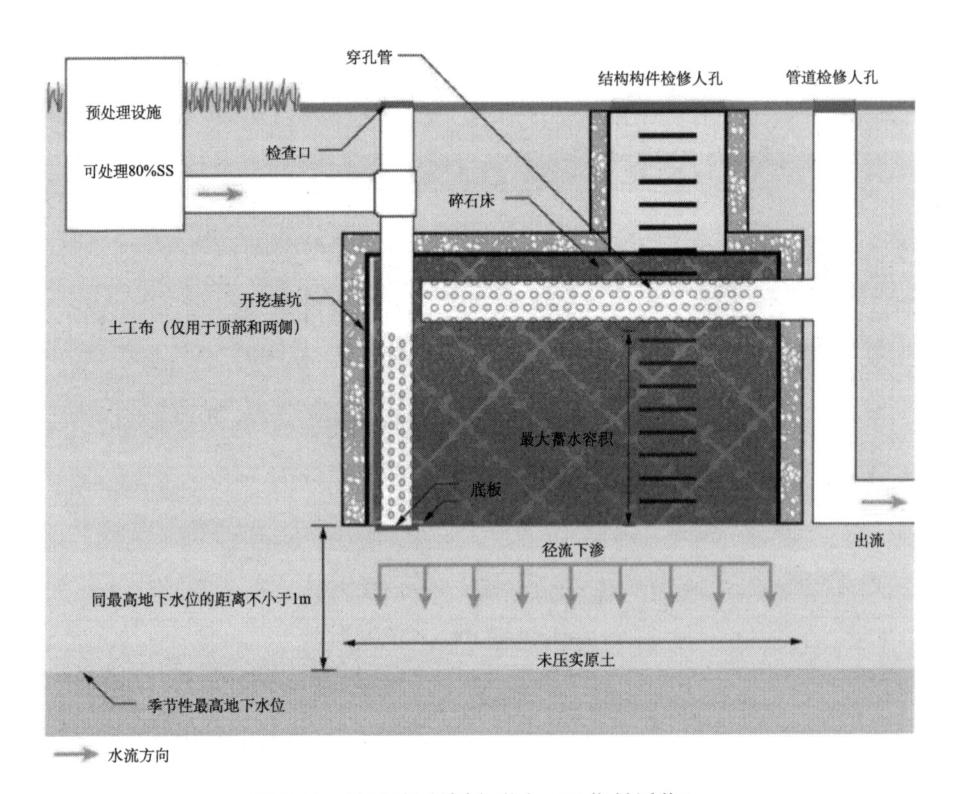


图 3-22　地下渗透塘剖面图（SS 指悬浮物）

图片来源：*New Jersey Stormwater Best Management Practices Manual*[13]

此外，地下渗透塘也可采用成品构件，如 PP 模块蓄水池，见图 3-23。该模块是以聚丙烯塑料单元模块相组合，形成一个大的地下贮水池，在水池周围根据工程需要包裹单向渗透土工布。如果水池周边包裹防渗膜，则可以变为蓄水池，待暴雨过后，回用蓄水池里的水。

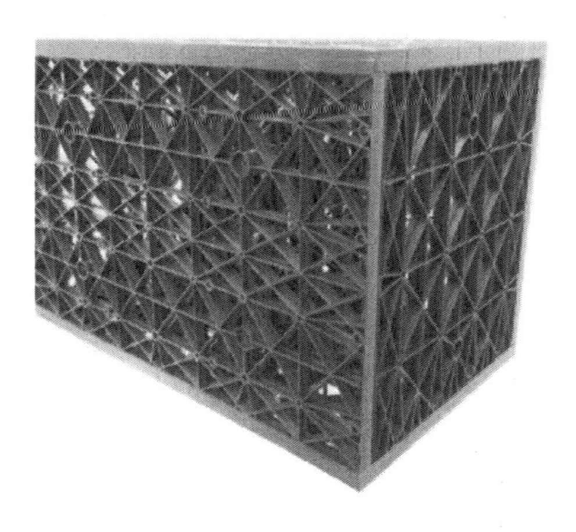

图 3-23 PP 模块

### 3.2.2 渗透塘的施工工序

渗透塘按图 3-24 所列工序施工。

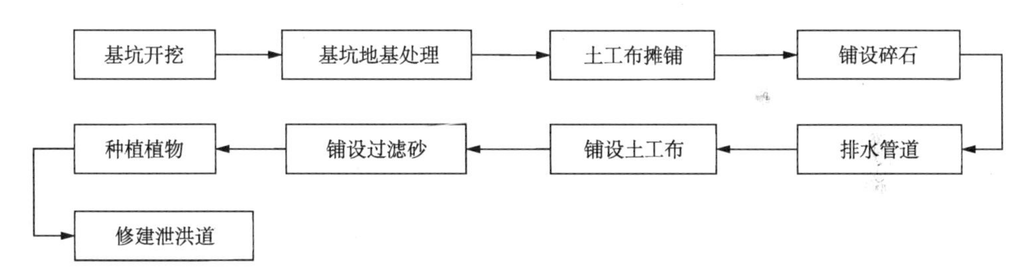


图 3-24 渗透塘施工工序

渗透塘具体施工内容及检查清单如表 3-17 所示。

**表 3-17 渗透塘施工工序及检查清单**

| 施工内容 | 施工子项 | 检查情况 | |
|---|---|---|---|
| 1.施工前准备 | 1.1 对渗透设施定位放样（包括预处理、沉淀设施）。标出警示范围，防止压实现状土壤。同时，要核实该区域土壤在其他工程实施时是否被压实过，或开展过其他工程 | | |
| | 1.2 上游排水区要确保实施水土保持措施，或将其排水妥善处理 | | |
| | 1.3 对施工材料和产品的性能和尺寸进行检查 | 进、排水管符合要求 | 是○ 否○ |
| | | 溢流管符合要求 | 是○ 否○ |

续表

<table>
<tr><th>施工内容</th><th>施工子项</th><th colspan="2">检查情况</th></tr>
<tr><td rowspan="8">1.施工前准备</td><td rowspan="5">1.3 对施工材料和产品的性能和尺寸进行检查</td><td>碎石符合要求</td><td>是○ 否○</td></tr>
<tr><td>土工布符合要求</td><td>是○ 否○</td></tr>
<tr><td>滤砂符合要求</td><td>是○ 否○</td></tr>
<tr><td>放空管符合要求</td><td>是○ 否○</td></tr>
<tr><td>植物符合要求</td><td>是○ 否○</td></tr>
<tr><td>1.4 核查施工设备是否符合设施施工要求</td><td>符合要求</td><td>是○ 否○</td></tr>
<tr><td>1.5 召开施工准备会议</td><td></td><td></td></tr>
<tr><td>1.6 场地清理</td><td></td><td></td></tr>
<tr><td rowspan="10">2.土方工程</td><td>2.1 设施开挖尺寸和位置应符合设计要求</td><td></td><td>是○ 否○</td></tr>
<tr><td>2.2 渗透塘应采取逐层开挖的方式</td><td></td><td></td></tr>
<tr><td>2.3 采取侧挖法，以避免对现状土壤的压实</td><td></td><td></td></tr>
<tr><td>2.4 开挖范围及深度内不得有地下水（说明：如出现地下水，则土方工程必须停止，并要求设计方修改方案）</td><td></td><td>是○ 否○</td></tr>
<tr><td>2.5 设施底部的挖掘，其坡度应符合设计要求（但不能为符合设计要求采取压实等措施）</td><td></td><td></td></tr>
<tr><td>2.6 渗透塘底部铺砂前，应对底部进行翻土和松土</td><td></td><td></td></tr>
<tr><td>2.7 对土工布进行搭接，搭接部要用砂石盖好，以保持稳定</td><td></td><td></td></tr>
<tr><td>2.8 渗透塘底部不得压实</td><td></td><td></td></tr>
<tr><td>2.9 渗透塘的挖深、边坡坡度、底部地形，应符合设计要求</td><td></td><td></td></tr>
<tr><td>2.10 建设配套施工道路</td><td></td><td></td></tr>
<tr><td rowspan="8">3.主体工程</td><td rowspan="4">3.1 铺设穿孔排水管</td><td>材质符合要求</td><td>是○ 否○</td></tr>
<tr><td>直径符合要求</td><td>是○ 否○</td></tr>
<tr><td>开孔符合要求</td><td>是○ 否○</td></tr>
<tr><td>相对排水口标高应为水平或正坡度</td><td>是○ 否○</td></tr>
<tr><td rowspan="3">3.2 铺设溢流排水管（从溢流口铺设到市政排水点）</td><td>材质符合要求</td><td>是○ 否○</td></tr>
<tr><td>直径符合要求</td><td>是○ 否○</td></tr>
<tr><td>相对排水口标高应为水平或正坡度</td><td>是○ 否○</td></tr>
<tr><td>3.3 排水处的出口处采取缓冲保护措施</td><td></td><td></td></tr>
</table>

续表

| 施工内容 | 施工子项 | 检查情况 | |
|---|---|---|---|
| 3.主体工程 | 3.4 地下排水管的终点或转折点设置清扫口或观察口（或按图纸要求设置） | | |
| | 3.5 水洗碎石或砾石要干净清洁（清洗两次），不得含有尘土泥沙 | 无尘土泥沙 | 是○ 否○ |
| | 3.6 铺设碎石 | | |
| | 3.7 铺设土工布 | | |
| | 3.8 铺设土工布之上的过滤砂（土） | | |
| 4.种植工程 | 4.1 按照图纸，在池底和边坡进行植物种植 | | |
| 5.水土保持 | 5.1 按照图纸，在渗透塘入水口修筑防冲刷和护堤措施 | | |
| | 5.2 渗透塘边坡坡度不得大于 3∶1 | 符合要求 | 是○ 否○ |
| | 5.3 泄洪道应符合设计的标高和尺寸 | 符合要求 | 是○ 否○ |
| | 5.4 泄洪道要铺设碎石 | | |
| | 5.5 对渗透渠，施工期间就要铺设土工布并加以固定，以防止施工期间的降水侵蚀 | | |
| 6.后期工程 | 6.1 回填及拆除施工需要修建的道路、踏板等临时措施 | | |

### 3.2.3　渗透塘的施工工法

1. 预处理工程

场地预处理，预处理是渗透和过滤实验的必需部分。如果没有进行预处理，会在渗透过程中导致堵塞并且影响美观。

渗透塘前应设置防堵塞渗透或过滤预处理系统，如植被过滤带、小的沉淀池、沉砂池或前置塘，可用于去除大颗粒污染物并减缓流速。前置塘等预处理设施进水处应设置消能石、碎石等措施避免溢流堰受水流的直接冲刷。碎石、卵石等保护层，其粒径宜为4.75～9.50mm，含泥量不宜大于1.5%，泥块含量不宜大于0.5%。当水流大于0.5m/s时，消能石宜选用较大的石块，并深埋浅露。

冬季有降雪的地方，可采取弃流、排盐等措施防止融雪剂侵害植物。

临时沉砂控制，利用沉积物和侵蚀控制措施将有助于疏通渗透区。一旦侧壁建成，就要加固侧壁以减少原生土壤的侵蚀，以保护土壤不受冲刷风蚀。通过实时追踪和观察积灰，使人行道表面有沉积物时能及时进行清扫，以防四处散灰。所有沉积物和侵蚀控制设施必须得到妥善安装和维护。

当泥沙堆积达设备高度的1/3时，就要立刻进行维护，如去除累积的沉淀物或在原有结构的地下部分安装额外的沉积物控制装置。

在施工过程中，除非有 90cm 厚的覆盖层，否则预留的渗透位置不能作为临时沉淀池使用。

### 2. 土方工程施工工法

渗透塘构造进行基坑（沟槽）开挖时，应严格控制开挖的平面尺寸、基底高程和边坡坡度。如果渗透区被开挖到最大程度（或 90cm 以内），则需要严格的防侵蚀和沉积物控制（例如分流护堤），以使渗透区远离沉积物和径流下渗。

开挖时一般不宜垂直向下深挖，要有合理的边坡，并要根据土质的密实或疏松情况确定边坡坡度的大小。开挖过程应做好侧坡的安全措施，避免塌方、翻机、人员伤亡等事故发生。如果操作时发现有裂纹或部分坍塌的现象，应及时进行支撑或放坡，并注意支撑的稳固和土壁的变化。当采取不放坡开挖时，应设置临时支护，各种支护应根据土质及基坑深度经过计算确定。

开挖过程中尽可能使用反铲挖土机挖掘，并且从两侧和渗透区的外部区域进行，以避免土壤压实。如果必须在渗透区内工作，只能使用较小地面压力的跟踪设备，渗透塘/渠的路面外沿以内的区域严格禁止橡胶轮胎设备。应从渠/塘的远端开始施工，往内开凿。基底的渗透性指标应该满足设计要求。

渗透塘的主要原理是下渗，渗透塘底部的透水构造是渗透塘设计的关键之一。渗透塘底部构造应采用透水良好的材料，可采用 200～300mm 的种植土、透水土工布及 300～500mm 的过滤介质层。种植土渗透系数应满足设计要求，设计未明确时，应大于 $5\times10^{-6}$m/s。

开挖后土壤要防止压实，压实后通过增加土壤容重来降低下渗率，渗透区应用颜料和（或）树桩标记，以防止施工交通设备在该地区通行。可对渗透区进行松底土。用反铲挖土机或其他许可方法将图纸上注明的所有场地的地下底土松动至少 50cm，又称土壤松动或松土。这种技术可以增强入渗性，减少施工活动的压实土壤。具体松土方式参照生物滞留设施土方工程施工工法松土章节。

当渗透塘用于径流污染严重、设施底部渗透面距离季节性最高地下水位或岩石层小于 1m 及距离建筑物水平距离基础小于 3m 的区域时，应采取铺设土工膜等防渗措施防止发生次生灾害。

### 3. 主体工程施工工法

渗透介质至少在场地铺设两个星期前进行渗透性测试，并且将土壤测试结果提供给施工方。混合产品的样品也应在渗透介质铺设到场地的两星期前交付给设计方进行渗透率检测。混合样要尽量首次检测就符合相关要求，避免误工。

渗透介质铺设前，需进行渗透性测试。测试方法有现场测试和实验室测试。

现场渗透率测试方法如下（图 3-25）[14]：在松土之后，测试渗透区以验证 48h 内可达到预想的渗透率和入渗面积。也可以利用渗透塘底的双环入渗仪进行，也可通过填满渗透塘后计算排干最深的水需要多长时间来测定。实测入渗率应等于设计入渗率的两倍。如果是通过渗透塘灌满水来进行检查，要确保灌水期间渗透塘内没有沉积物。如果沉积物被冲入渗透塘，需要在填入渗透介质之前都清理干净。如果水池不在 48h 内排干（若设计有要求根据相关要求），或渗透速度低于设计中假定的两倍，则可能需要再进行松土或调整设计方案。

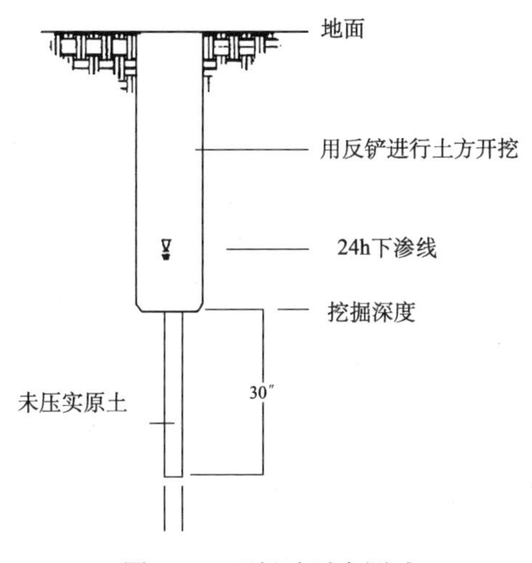


图 3-25 现场渗透率测试

图片来源：*New York State Stormwater Management Design Manual*[14]

实验室渗透率测试方法如下：①用环刀取测试样品，带回实验室内，将环刀上、下盖取下，下端换上有网孔且垫有滤纸的底盖并将该端浸入水中，同时注意水面不要超过环刀上沿。一般砂土浸 4～6h，壤土浸 8～12h，黏土浸 24h。②到预定时间将环刀取出，在上端套上一个空环刀，接口处先用胶布封好，再用熔蜡黏合，严防从接口处漏水，然后将结合的环刀放在漏斗上，架上漏斗架，漏斗下面承接有烧杯。③往上面的空环刀中加水，水层 5cm，加水后从漏斗滴下第一滴水时开始计时，以后每隔 1min、2min、3min、5min、10min……更换漏斗下的烧杯（间隔时间的长短视渗透快慢而定，注意要保持一定压力梯度）。每更换一次烧杯要将上面环刀中水面加至原来高度，同时记录水温。④实验一般时间约 1h，渗水开始稳定，否则需继续观察到单位时间内渗出水量相等时为止。⑤计算渗透率。

土壤渗透率测试结果应满足土壤质地分类及相关要求。

在渗透介质铺设前，应先清除渗透区底部的积沙和淤泥。渗透区边坡大树的根系也要清除，避免其穿透土工布及深入设施内部。铺设渗透介质时尽可能减少压实路基和渗透介质本身。未经设计师批准，在介质布置后，不得在渗透区内通行工程车辆。如果路基被施工设备或用品压实，应利用反铲挖土机的前爪从边缘和外部倾倒介质来松动渗透介质。如果用反铲挖土机无法在渗透区整个区域播土，只能使用履带滑移装载机或其他地面压力低的设备在渗透塘铺设渗透介质，但尽可能不要使用这种方法。

严禁过度装入渗透介质。一旦松散土浸湿被压实，应将渗透介质多填入20%。在种植和覆盖之前，施工方应联系设计方进行最后检查。在此次检查中，设计人员应检查土壤湿润后的厚度和等级，并通知承包商未达标的误差范围。最终分级误差通常为垂直方向的±3cm和水平方向的±15cm。

土工布摊铺时只包裹设施边坡，底部不铺土工布。搭接土工布时要留有搭接宽度，搭接缝的有效宽度应达到10～20cm，搭接部分用沙石盖好，避免移位。

4. 种植工程施工工法

渗透介质渗透性通过测试后，应尽快种树或播种以避免侵蚀、沉淀和杂草生长。施工方应至少提前四天通知种植者，以提前准备好运输种苗到场地及场地进行进度安排。所有现状杂草都应该在项目区域内用机械或除草剂彻底根除。要求施工方具备成功的种植或播种项目经验，且安装和维护过类似范围和规模的项目。施工经理需在现场监督整个播种或种植过程。

所有的种子和苗木都要避免在受到天气或其他有损产品的影响条件下运输和储存。所有的植物和种子播种前都要进行检查，潮湿、发霉或损坏的种苗拒绝运输或储存。植物和种子应在交货后24h内运抵现场。运抵现场后应及时播种，以免植物和种子干燥或受损。

施工方需根据植物播种季节来安排施工进度。在穴苗生长1年后可以呈现良好的长势并且减少杂草生长，同时随着时间的推移通过根系的健康生长能维持良好的入渗率。种植完后要及时给植物浇水。

地膜覆盖是防止杂草生长和保持水分的重要方法。

场地稳固，防止水土流失。种植完成后，不得有裸露的土壤。侵蚀控制措施不能是临时性的播种或地膜覆盖，而应该是永久性的侵蚀控制措施，如多年生植被、混凝土、片石、碎石等。

### 3.2.4 渗透塘的施工案例

下面是PP模块地下渗透塘施工案例（图3-26）。

步骤：

①基坑开挖；

②模块组装；

③覆膜（单向防渗膜）；

④回填。

图 3-26　PP 模块地下渗透塘施工实景图

## 3.3　渗井施工技术

### 3.3.1　渗井的基础知识

渗井指通过井壁和井底进行雨水下渗的设施，为增大渗透效果，可在渗井周围设置水平渗排管，并在渗排管周围铺设砾（碎）石。渗井是将屋面、路面、绿地的雨水通过环保型雨水口收集到渗井，通过渗井的储存、渗透可以有效地减少流向市政雨水管网的雨水量。环保型雨水口主要有以下几种类型（图 3-27）。

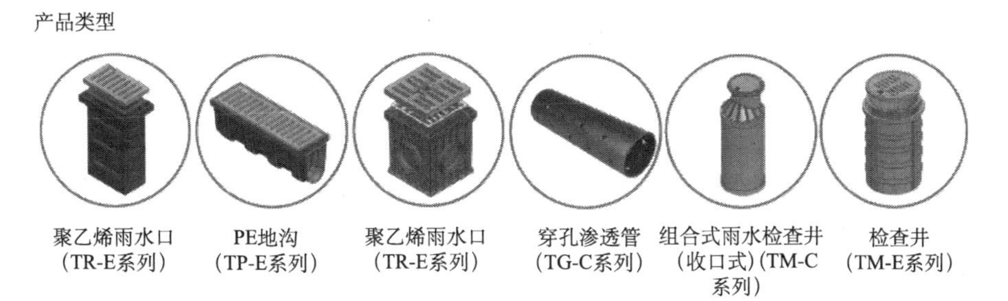


图 3-27　环保型雨水口

渗井分为表面干井和埋置干井。表面干井，也称为微渗入区，是用石头填充的小沟渠，从周围区域，如车道汇集雨水，汇集后的雨水渗入到设施下面及周边土壤中。表面干井的雨水都是通过地表汇流方式收集，而不是像埋置干井通过地下管道收集。表面干井在建筑小区中较常见，通常位于车道两侧，距建筑物至少60cm。埋置干井，是一个充满石头的小型地下坑，通过铺设于干井下方的地下管道同建筑落水管相连，以收集屋面雨水，汇集后的雨水渗入设施下面及周边土壤中。由于埋置干井用于收集屋面雨水，因此一般同建筑物的距离不大于60cm。埋置干井上面通常覆盖有草坪，因此确定干井的位置通常需通过井盖来识别。表面干井和埋置干井实景如图3-28所示。

图3-28　表面干井（左图）和埋置干井（右图）实景图

当渗井调蓄容积不足时，可在渗井周围连接水平渗排管，形成辐射渗井。辐射渗井通过埋设于地下的渗透渠、多孔管材或多孔雨水检查井向四周土壤渗透。渗排管通过土壤过滤净化雨水，并在管道四周填充级配碎石，加快渗透速度。

辐射渗井是一种非常有效的截污、渗透减排措施，相当于一个渗透排放一体化系统：

①第一个渗井至最后一个渗井间的水平渗排管的管道直径通常不小于200mm，应满足雨水流量的要求。

②水平渗排管宜水平敷设，满足双向流动。

③水平渗排管的开孔率不小于1.5%。

④渗透系统的检查井使用渗透检查井或集水渗透检查井，检查井间距不大于渗透管管径的150倍。渗透检查井应有0.3m深的沉砂室。

⑤渗井应设溢流井，溢流水排入雨水管道。

辐射渗井的典型构造如图3-29所示。

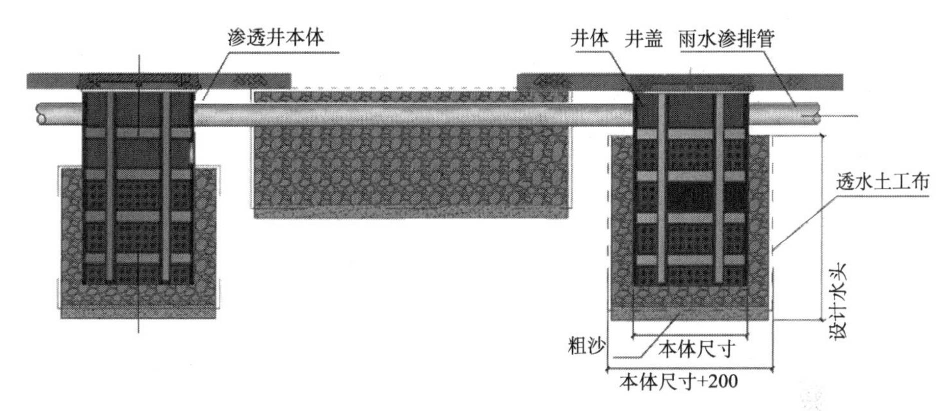


图 3-29　辐射渗井构造示意图（单位：cm）

### 3.3.2　渗井的施工工序

表面渗井按图 3-30 所列工序施工。

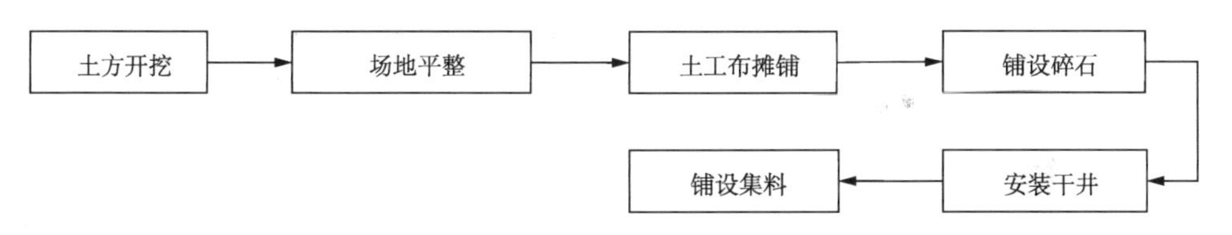


图 3-30　表面渗井施工工序

埋置渗井按图 3-31 所列工序施工。

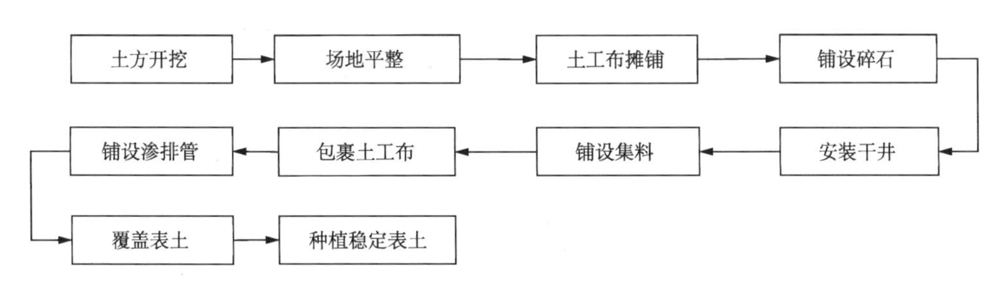


图 3-31　埋置渗井施工工序

渗井具体施工内容及检查清单如表 3-18 所示。

**表 3-18　渗井施工内容及检查清单**

| 施工内容 | 施工子项 | 检查情况 | |
|---|---|---|---|
| 1.施工前准备 | 1.1 对渗透设施定位放样（包括预处理、沉淀设施）。标出警示范围，防止压实现状土壤。同时，要核实该区域土壤在其他工程实施时是否被压实过，或开展过其他工程 | | |
| | 1.2 上游排水区要确保实施水土保持措施，或将其排水妥善处理 | | |
| | 1.3 对施工材料和产品的性能和尺寸进行检查 | 进、排水管符合要求 | 是○ 否○ |
| | | 溢流管符合要求 | 是○ 否○ |
| | | 碎石符合要求 | 是○ 否○ |
| | | 土工布符合要求 | 是○ 否○ |
| | | 其他设备符合要求 | 是○ 否○ |
| | 1.4 核查施工设备是否符合设施施工要求 | 符合要求 | 是○ 否○ |
| | 1.5 召开施工准备会议 | | |
| | 1.6 场地清理 | | |
| 2.土方工程 | 2.1 设施开挖尺寸和位置应符合设计要求 | | 是○ 否○ |
| | 2.2 渗井应采取逐层开挖的方式 | | |
| | 2.3 采取侧挖法，以避免对现状土壤的压实 | | |
| | 2.4 开挖范围及深度内不得有地下水（说明：如出现地下水，则土方工程必须停止，并要求设计方修改方案） | | 是○ 否○ |
| | 2.5 渗井的渠边，应挖成垂直状 | | |
| | 2.6 渗井底部铺砂前，应对底部进行翻土和松土 | | |
| | 2.7 土工布应搭接在垂直井壁之上，搭接部要用砂石盖好，以保持稳定 | | |
| | 2.8 渗井底部不得压实 | | |
| | 2.9 渗井的挖深、底部地形，应符合设计要求 | | |
| 3.主体工程 | 3.1 铺设渗排水管（根据需要） | 材质符合要求 | 是○ 否○ |
| | | 直径符合要求 | 是○ 否○ |
| | | 开孔符合要求 | 是○ 否○ |
| | | 相对排水口标高应为水平或正坡度 | 是○ 否○ |
| | 3.2 铺设溢流排水管（从溢流口铺设到市政排水点） | 材质符合要求 | 是○ 否○ |
| | | 直径符合要求 | 是○ 否○ |
| | | 相对排水口标高应为水平或正坡度 | 是○ 否○ |

续表

| 施工内容 | 施工了项 | 检查情况 | |
|---|---|---|---|
| 3.主体工程 | 3.3 排水处的出口处采取缓冲保护措施 | | |
| | 3.4 铺设连接进水管，用于连接干井同建筑落水管（埋置干井） | 材质符合要求 | 是○ 否○ |
| | | 直径符合要求 | 是○ 否○ |
| | | 相对排水口标高应为水平或正坡度 | 是○ 否○ |
| | 3.5 地下排水管的终点或转折点设置清扫口或观察口（或按图纸要求设置） | | |
| | 3.6 水洗碎石或砾石要干净清洁(清洗两次)，不得含有尘土泥沙 | 无尘土泥沙 | 是○ 否○ |
| | 3.7 铺设碎石 | | |
| | 3.8 铺设土工布 | | |
| | 3.9 铺设土工布之上的过滤砂（土） | | |
| 4.种植工程 | 4.1 在渗井表面铺设草皮（根据需要） | | |
| 5.水土保持 | 5.1 按照图纸，在渗井入水口修筑防冲刷和护堤措施 | | |
| | 5.2 渗井边坡应为垂直 | 符合要求 | 是○ 否○ |
| | 5.3 对渗透渠，施工期间就要铺设土工布并加以固定，以防止施工期间的降水侵蚀 | | |

### 3.3.3　渗井的施工工法

1. 沟槽开挖工程施工工法

渗井沟槽的底部要挖掘成一个均匀，水平、未压实的地基，并且没有岩石和碎片，开挖断面应符合施工组织设计（方案）的要求。沟槽挖掘应使用低影响开发挖掘设备进行，开挖设备应放置在沟槽的界限以外。

槽底原状地基土不得扰动，不得压实，机械开挖时槽底预留 200～300mm 土层由人工开挖至设计高程，整平；槽底不得受水浸泡或受冻，槽底局部扰动或受水浸泡时，宜采用天然级配砂砾石或石灰土回填；槽底扰动土层为湿陷性黄土时，应按设计要求进行地基处理；槽底土层为杂填土、腐蚀性土时，应全部挖除并按设计要求进行地基处理；槽壁平顺，边坡坡度符合施工方案的规定；在沟槽边坡稳固后设置供施工人员上下沟槽的安全梯。

渗井槽底局部超挖或发生扰动时，处理应符合下列规定：

①超挖深度不超过 150mm 时，可用挖槽原土回填夯实，其压实度不应低于原地基土的密实度。

②槽底地基土壤含水量较大，不适合压实时，应采取换填等有效措施。

③排水不良造成地基土扰动时，可按以下方法处理：扰动深度在 100mm 以内，宜填天然级配砂石或砂砾处理；扰动深度在 300mm 以内，但下部坚硬时，宜填卵石或块石，再用砾石填充空隙并找平表面。

渗井沟槽开挖后，底部及周边的土壤渗透系数应满足设计要求，设计未明确时，应大于 $5\times10^{-6}$m/s；土壤还应具有小于 20%的黏土含量和小于 40%的淤泥/黏土含量保证下渗。

沟槽支撑可采用打桩支撑法、横板支撑法和立板支撑法，如表 3-19 所示。撑杆垂直距离为 1.0～1.5m，水平距离不得大于 2.5m，最后一道应高出基面 20cm，下管前替撑应高出管顶 20cm。

**表 3-19　渗井沟槽支撑基本方法**

| 支撑方式 | 打桩支撑 | 横板支撑 | 立板支撑 |
|---|---|---|---|
| 槽深 | ＞4.0m | ＜3.0m | 3～4m |
| 槽宽 | 不限 | 约 4.0m | ≤4.0m |
| 挖土方式 | 机挖 | 人工 | 人工 |
| 有较厚流砂层 | 宜 | 差 | 不准使用 |
| 排水方法 | 强制式 | 明排 | 两种自选 |
| 近旁有高层建筑物 | 宜 | 不准使用 | 不准使用 |
| 离河川水域近 | 宜 | 不准使用 | 不准使用 |

渗井沟槽支撑应经常检查，发现支撑构件有弯曲、松动、移位或劈裂等迹象时，应及时处理；雨期及春季解冻时期应加强检查；拆除支撑前，应对沟槽两侧的建筑物、构筑物和槽壁进行安全检查，并应制定拆除支撑的作业要求和安全措施；施工人员应由安全梯上下沟槽，不得攀登支撑。

### 2. 回填工程施工工法

渗井井底应设置砾石排水层和砂层过滤。在井坑底部铺设一层粗砂，其厚度应符合设计要求，井内渗排管口高于砂层 100mm。砂层上铺透水土工布，土工布的宽度应足够包裹碎石层，土工布搭接宽度应不少于 150mm。透水土工布隔离层规格设计未明确时，单位面积质量为 200～300g/m$^2$，砾石层外包的透水土工布的性能指标应符合表 3-20 相关指标要求。

**表 3-20　土工布主要性能指标要求**

| 项目 | 性能指标 |
| --- | --- |
| 单位面积质量/(g/m$^2$) | ≥200 |
| 厚度/mm | ≥1.7 |
| 断裂强度/(kN/m) | ≥6.5 |
| 断裂伸长率/% | 25～100 |
| 撕破强力/kN | ≥0.16 |

渗井的井体周边应用碎石填充，进水起始井与出水终点井填至管顶以上20mm。碎石的含泥量宜小于 1%，粒径范围宜为 20～30mm。渗管或渗渠周边宜填充空隙率为 35%～45%的砾石或其他多孔材料，并采用厚度不小于 1.2mm、单位面积质量不小于 200g/m$^2$ 的透水土工布与压实度 92%左右的回填土隔离。在放置土工布之前，已有沉积物或碎片沉积在干井底部，需移除。在放置碎石期间应折叠并固定多余的土工布。折叠和固定非织造土工布，土工布搭接的宽度应不少于 150mm。

渗井的出水管的内底高程应高于进水管管内顶高程，但不应高于上游相邻井的出水管管内底高程，敷设高程、坡度应严格按设计要求。渗井调蓄容积不足时，也可在渗井周围连接水平渗排管，形成辐射渗井。

沟槽回填前沟槽内砖、石、木块等杂物应清除干净，沟槽内不得有积水，保持降排水系统正常运行，不得带水回填。回填材料应符合下列要求：

①槽底至管顶以上 500mm 范围内，土中不得含有机物、冻土以及大于 50mm 的砖、石等硬块；在抹带接口处、防腐绝缘层或电缆周围，应采用细粒土回填；

②冬期回填时管顶以上 500mm 范围以外可均匀掺入冻土，其数量不得超过填土总体积的 15%，且冻块尺寸不得超过 100mm；

③回填土的含水量，宜按土类和采用的压实工具控制在最佳含水率±2%范围内；

④采用石灰土、砂、砂砾等材料回填时，其质量应符合设计要求或有关标准规定。

井室、雨水口及其他附属构筑物周围回填应符合下列规定：

①井室周围的回填，应与管道沟槽回填同时进行；

②不便同时进行时，应留台阶形接茬；

③井室周围回填压实时应沿井室中心对称进行，且不得漏夯；

④回填材料压实后应与井壁紧贴；

⑤路面范围内的井室周围，应采用石灰土、砂、砂砾等材料回填，其回填宽度宜不小于 400mm；

⑥严禁在槽壁取土回填；

⑦具体材料类型管道的沟槽回填与压实参照《给水排水管道工程施工及验收规范》（GB 50268—2008）；

⑧渗井地上表面周围一般用地被植物、草皮进行保护修饰。

集水渗井若采用PE（聚乙烯）材质成品集水渗透检查井，井壁及井底均开孔，具有渗透功能，开孔率宜大于15%，井口公称直径宜为600～800mm，井深宜为1～1.4m。

3. 管道工程施工工法

渗井周围设置水平渗排管，应严格按照设计要求进行施工，确保渗透效果。渗管宜与渗井配合使用，渗透管沟宜采用穿孔塑料管、无砂混凝土管等透水材料，并应符合下列规定：

①管材在不承压条件下应符合现行国家标准《无压埋地排污、排水用硬聚氯乙烯（PVC-U）管材》（GB/T 20221—2006）的规定，在承压条件下应符合现行国家标准《给水用硬聚氯乙烯（PVC-U）管件》（GB/T 10002.2—2003）的规定；

②渗透管的管径不宜小于150mm，塑料管的开孔率不宜小于15%，无砂混凝土管的孔隙率不宜小于20%；

③检查井之间的管道敷设坡度宜采用1%～2%。

水平渗排管具体施工工法详见渗透管/渠施工章节。

## 3.4　生物滞留设施、下沉式绿地施工技术

### 3.4.1　生物滞留设施、下沉式绿地的基础知识

1. 生物滞留设施的基础知识

生物滞留设施是指通过特定的土壤剖面过滤存储和处理雨水的工程设施。生物滞留技术是在自然土壤渗透基础上发展起来的径流雨水原位控制技术，通过增加蒸发和渗透模拟强化自然水文过程，达到滞留、净化径流雨水的目的。

根据形态及应用场所不同生物滞留设施可分为下凹式绿地、生物滞留带、高位花坛和生态树池等；根据原土壤渗透能力高低及具体要求不同，生物滞留设施也可分为简易型生物滞留设施（不换土）和复杂型生物滞留设施（换土）；根据地下水位高低、离建筑物的距离和环境条件等，生物滞留设施可分为直接入渗型、底部出流型和溢流型。

通常，生物滞留设施由蓄水层、覆盖层、植被及种植土层、人工填料层和砾石层等五部分组成。生物滞留设施的蓄水层深度应满足设计要求，换土层介质类

型、构造措施及换土深度应满足出水水质要求，还应符合植物种植及园林绿化养护管理技术要求。简易型生物滞留设施构造如图 3-32 所示，复杂型生物滞留设施构造如图 3-33 所示。

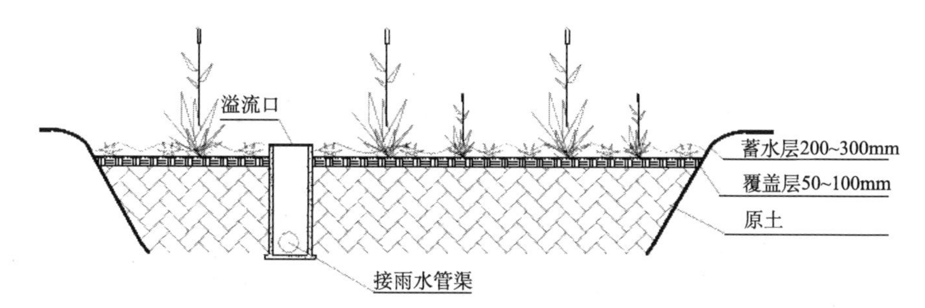


图 3-32　简易型生物滞留设施典型构造示意图

图片来源：《海绵城市建设技术指南——低影响开发雨水系统构建（试行）》[7]

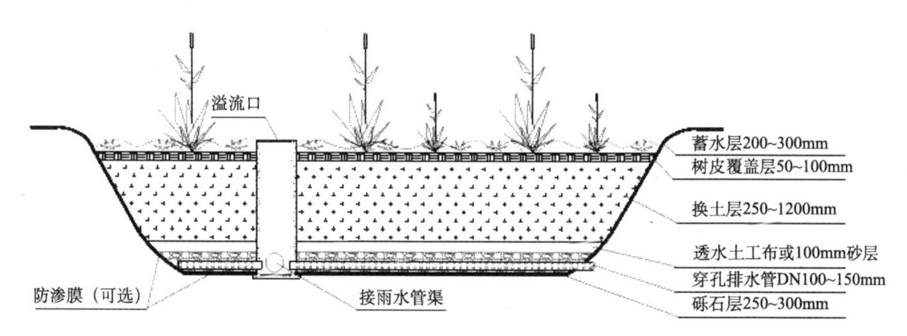


图 3-33　复杂型生物滞留设施典型构造示意图

图片来源：《海绵城市建设技术指南——低影响开发雨水系统构建（试行）》[7]

临近区域的雨水通过地表径流流入生物滞留设施（图 3-34），通过设施内的植物、种植土和砾石等过滤再渗入地下，超标雨水通过设置的溢流口（如雨水口）溢流到临近的排水系统，保证暴雨时雨水不漫流。如需要利用雨水，也可设置排水管收集处理好后的水。

对于污染严重的汇水区应选用植草沟、植被缓冲带或沉淀池等对径流雨水进行预处理，去除大颗粒的污染物并减缓流速；应采取弃流措施防止石油类高浓度污染物侵害植物。

屋面径流雨水可由雨落管接入生物滞留设施，道路径流雨水可通过路缘石豁口分散流入，路缘石豁口尺寸和数量应根据道路纵坡等经计算确定，符合设计要求。

生物滞留设施应用于道路绿化带时，若道路纵坡大于 1%，应设置挡水堰/台坎，以减缓流速并增加雨水渗透量；设施靠近路基部分应进行防渗处理，防止对道路路基稳定性造成影响。

图 3-34　生物滞留设施实景图

2. 下沉式绿地的基础知识

下沉式绿地是指比周边地面或道路低 5cm 以上的绿地，利用植被截流、土壤渗透原理，截流和净化小流量径流雨水的一种工程设施，下沉的空间可以短时间存蓄雨水，增加截流下渗量。

下沉式绿地具有狭义和广义之分，狭义的下沉式绿地指低于周边铺砌地面或道路在 200mm 以内的绿地；广义的下沉式绿地泛指具有一定的调蓄容积（在以径流总量控制为目标进行目标分解或设计计算时，不包括调节容积），且可用于调蓄和净化径流雨水的绿地，包括生物滞留设施、渗透塘、湿塘、雨水湿地、调节塘等。本节所指下沉式绿地为狭义的下沉式绿地，广义的下沉式绿地施工技术见相应其他章节。

对于壤质黏土、砂质黏土、黏土等渗透性较差的地区，植物长期淹水导致根部缺氧，会危害植物的生长，因此绿地下沉深度不宜大于 100mm，还可以适当缩小雨水溢流口高程与绿地高程的差值，使下沉式绿地集蓄的雨水能够在 24h 内完全下渗。

典型的下沉式绿地结构为：绿地高程低于路面高程，雨水口设在绿地内，雨水口低于路面高程并高于绿地高程。下沉式绿地先汇集了周边道路等区域产生的雨水径流，绿地蓄满水后再流入雨水口。与路面、广场等硬化地面相连接的绿地，宜低于硬化地面 100～200mm，进水口拦污设施应正确设置，以初期净化雨水。

下沉式绿地是绿地雨水调蓄技术的一种，较普通绿地而言，下沉式绿地

（图 3-35）具有利用下沉空间充分蓄积雨水、削减洪峰流量、减轻地表径流污染等优点。

图 3-35　下沉式绿地实景图

### 3.4.2　生物滞留设施、下沉式绿地的施工工序

1. 生物滞留设施施工工序

复杂型生物滞留设施按图 3-36 所列工序施工。简易型生物滞留设施施工工序可参见下沉式绿地。

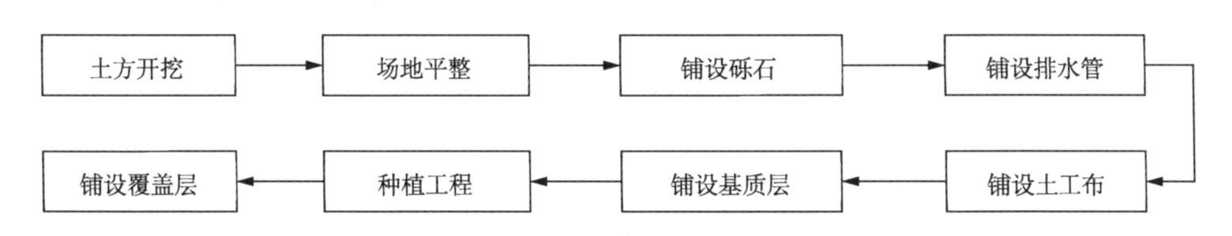


图 3-36　复杂型生物滞留设施施工工序

复杂型生物滞留设施的具体施工内容及检查清单如表 3-21 所示。

**表 3-21　复杂型生物滞留设施施工内容及检查清单**

| 施工内容 | 施工子项 | 检查情况 | |
|---|---|---|---|
| 1.施工前准备 | 1.1 召开施工准备会议 | | |
| | 1.2 设施定位放样。通过警示等方法，防止压实现状土壤 | 宜分散布置且规模不宜过大，生物滞留设施面积与汇水面面积之比一般为 5%～10% | 是○　否○ |
| | 1.3 上游排水区要确保实施水土保持措施，或将其排水妥善处理 | 已实施水土保持措施 | 是○　否○ |
| | 1.4 对施工材料和产品的性能和尺寸进行检查 | 排水管符合要求 | 是○　否○ |
| | | 溢流收集池/溢出窨井符合要求 | 是○　否○ |
| | | 碎石符合要求 | 是○　否○ |
| | | 土工布符合要求 | 是○　否○ |
| | | 生物滞留土壤基质符合要求 | 是○　否○ |
| | | 植物符合要求 | 是○　否○ |
| | 1.5 核查施工设备是否符合设施施工要求 | 符合要求 | 是○　否○ |
| | 1.6 场地清理 | | |
| | 1.7 场地放线 | | |
| | 1.8 场地排水 | 无积水 | 是○　否○ |
| 2.土方工程 | 2.1 设施开挖尺寸和位置应符合设计要求 | 符合要求 | 是○　否○ |
| | 2.2 生物滞留设施应分步开挖 | 开挖部分应当天回填种植基质的部分 | 是○　否○ |
| | 2.3 采取侧挖法，以避免对现状土壤的压实 | | |
| | 2.4 开挖范围及深度内不得有地下水（说明：如出现地下水，则土方工程必须停止，并要求设计方修改方案） | 无地下水 | 是○　否○ |
| | 2.5 两侧要垂直开挖 | | |
| | 2.6 设施底部的开挖，其坡度应符合设计要求（但不能为符合要求采取压实等措施） | 符合要求 | 是○　否○ |
| | 2.7 回填生物滞留土壤基质前要翻松基坑两侧和底部的土壤 | | |
| 3.主体工程 | 3.1 铺设穿孔排水管（根据需要） | 材质符合要求 | 是○　否○ |
| | | 直径符合要求 | 是○　否○ |
| | | 开孔符合要求 | 是○　否○ |
| | | 相对排水口标高应为水平或正坡度 | 是○　否○ |
| | 3.2 铺设溢流排水管（从溢流口铺设至市政排水收纳口） | 材质符合要求 | 是○　否○ |
| | | 直径符合要求 | 是○　否○ |

续表

| 施工内容 | 施工子项 | 检查情况 | |
|---|---|---|---|
| 3.主体工程 | 3.2 铺设溢流排水管（从溢流口铺设至市政排水收纳口） | 相对排水口标高应为水平或正坡度 | 是○ 否○ |
| | 3.3 安装溢流口，安装的标高要符合设计要求（至少高于生物滞留土壤基质顶部 15cm） | 符合设计要求 | 是○ 否○ |
| | 3.4 溢流口周边设置缓冲保护措施 | | |
| | 3.5 地下排水管的终点或转折点设置清扫口或观察口（或按图纸要求设置） | | |
| | 3.6 清洗水洗碎石或砾石（清洗两次），不得含有尘土泥沙 | 无尘土泥沙 | 是○ 否○ |
| | 3.7 排水管上方覆盖至少 8cm 的砾石 | | |
| | 3.8 铺设透水土工布（排水砾石层和生物滞留土壤基质之间） | | |
| 4.生物滞留设施土壤基质工程 | 4.1 铺设基质。应用铲车在填方区以外铺填，注意避免压实。或人工铺填。避免在填方区使用大型机械 | | |
| | 4.2 基质湿度要适中（不干也不潮湿），再进行铺填。避免在下雨天进行 | 湿度适中 | 是○ 否○ |
| | 4.3 基质铺填区，应在挖方当天完成铺填，以避免夜间降雨引起开挖场地的水土流失 | 当天回填 | 是○ 否○ |
| | 4.4 在表层基质最后铺填前，需要人工模拟一次降雨，以验证基质渗透率 | 渗透率符合要求 | 是○ 否○ |
| | 4.5 生物滞留土壤基质的深度应符合设计要求 | 符合要求 | 是○ 否○ |
| 5.植物种植工程 | 5.1 生物滞留设施基质上的植物种植，应严格按照设计图纸实施 | 符合要求 | 是○ 否○ |
| | 5.2 植物种植面积不超过该生物滞留土壤基质表面总面积的 50% | | 是○ 否○ |
| | 5.3 种植间距要满足设计要求 | 符合要求 | 是○ 否○ |
| | 5.4 乔木只种植在环绕设施四周的原土壤中，不能种于生物滞留土壤基质中 | | |
| 6.水土保持 | 6.1 按照图纸，在生物滞留设施入水口修筑防冲刷和护堤措施 | | |
| | 6.2 缓冲区域（生物滞留土壤基质顶部以上部分）的边坡比不小于 3∶1 | | |
| | 6.3 生物滞留区周边设置拦沙网（淤泥围栏） | | |

## 2. 下沉式绿地施工工序

下沉式绿地施工工序同生物滞留设施，具体施工内容及检查清单如表 3-22 所示。

**表 3-22　下沉式绿地施工内容及检查清单**

| 施工内容 | 施工工序 | 检查情况 | |
|---|---|---|---|
| 1.施工前准备 | 1.1 召开施工准备会议 | | |
| | 1.2 设施定位放样。通过警示等方法，防止压实现状土壤 | 宜分散布置且规模不宜过大，下沉式绿地面积与汇水面面积之比一般为5%～10% | 是○否○ |
| | 1.3 上游排水区要确保实施水土保持措施，或将其排水妥善处理 | | |
| | 1.4 对施工材料和产品的性能和尺寸进行检查 | 溢流口符合要求 | 是○否○ |
| | | 种植土符合要求 | 是○否○ |
| | | 植物符合要求 | 是○否○ |
| | 1.5 核查施工设备是否符合设施施工要求 | 符合要求 | 是○否○ |
| | 1.6 场地清理 | | |
| | 1.7 场地放线 | | |
| | 1.8 场地排水 | 无积水 | 是○否○ |
| 2.土方工程 | 2.1 设施开挖尺寸和位置应符合设计要求 | 符合要求 | 是○否○ |
| | 2.2 设施应分步开挖 | 开挖部分应当天回填种植基质的部分 | 是○否○ |
| | 2.3 采取侧挖法，以避免对现状土壤的压实 | | |
| | 2.4 开挖范围及深度内不得有地下水（说明：如出现地下水，则土方工程必须停止，并要求设计方修改方案） | 无地下水 | 是○否○ |
| | 2.5 两侧要垂直开挖 | | |
| | 2.6 设施底部的开挖，其坡度应符合设计要求（但不能为符合要求采取压实等措施） | 符合要求 | 是○否○ |
| 3.主体工程 | 3.1 铺设溢流排水管（从溢流口铺设至市政排水收纳口） | 材质符合要求 | 是○ 否○ |
| | | 直径符合要求 | 是○ 否○ |
| | | 相对排水口标高应为水平或正坡度 | 是○否○ |
| | 3.2 安装溢流口，安装的标高要符合设计要求（至少高于生物滞留土壤基质顶部15cm） | | 是○ 否○ |
| | 3.3 溢流口周边设置缓冲保护措施 | | |

续表

| 施工内容 | 施工工序 | 检查情况 | |
|---|---|---|---|
| 3.主体工程 | 3.4 地下排水管的终点或转折点设置清扫口或观察口（或按图纸要求设置） | | |
| | 3.5 清洗水洗碎石或砾石（清洗两次），不得含有尘土泥沙（根据需要） | 无尘土泥沙 | 是○否○ |
| | 3.6 排水管上方覆盖至少 8cm 的砾石（根据需要） | | |
| 4.植物种植工程 | 4.1 植物种植，应严格按照设计图纸实施 | | |
| | 4.2 植物种植面积不超过该种植土表面总面积的 50% | | 是○否○ |
| | 4.3 种植间距要满足设计要求 | | 是○否○ |
| | 4.4 乔木只种植在环绕设施四周的原土壤中，不能种于设施中 | | |
| 5.水土保持 | 5.1 按照图纸，在下沉式绿地入水口修筑防冲刷和护堤措施 | | |
| | 5.2 缓冲区域（种植土顶部以上部分）的边坡比不小于 3∶1 | | |
| | 5.3 下沉式绿地周边设置拦沙网（淤泥围栏） | | |

### 3.4.3　生物滞留设施、下沉式绿地的施工工法

1. 土方工程施工工法

1）开挖、回填和平整的要求

（1）在开始安装之前，现场必须有足够的材料数量，以便完成安装并立即稳定暴露的土壤区域。

（2）尽量在两次降水之间一次性完成开挖。

（3）利用低影响的地面移动设备（宽履带设备或带有草皮轮胎的轻型设备）进行回填、平整。

（4）开挖尺寸和深度合理，不作过度挖掘。

2）减轻因施工造成的土壤压实

（1）缓解受扰土壤的压实对生物滞留设施是否能发挥正常功效至关重要。未扰动土壤和普通城市条件下土壤的密度比较如表 3-23 所示。

表 3-23　土壤密度

| 未扰动的土壤类型或城市条件下的土壤类型 | 表面体积密度/(g/m$^3$) |
|---|---|
| 泥炭 | 0.2～0.3 |
| 堆肥 | 1.0 |
| 砂土 | 1.1 和 1.3 |
| 粉砂 | 1.4 |
| 淤泥 | 1.3～1.4 |
| 粉砂壤土 | 1.2～1.5 |
| 有机粉/黏土 | 1.0～1.2 |
| 冰碛 | 1.6～2.0 |
| 城市草坪 | 1.5～1.9 |
| 碎石停车场 | 1.5～2.0 |
| 城市填土 | 1.8～2.0 |
| 运动场地 | 1.8～2.0 |
| 道路和建筑下垫面（85%压实） | 1.5～1.8 |
| 道路和建筑下垫面（95%压实） | 1.6～2.1 |
| 水泥混凝土路面 | 2.2 |
| 石英岩（岩石） | 2.65 |

（2）减轻压实的最有效方法是添加堆肥修复。土壤中掺入堆肥深度为 0.6m。降低土壤容重的活动如表 3-24 所示。

表 3-24　降低土壤容重活动

| 土地用途或活动 | 减少的体积密度/(g/cm$^3$) |
|---|---|
| 耕土 | 0.00～0.02 |
| 专门的土松动 | 0.05～0.15 |
| 选择性平整 | 0.00～0.02 |
| 土壤添加物 | 0.17 |
| 堆肥 | 0.25～0.35 |
| 自然沉积 | 0.20 |
| 再造林 | 0.25～0.35 |

3）翻松土壤的要求

（1）底土耕犁机（裂土器）可以打破压实层而不破坏土壤团聚体结构、表面植被或混合土壤层。

（2）压实层如何有效地被压裂取决于土壤的水分、结构、质地、类型、组成、孔隙率、密度和黏土含量。

（3）使用相对紧密间隔的齿，以防止堵塞，在完全松动土壤的情况下比宽间距齿更有效。

（4）松土机行进速度也对下层土有扰动，合适的行进速度非常重要。太快的行进速度可能会导致过度的表面干扰，将下层土壤带到表面，产生沟槽，并掩埋表面残留物；相反，太慢的行驶速度不能充分翻升和破碎土壤。

（5）土壤翻松前，需明确公用设施的位置，避免在埋有公用设施、电线、管道、涵洞或引水渠道的地区进行翻松。

（6）如果深松有效，地面应该稍微抬起，并保持相对平整，且没有大量破坏表面残留物和植物。下层少量底土和岩石可以被翻到土壤表层。如果在松土机后面形成大的沟槽，主要原因有：杆部不够深，翼尖上的角度太猛烈，或者行进速度太快。

（7）对于盆地面积大于 $90m^2$ 的情况，如果压实密度高于表3-25所示的理想密度，则应对土壤进行如下补救：

①在可行的情况下深翻至0.5m的深度。

②在黏土中加入5cm的砂。对于没有暗渠的生物滞留池，可以掺入MnDOT 2型堆肥代替砂。

③滞留设施底部到最高地下水位或基岩顶的距离应该大于0.9m。如果设施底部以下需要进行土壤翻松，则翻松区域底部同滞留设施底部的距离应该大于0.6m，翻松区域底部到最高地下水位或基岩顶的距离应该大于0.9m。如果滞留设施底部到最高地下水位或基岩顶的距离无法满足0.9m的要求，但必须大于0.3m，且翻松区域深度不得大于0.3m。

**表3-25 土壤密度与根系生长的关系表** （单位：$g/cm^3$）

| 土壤质地 | 理想密度 | 可能影响植物生长的密度 | 限制根生长的密度 |
| --- | --- | --- | --- |
| 砂体，砂壤质 | ＜1.60 | 1.69 | ＞1.80 |
| 砂壤土、壤土 | ＜1.40 | 1.63 | ＞1.80 |
| 砂质黏土壤土、壤土、黏土壤土 | ＜1.40 | 1.60 | ＞1.75 |
| 粉土、粉砂壤土 | ＜1.30 | 1.60 | ＞1.75 |
| 粉砂壤土、粉质黏土壤土 | ＜1.40 | 1.55 | ＞1.65 |
| 砂质黏土、粉质黏土、含35%～45%黏土的壤土 | ＜1.10 | 1.49 | ＞1.58 |
| 黏土（＞45%黏土） | ＜1.10 | 1.39 | ＞1.47 |

4）土壤恢复规范要求

（1)种植床中表土层最小有机物含量为干重的10%，草坪区为5%，pH为6.0～8.0或同未受干扰的土壤pH相匹配。表土层的最小深度应为0.2m，表土层下面的土壤应该被开挖至少0.1m的深度。

（2）堆肥必须具有40%～65%的有机物含量和低于25∶1的碳氮比。

（3）在施工期间避免压实未受干扰的原生植被和土壤。

（4）在平整过程中储存好开挖出的表土，并在种植前更换。

（5）置换表土混合物需含有足够有机质含量和深度以满足要求。对于已经达到深度和有机质质量标准的土壤，并且没有压实的，无须改善。

### 2. 结构工程施工工法

1）雨水排入口

在下沉式绿地的雨水集中入口、坡度较大的植被缓冲带，由于径流冲刷作用容易导致土壤的侵蚀。为了防止雨水径流对土壤的侵蚀，应采用放置隔离纺织物料，栽种临时或永久性的植被，以及在裸露的地方添加覆盖物等稳固方法。

2）溢流口

生物滞留设施内应设置溢流设施，可采用溢流竖管、盖篦溢流井或雨水口等，溢流设施顶可与城市雨水管渠系统和超标雨水径流排放系统衔接。溢流口设置的数量、位置、深度及间距应按汇水面积所产生的流量确定，符合设计要求，安装不得歪扭，并应符合下列要求：

（1）溢流口间距宜为25～50m，其顶部标高应高于绿地50～100mm；

（2）溢流口周边1m范围内宜种植耐旱耐涝的草皮；

（3）溢流口应设有格栅等截污装置，以防止落叶等杂物堵塞溢流口。溢流口顶部标高应符合设计要求，设计未明确时，应高于绿地50～100mm，低于汇水面100mm，以确保暴雨时溢流排放。

生物滞留设施的蓄水层深度应根据植物耐淹性能和土壤渗透性能来确定，一般为200～300mm，并应设100mm的超高。

3）砾石层

生物滞留设施的砾石垫层可采用洗净的砾石，砾石层的厚度不宜小于300mm，厚度一般为250～300mm，粒径应不小于底部渗排管的开孔孔径或者开槽管的开槽宽度。

当生物滞留设施底部铺设有管径为100～150 mm的穿孔渗排管时，砾石层厚度应适当加大。为提高生物滞留设施的调蓄作用，在穿孔管底部可增设一定厚度的砾石调蓄层。

4）检查井及管道

当土壤透水性能小于 1.3cm/h 时，需要加装穿孔排水管，并置换原土，换土成分宜为 80%的粗砂、10%的细砂、10%左右的腐殖土。穿孔排水管钻孔规格应符合设计要求。

检查井、管道敷设的设置应符合设计要求。管道检查井的施工应符合设计要求，并且符合《给水排水管道工程施工及验收规范》（GB 50268—2008）中第 8 章对于井室的相关规定。

3. 种植工程施工工法

1）种植土

种植土层厚度应符合设计要求。

绿地种植土层要求如下：

（1）一般由砂、堆肥和壤质土混合而成，渗透系数≥$1\times10^{-5}$m/s，其重要成分中砂含量为 60%～85%，有机成分含量为 5%～10%，黏土含量不超过 5%；碎石粒径范围为 5～20mm。

（2）种植土厚度取 200～450mm，具体依据种植植物而定，如表 3-26 所示。

**表 3-26　园林植物所需最少土层厚度**

| 植被类型 | 土层厚度/mm |
| --- | --- |
| 草本花卉 | 250 |
| 地被植物 | 350 |
| 小灌木 | 450 |
| 大灌木 | 700 |
| 浅根乔木 | 1000 |

换土层介质类型及深度应满足设计要求，还应符合植物种植及园林绿化养护管理技术要求；为防止换土层介质流失及防止周围原土侵入，换土层外侧及底部一般设置透水土工布隔离层，也可采用厚度不小于 100mm 的砂层（细砂和粗砂）代替；如经评估认为下渗会对周围建（构）筑物造成塌陷风险，或者拟将底部出水进行集蓄回用时，可在生物滞留设施底部和周边设置防渗膜。

在完成场地平整之后尽快种植植被。

2）植被

设施植物应符合下列要求[15,16]：

（1）根系发达。可固定土壤、涵养水土，增强对雨水的阻滞能力，减缓雨水流速。

（2）水体净化。植物根系可吸附、净化雨水径流中的污染物、重金属，具备良好的净化能力。

（3）湿陆两生。选择能够适应长期或短期水淹环境，同时耐受长期干旱的两栖植物种类。

（4）抗逆性强。植物具有较强抗逆性。

（5）观赏价值。与周围环境协调融合，给人以美的感受。

（6）维护简单。管理简单、运行方便的植物类型。

生物滞留设施常见植物选择标准如表 3-27 所示。

**表 3-27　生物滞留设施常见植物选择标准**

<table>
<tr><th>生物滞留设施</th><th>植物选择要求</th><th>植物配置要求</th></tr>
<tr><td>蓄水区</td><td>耐旱、耐湿两栖植物，根系发达，具净化能力，低维护</td><td>植物群落可选择单一种类，结合卵石、碎石、毛石等形成自然野趣的效果，也起到雨水滞留、渗透、净化作用</td></tr>
<tr><td>缓冲区</td><td>耐一定水淹及干旱，抗雨水冲刷</td><td rowspan="2">通过搭配高低错落，叶色、质地、花期不同的植物群落，体现植草沟植被的整体美感</td></tr>
<tr><td>边缘区</td><td>有良好景观效果，与周边环境融为一体</td></tr>
</table>

生物滞留设施表面覆盖物为特定草皮（而不是树/灌木/覆盖系统），草皮根部泥土需全部移走，从而防止草皮层土壤渗入底层介质。特定草皮通常生根比标准草皮更快。

## 3.5　屋顶绿化施工技术

### 3.5.1　屋顶绿化的基础知识

屋顶绿化也称种植屋面、绿色屋顶等，根据种植基质深度和景观复杂程度，屋顶绿化分为简单式屋顶绿化（extensive roof greening）和花园式屋顶绿化（intensive roof greening）[17]。

（1）简单式屋顶绿化（extensive roof greening）（图 3-37）指利用低矮灌木或草坪、地被植物进行屋顶绿化，不设置园林小品等设施，一般不允许非维修人员活动的简单绿化。简单屋顶绿化形式使用极其耐贫瘠、耐干旱的多浆植物——主要是景天科植物，绿化层厚度小（一般在 4.1～10.2cm），总的载荷轻，不用对下部结构进行加固，不用安装浇灌设备，后期基本不用管理。建筑静荷载应大于等于 100kg/m$^2$，一般简单式屋顶绿化施工材料重量为 49～98kg/m$^2$。简单式屋顶绿化成本低，适合已有建筑屋顶绿化，既适合平屋顶也适合坡屋顶。

图 3-37　简单式屋顶绿化

简单式屋顶绿化从下至上包括结构层、防水层、分离滑动层、隔根层、排（蓄）水层、隔离过滤层、基质层、植被层，见图 3-38。

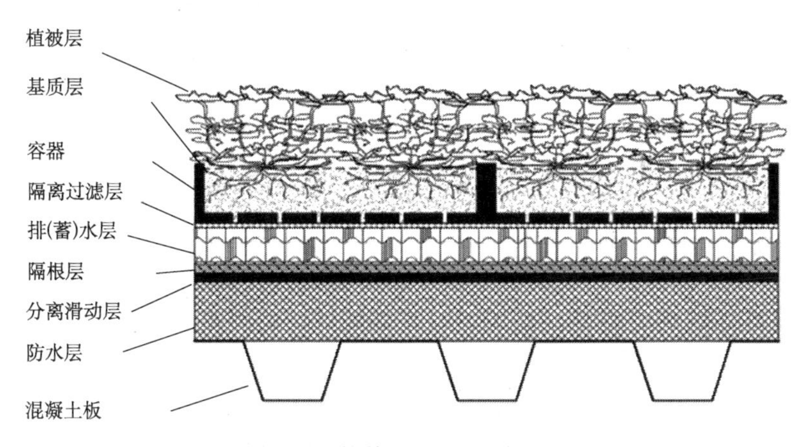


图 3-38　简单式屋顶绿化剖面图

图片来源：*Green Roof Specifications and Standards—Establishing an emerging technology* [17]

（2）花园式屋顶绿化（intensive roof greening）（图 3-39）指根据屋顶具体条件，选择小型乔木、低矮灌木和草坪、地被植物进行屋顶绿化植物配置，设置园路、座椅和园林小品等，提供一定的游览和休憩活动空间的复杂绿化。建筑静荷载应大于等于 250kg/m$^2$，乔木、花架、园亭、山石等较重的物体应设计在建筑承重墙、柱、梁的位置。花园式屋顶绿化的使用价值和观赏价值都很高，具有非常显著的生态效益和美学效益，通常适用于公共空间，其对屋顶结构也有比较高的要求[18]。

图 3-39　花园式屋顶绿化

花园式屋顶绿化从下至上包括结构层、防水层、隔根层、排（蓄）水层、隔离过滤层、基质层、灌溉系统、植被层、园林小品层，见图 3-40。

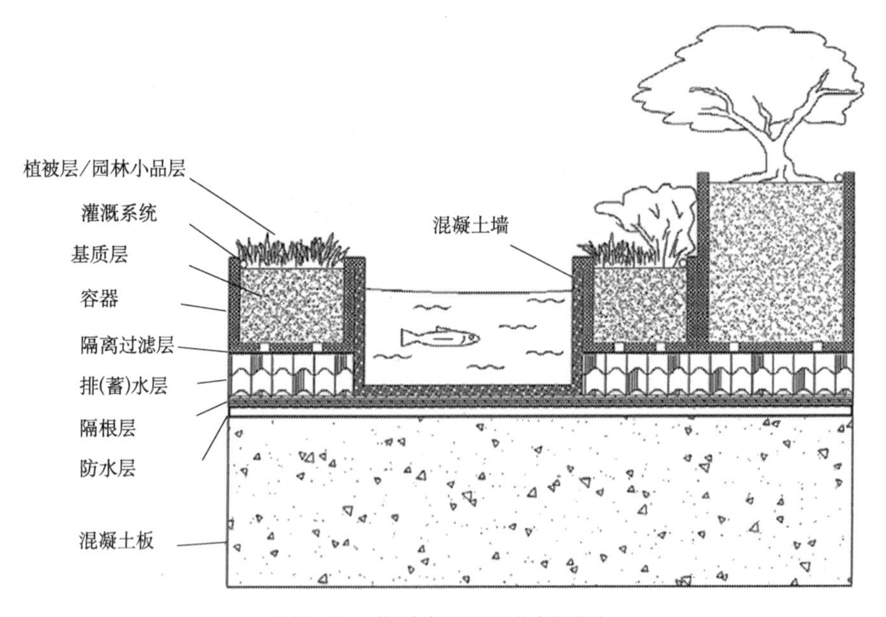


图 3-40　花园式屋顶绿化剖面图

图片来源：*Green Roof Specifications and Standards—Establishing an emerging technology* [17]

不同类型的屋顶绿化应有不同的设计内容，屋顶绿化要发挥绿化的生态效益，应有相宜的面积指标作保证。屋顶绿化的建议性指标见表 3-28[9]。

**表 3-28　屋顶绿化建议性指标**

| 屋顶绿化类型 | 组成子项 | 占比 |
|---|---|---|
| 花园式屋顶绿化 | 绿化屋顶面积占屋顶总面积 | ≥60% |
| | 绿化种植面积占绿化屋顶面积 | ≥85% |
| | 铺装园路面积占绿化屋顶面积 | ≤12% |
| | 园林小品面积占绿化屋顶面积 | ≤3% |
| 简单式屋顶绿化 | 绿化屋顶面积占屋顶总面积 | ≥80% |
| | 绿化种植面积占绿化屋顶面积 | ≥90% |

## 3.5.2　屋顶绿化的施工工序

### 1. 花园式屋顶绿化施工工序

花园式屋顶绿化按图 3-41 所列工序施工。

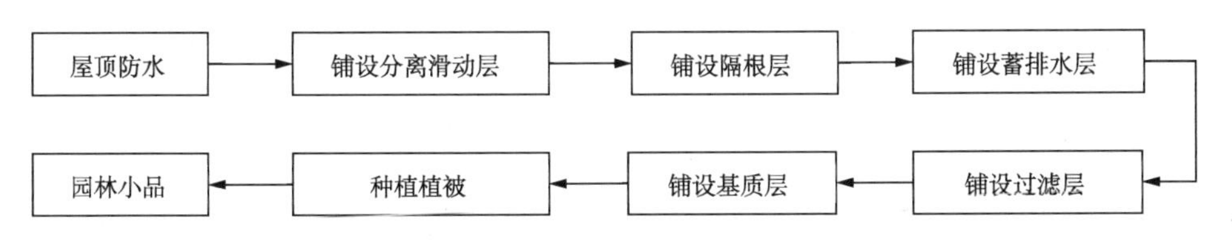


图 3-41　花园式屋顶绿化施工工序

花园式屋顶绿化具体施工内容及检查清单如表 3-29 所示。

**表 3-29　花园式屋顶绿化施工工序及检查清单**

| 施工内容 | 施工子项 | 检查情况 | |
|---|---|---|---|
| 1.施工前准备 | 1.1 召开施工准备会议 | | |
| | 1.2 对施工材料和产品的性能和尺寸进行检查 | 防水层符合要求 | 是○ 否○ |
| | | 细石混凝土符合要求 | 是○ 否○ |
| | | 水泥砂浆符合要求 | 是○ 否○ |
| | | 配水管符合要求 | 是○ 否○ |
| | | 喷头（视情况需要）符合要求 | 是○ 否○ |
| | | 排水板符合要求 | 是○ 否○ |
| | | 砾石符合要求 | 是○ 否○ |
| | | 土工布符合要求 | 是○ 否○ |
| | | 种植土符合要求 | 是○ 否○ |
| | | 植物（种子/盆栽/扦插枝）符合要求 | 是○ 否○ |

续表

| 施工内容 | 施工子项 | 检查情况 | |
|---|---|---|---|
| 1.施工前准备 | 1.3 核查施工设备是否符合设施施工要求 | 符合要求 | 是○ 否○ |
| | 1.4 核查屋顶静荷载是否符合要求 | 符合要求 | 是○ 否○ |
| | 1.5 场地清理 | 无树根、杂草、废渣、垃圾等 | 是○ 否○ |
| 2.防水工程 | 2.1 对原屋顶防水层进行闭水试验 | 无漏水情况 | 是○ 否○ |
| | 2.2 屋顶花园二次防水处理，铺设防水层 | 防水层完全覆盖 | 是○ 否○ |
| | | 焊接处不能有漏缝 | 是○ 否○ |
| | 2.3 四周设挡墙 | | |
| | 2.4 挡墙下部设泄水孔 | | |
| | 2.5 保证屋顶不漏水 | 无漏水情况 | 是○ 否○ |
| 3.隔根层和蓄（排）水工程 | 3.1 铺设分离滑动层 | | |
| | 3.2 铺设隔根层 | | |
| | 3.3 根据设计正确敷设排（蓄）水板 | | |
| | 3.4 保证排水充分 | | |
| | 3.5 排（蓄）水板到出水管密封连接 | 密封连接 | 是○ 否○ |
| | 3.6 排（蓄）水板到屋顶原排水口顺畅连接 | 顺畅连接 | 是○ 否○ |
| 4.过滤层和基质层工程 | 4.1 铺设过滤层 | 表面平整，无皱折层 | 是○ 否○ |
| | 4.2 铺设基质层 | 未损坏过滤层、防水层、保护层 | 是○ 否○ |
| | | 无结块 | 是○ 否○ |
| | | 水平 | 是○ 否○ |
| | 4.3 基质层要重复进行测试 | | |
| | 4.4 取走多余的滤砂 | | |
| 5.灌溉工程 | 5.1 均匀划分灌溉分区 | | |
| | 5.2 确定喷头正确的尺寸和位置 | | |
| | 5.3 根据设计正确敷设管道 | | |
| | 5.4 管道之间密封连接 | 密封连接 | 是○ 否○ |
| | 5.5 在管道端部安装盖子 | | |
| | 5.6 在边界处预留有膨胀的空间 | | |
| | 5.7 水平敷设，防止管道下垂 | 水平敷设 | 是○ 否○ |
| 6.种植工程 | 6.1 根据施工图确定绿化方式 | | |
| | 6.2 浇筑种植池（视情况需要） | | |
| | 6.3 种植前给植物浇水 | | |
| | 6.4 种植植物 | 均匀布置 | 是○ 否○ |
| | 6.5 种植后给植物浇水 | | |

续表

| 施工内容 | 施工子项 | 检查情况 | |
|---|---|---|---|
| 6.种植工程 | 6.6 铺设园路等园林小品（花园式屋顶绿化） | | |
| | 6.7 裸露部分铺设表面覆盖层 | 无裸露 | 是○ 否○ |
| 7.安全工程 | 7.1 植物、园林小品地上支撑系统或地下固定系统 | | |
| | 7.2 设置独立出入口和安全通道 | | |
| | 7.3 设置疏散楼梯（根据需要） | | |
| | 7.4 周边设置 80cm 以上的防护围栏 | | |

2. 简单式屋顶绿化施工工序

简单式屋顶绿化和花园式屋顶绿化无太大差别，主要区别在于建筑屋顶承受荷载不同，绿化方式不同，以及各施工工序的工法不同。简单式屋顶绿化具体施工内容及检查清单如表 3-30 所示。

**表 3-30　花园式屋顶绿化施工工序及检查清单**

| 施工内容 | 施工子项 | 检查情况 | |
|---|---|---|---|
| 1.施工前准备 | 1.1 召开施工准备会议 | | |
| | 1.2 对施工材料和产品的性能和尺寸进行检查 | 防水层符合要求 | 是○否○ |
| | | 细石混凝土符合要求 | 是○否○ |
| | | 水泥砂浆符合要求 | 是○否○ |
| | | 配水管符合要求 | 是○否○ |
| | | 喷头（视情况需要）符合要求 | 是○否○ |
| | | 排水板符合要求 | 是○否○ |
| | | 砾石符合要求 | 是○否○ |
| | | 土工布符合要求 | 是○否○ |
| | | 种植土符合要求 | 是○否○ |
| | | 植物（种子/盆栽/扦插枝）符合要求 | 是○否○ |
| | 1.3 核查施工设备是否符合设施施工要求 | 符合要求 | 是○否○ |
| | 1.4 核查屋顶静荷载是否符合要求 | 符合要求 | 是○否○ |
| | 1.5 场地清理 | 无树根、杂草、废渣、垃圾等 | 是○否○ |
| 2.防水工程 | 2.1 对原屋顶防水层进行闭水试验 | 无漏水情况 | 是○否○ |
| | 2.2 屋顶花园二次防水处理，铺设防水层 | 防水层完全覆盖 | 是○否○ |

续表

| 施工内容 | 施工子项 | 检查情况 | |
|---|---|---|---|
| 2.防水工程 | 2.2 屋顶花园二次防水处理，铺设防水层 | 焊接处不能有漏缝 | 是○否○ |
| | 2.3 四周设挡墙 | | |
| | 2.4 挡墙下部设泄水孔 | | |
| | 2.5 保证屋顶不漏水 | 无漏水情况 | 是○否○ |
| 3.隔根层和蓄（排）水工程 | 3.1 铺设分离滑动层 | | |
| | 3.2 铺设隔根层 | | |
| | 3.3 根据设计正确敷设排（蓄）水板 | | |
| | 3.4 保证排水充分 | | |
| | 3.5 排（蓄）水板到出水管密封连接 | 密封连接 | 是○否○ |
| | 3.6 排（蓄）水板到屋顶原排水口顺畅连接 | 顺畅连接 | 是○否○ |
| 4.过滤层和基质层工程 | 4.1 铺设过滤层 | 表面平整，无皱折层 | 是○否○ |
| | 4.2 铺设基质层 | 未损坏过滤层、防水层、保护层 | 是○否○ |
| | | 无结块 | 是○否○ |
| | | 水平 | 是○否○ |
| | 4.3 基质层要重复进行测试 | | |
| | 4.4 取走多余的滤砂 | | |
| 5.种植工程 | 5.1 根据施工图确定绿化方式 | | |
| | 5.2 种植植物 | 均匀布置 | 是○否○ |
| | 5.3 裸露部分铺设表面覆盖层 | 无裸露 | 是○否○ |
| 6.安全工程 | 6.1 设置独立出入口和安全通道 | | |
| | 6.2 设置疏散楼梯（根据需要） | | |
| | 6.3 周边设置 80cm 以上的防护围栏 | | |

### 3.5.3　屋顶绿化的施工工法

1. 防水层施工工法

防水层的主要作用是防止屋顶漏水，不影响建筑基本使用功能。种植屋顶前应进行防水检测并及时补漏，必要时做二次防水处理[19-22]。

防水层应采用耐腐蚀、耐霉烂、耐穿刺性能好的防水材料，可采用刚性防水层、柔性防水层或涂膜防水层。

刚性防水层是 50mm 厚细石混凝土，内放直径 5mm@200 双向钢筋网片 1 层，所用混凝土中可加入适量微膨胀剂、防水剂、减水剂等，以提高其抗裂、抗渗性能。刚性防水层比较坚硬，能防止根系发达的乔灌木穿透，起到保护屋顶的作用，而且使整个屋顶有较好的整体性，不易产生裂缝，使寿命延长。

柔性防水层是用油、毡等防水粘贴而成，通常为三油二毡或二油一毡。柔性防水层一般使用寿命短、耐热性差。

涂膜防水层用聚氨酯等油性化工涂料涂刷成一定厚度的防水膜。涂膜防水层一般高温下容易老化。

防水层的施工工法[18]如下：

（1）铺设防水材料应向建筑侧墙面延伸，应高于基质表面 15cm 以上[23]。图 3-42 为屋面建筑侧面防水层施工工法示意，图 3-43 为屋面建筑障碍物防水层施工工法示意。

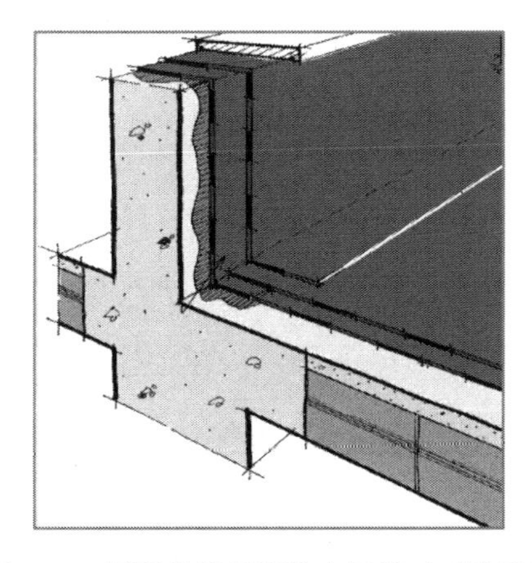

图 3-42　屋面建筑侧面防水层施工工法示意

图片来源：*Intensive Green Roofs*（*Roof Gardens*）*And Extensive Green Roofs Technical Specification*[18]

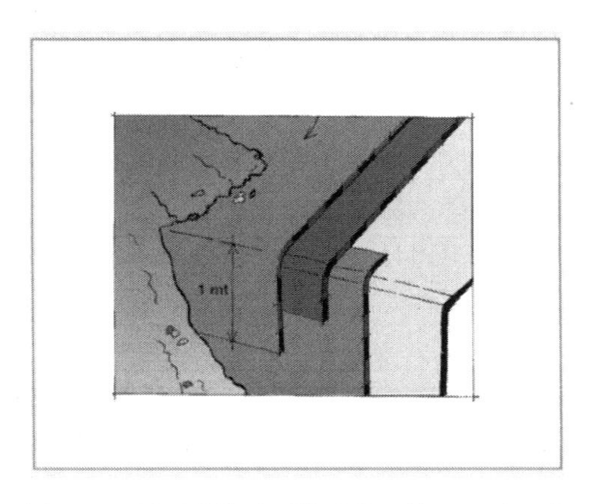


图 3-43　屋面建筑障碍物防水层施工工法示意

图片来源：*Intensive Green Roofs*（*Roof Gardens*）*And Extensive Green Roofs Technical Specification*[18]

（2）铺设刚性防水层时，施工时应做到钢筋网片的保护层厚度不得小于

10mm，细石混凝土防水层的强度等级不应小于 C25，且应采用机械搅拌，机械振捣，混凝土的水灰比不应大于 0.55，水泥标号不应低于 425#。混凝土的厚度不应小于 50mm，如过薄，混凝土失水很快，水泥不能充分水化，从而降低混凝土的抗渗性能。混凝土收水后应进行二次压光，以切断和封闭混凝土中的毛细管，提高抗渗性。抹压面层时，严禁在表面洒水，应加水泥浆或撒干水泥，以防龟裂脱皮降低防水效果。

（3）铺设柔性防水层时，应设置分离滑动层。分离滑动层的搭接缝的有效宽度应达到 10～20cm，并向建筑侧墙面延伸 15～20cm。分离滑动层的主要作用是防止隔根层与防水层材料之间产生粘连现象，防止隔根层同防水层之间产生滑动。刚性防水层或有刚性保护层的柔性防水层表面，分离滑动层可省略不铺。屋面防水层摊铺工法如图 3-44 示意。

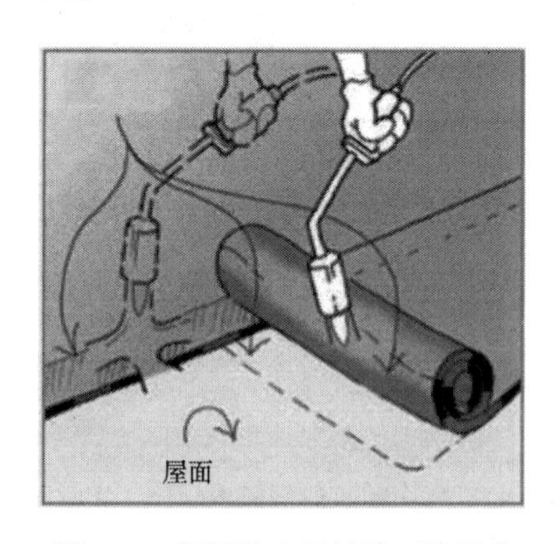


图 3-44　屋面防水层摊铺工法示意

图片来源：*Intensive Green Roofs（Roof Gardens）And Extensive Green Roofs Technical Specification*[18]

（4）不得在已建成的屋顶防水层上再穿孔洞与管线和预埋铁件与埋设支柱。

种植屋顶施工完的防水层，应按相关材料特性进行养护并进行蓄水或淋水试验，确认无渗漏后再做保护层、排水层及铺种植土。为避免灌溉水肥对防水层可能产生的腐蚀作用，防水层需作技术处理，提高其防水性能，主要施工方法有：

①先铺一层防水层；

②在上面铺设 4cm 厚的细石混凝土；

③在原防水层上加抹一层厚 2cm 的火山灰硅酸盐水泥砂浆；

④用水泥砂浆平整修补屋面，再敷设硅橡胶防水涂膜，适用于大面积屋顶防水处理。

种植屋面坡度为 1%～3%，四周应设挡墙，挡墙下部应设泄水孔。

铺设防水层前，是否需要铺设保温层根据以下实际情况而定：

①少雨地区，种植土厚度宜为 30cm，可以视作保温层，所以屋面构造不必另

加保温层，也不必附加排水层。

②温暖多雨地区，种植土下设排水层，同时在防水层下应加设保温层。

③寒冷多雨地区，种植土下设排水层，同时在防水层下应加设保温层。

### 2. 分离滑动层施工工法

分离滑动层的主要作用是用于防止隔根层与防水层材料之间产生粘连现象，防止隔根层同防水层之间产生滑动，一般采用玻纤布或无纺布等材料。

柔性防水层表面应设置分离滑动层；刚性防水层或有刚性保护层的柔性防水层表面，分离滑动层可省略不铺。

分离滑动层铺设在隔根层下。搭接缝的有效宽度应达到 10～20cm，并向建筑侧墙面延伸 15～20cm。

### 3. 隔根层施工工法

隔根层的主要作用是防止植物根系穿透防水层（图 3-45）。隔根层常用材料有轻质混凝土、刚性绝缘板、铜箔、合金、橡胶、PE（聚乙烯）和 HDPE（高密度聚乙烯）等材料类型。隔根层材料要有很强的可加工性和根稳定性，并且抗拉强度高、承载能力强[18]。

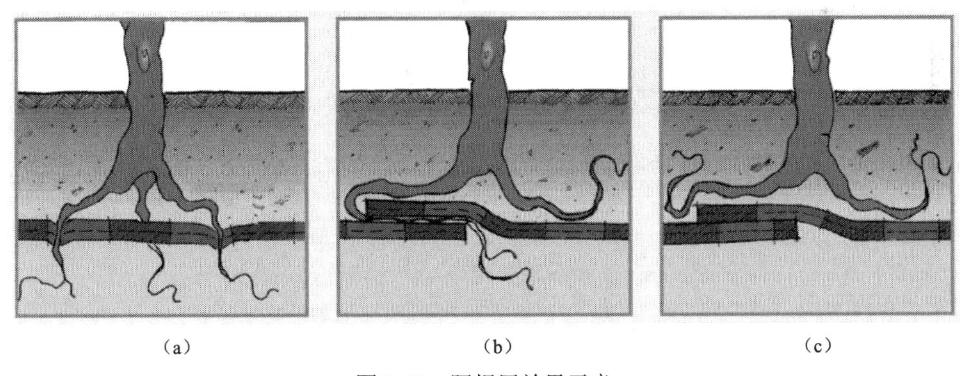


图 3-45　隔根层效果示意

（a）没有隔根效果的普通膜；（b）添加了隔根效果的膜，缝隙没有隔根效果；（c）全部有隔根膜

图片来源：*Intensive Green Roofs（Roof Gardens）And Extensive Green Roofs Technical Specification*[18]

隔根层铺设在排（蓄）水层下，搭接宽度不小于 100cm，并向建筑侧墙面延伸 15～20cm。隔根层搭接边缘应有密封胶封闭。

### 4. 排（蓄）水层施工工法

排（蓄）水层的主要作用是用于改善基质的通气状况，将种植基质层中因下雨或浇水后多余的水及时通过过滤后排出去，有效缓解瞬时压力，以免植物烂根，同时也可将种植基质层保留下来，并可蓄存少量水分。

排（蓄）水层的材料要求如下：

（1）排（蓄）水层的常用材料有专用排（蓄）水板、塑料盘、砾石、陶粒、轻质集料厚100～200mm或50mm焦渣层等，此外，来自拆除建筑物的混凝土、砖砌体或者砖瓦等，还有用膨化旧玻璃的泡沫玻璃等，也很适合做蓄（排）水层。

（2）若建筑屋顶荷载有限，则需谨慎选用陶粒、砾石等材料。

（3）土工布制成的排（蓄）水板也可作为排（蓄）水层材料，且这种材料易于运输和安装，能有效防止植物根系过快生长穿透，从而可以同隔离过滤层合二为一。

（4）选用凹凸型排（蓄）水板，其厚度不小于0.50mm，凹凸高度不小于8mm。

（5）选用陶粒，其粒径不应小于25mm，堆积密度不宜大于500kg/m$^3$。

（6）年降水量小于蒸发量的地区，宜选用蓄水功能强的排水板。

排（蓄）水层的施工工法[18]具体如图3-46所示。

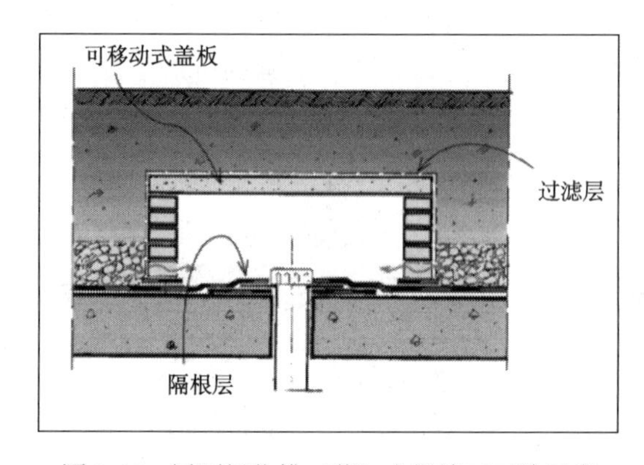


图3-46　屋顶绿化排（蓄）水板施工工法示意

图片来源：*Intensive Green Roofs（Roof Gardens）And Extensive Green Roofs Technical Specification*[18]

（1）排（蓄）水层铺设在过滤层下，保护层上，应向建筑侧墙面延伸至基质表层下方5cm处，铺设至天沟边缘。

（2）铺设排（蓄）水材料时，不得破坏隔根层。

（3）排水层必须与屋顶原排水系统连通，注意相关的标高差，保证排水畅通。

（4）塑料排（蓄）水板宜采用搭接法施工，搭接宽度不应小于100mm。凹凸型塑料排（蓄）水板搭接宽度应大于150mm。

（5）采用卵石、陶粒等材料时，卵石大小均匀，其铺设厚度不应小于150mm。

（6）采用轻质陶粒材料时，铺设应平整，厚度应一致。

（7）施工时应根据排水口设置排水观察井，并定期检查屋顶排水系统的通畅情况。及时清理枯枝落叶，防止排水口堵塞造成壅水倒流。

（8）屋面绿化的排水口周围应敷设直径为 60～100cm 的较大颗粒砾，周围不能有植物，保证排水通畅，不能带入基质。同时考虑排水道的设置与防风系统的结合。施工工法如图 3-47 所示。

（9）当基质层厚度小于 150mm 时，不宜设置排（蓄）水层。

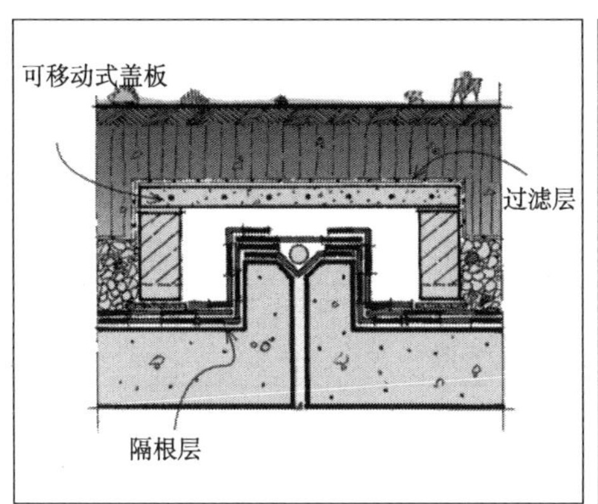

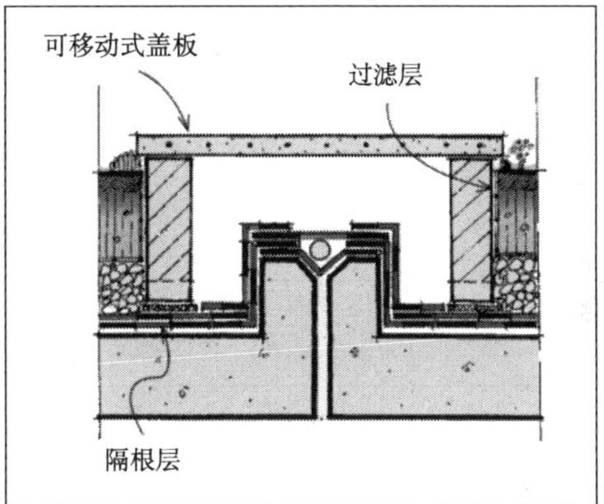


图 3-47　屋顶绿化排（蓄）水板排水口处施工工法示意

图片来源：*Intensive Green Roofs（Roof Gardens）And Extensive Green Roofs Technical Specification* [18]

## 5. 隔离过滤层施工工法

隔离过滤层的主要作用是在保证有排水功能的前提下，阻止基质进入排水层，防止排水管泥沙淤积。隔离过滤层通常采用既能透水又能过滤的聚酯纤维无纺布等，单位面积质量为 200～400g/m$^2$，隔离过滤层材料的总孔隙率不宜小于 65%。

隔离过滤层的施工工法如下：

（1）隔离过滤层铺设在基质层下，蓄（排）水层上，铺设应平整无皱折，施工接缝搭接宽度为 150～200mm，并向建筑侧墙面延伸至基质表层下方 5cm 处。

（2）隔离过滤层无纺布的搭接，应采用黏合或缝合。

## 6. 基质层施工工法

基质层是指满足植物生长条件，具有一定的渗透性能、蓄水能力和空间稳定性的轻质材料层。

基质层的材料有如下要求：

（1）基质层要求有一定的保水保肥能力，透气性好。

（2）基质层要求有一定的化学缓冲能力，保持良好的水、气、养分的比例等。

（3）基质层的材料包括改良土和超轻量基质两种类型。

改良土由田园土、泥炭、木屑、草炭、轻质集料、蛭石、松针土和肥料等混合而成；超轻量基质由表面覆盖层、栽植育成层和排水保护层三部分组成，超轻量基质的自重轻，多采用土壤改良剂以促进形成团粒结构保水性及通气性良好，且易排水。

目前常用的改良土与超轻量基质的理化性状见表 3-31。

**表 3-31　常用改良土与超轻量基质理化性状**

| 理化指标 | | 改良土 | 超轻量基质 |
|---|---|---|---|
| 密度/（kg/m$^3$） | 干密度 | 550～900 | 120～150 |
| | 湿密度 | 780～1300 | 450～650 |
| 导热系数/[W/(m·℃)] | | 0.5 | 0.35 |
| 内部孔隙度/% | | 5 | 20 |
| 总孔隙度/% | | 46 | 70 |
| 有效水分/% | | 25 | 37 |
| 排水速率/(mm/h) | | 42 | 58 |

（4）基质层要求重量轻，屋顶绿化基质荷重应根据湿容重进行核算（基质湿容重一般为干容重的 1.2～1.5 倍，理想的基质容重应该在 0.1～0.8t/m$^3$，最好在 0.5t/m$^3$，不应超过 1300kg/m$^3$ 或控制在建筑荷载和基质荷重允许的范围内。

（5）常用的基质类型和配制比例参见表 3-32，可在建筑荷载和基质荷重允许的范围内，根据实际酌情配比。

**表 3-32　常用基质类型和配制比例参考**

| 基质类型 | 主要配比材料 | 配制比例 | 湿容重/(kg/m$^3$) |
|---|---|---|---|
| 改良土 | 田园土，轻质集料 | 1∶1 | 1200 |
| | 腐叶土，蛭石，沙土 | 7∶2∶1 | 780～1000 |
| | 田园土，草炭（蛭石和肥） | 4∶3∶1 | 1100～1300 |
| | 田园土，草炭，松针土，珍珠岩 | 1∶1∶1∶1 | 780～1100 |
| | 田园土，草炭，松针土 | 3∶4∶3 | 780～950 |
| | 轻砂壤土，腐殖土，珍珠岩，蛭石 | 2.5∶5.2∶0.5 | 1100 |
| | 轻砂壤土，腐殖土，蛭石 | 5∶3∶2 | 1100～1300 |
| 超轻量基质 | 无机介质 | | 450～650 |

表格来源：《种植屋面工程技术规程》[22]。

基质层的施工工法如下：

（1）铺设的种植土必须疏松。

（2）覆盖层的厚度应根据植物的种类、灌溉措施有无等要素具体而定，具体要求见表3-33。

（3）基质层混匀后铺设要均匀。

**表3-33　屋顶绿化植物基质厚度要求**

| 植物类型 | 规格/m | 基质厚度/cm |
| --- | --- | --- |
| 小型乔木 | $H$=2.0～2.5 | ≥60 |
| 大灌木 | $H$=1.5～2.0 | 50～60 |
| 小灌木 | $H$=1.0～1.5 | 30～50 |
| 草本、地被植物 | $H$=0.2～1.0 | 10～30 |

当屋顶为坡屋顶时，应依据不同的坡度采取相应的防滑坡技术措施：

（1）当屋顶坡度大于10°时，应设置防滑构造，可采用挡板支撑作为防滑措施。

（2）采用阶梯式种植时，应设置防滑挡墙；防水层应满包挡墙；当设置防滑挡板时，防水在挡板下连续。

（3）采用台阶式种植时，屋面应采用现浇钢筋混凝土结构。

（4）可采用成品过滤板防止滑落，成品防滑板一般为蜂窝状或网状，同下层卷材锚定。

（5）当屋面坡度大于50°时，不适合做屋顶绿化。

7. *植被层施工工法*

花园式屋顶绿化以植物造景为主，采用乔、灌、草结合的复层植物配植方式，产生较好的生态效益与景观效果。

简单式宜选用景天科植物，该类植物具有耐旱、耐寒、耐高温、根系浅、植株低矮、易成活、四季可观赏等诸多特性[24]。图3-48为某酒店屋顶植物配置图。

植被选用的原则如下[24]：

（1）植物应具备抵抗极端气候的能力。

（2）植物能忍受干燥、潮湿积水；适应土层浅薄、少肥的土壤。

（3）选择以低矮灌木、草坪、地被植物和攀缘植物等为主，尽量不用大型乔木，有条件时可少量种植耐旱小型乔木。

（4）选择栽植容易、耐修剪、生长缓慢的植被。根系生长、钻透性强的树种不宜选用，生长快、树体高大的乔木慎用。

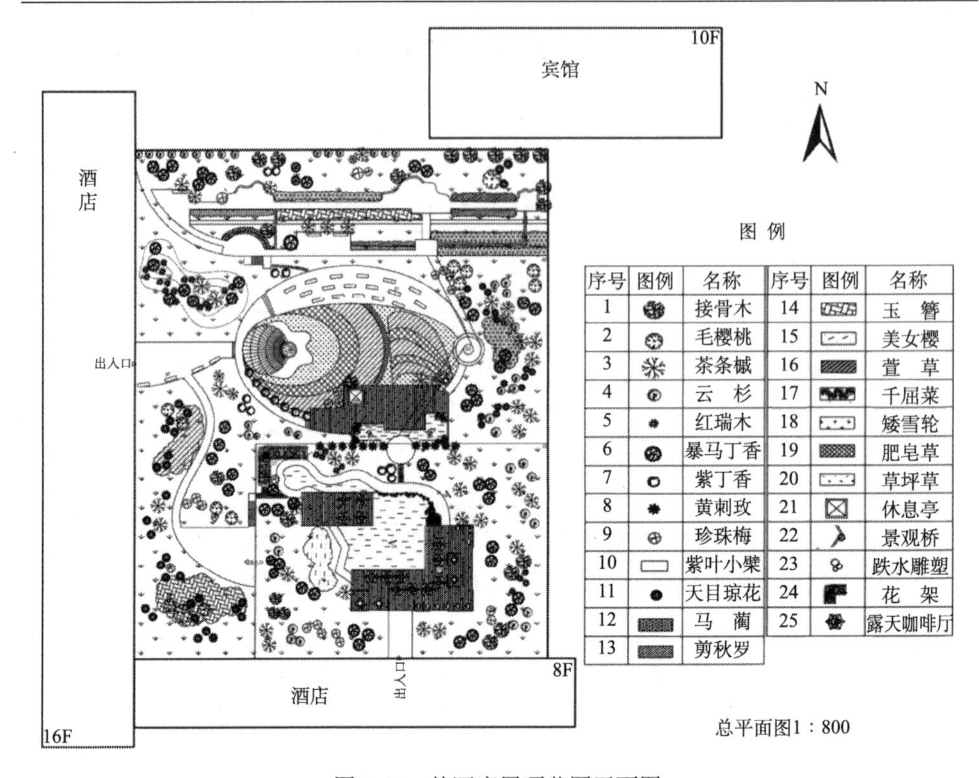


图 3-48　某酒店屋顶花园平面图

（5）选择须根发达的植物，不宜选用根系穿刺性较强的植物，防止植物根系穿透建筑防水层。

（6）选择易移植、耐修剪、耐粗放管理、生长缓慢的植物。

（7）选择滞尘、抗污、抗风、耐旱、耐高温、耐寒、耐盐碱、抗病虫害的植物。

（8）苗木必须经过移植和培育，未经培育的实生苗、野地苗、山地苗不得采用。

（9）距离地面越高的屋顶，树种选择受限制越多。

屋顶绿化的主要形式有：

（1）覆盖式绿化。根据建筑荷载较小的特点，利用耐旱草坪、地被、灌木或可匍匐的攀缘植物进行屋顶覆盖绿化。

（2）固定种植池绿化。根据建筑周边圈梁位置荷载较大的特点，在屋顶周边女儿墙一侧固定种植池，利用植物直立、悬垂或匍匐的特性，种植低矮灌木或攀缘植物。固定种植池绿化较常用于花园式屋顶绿化，根据建筑周边圈梁位置荷载较大的特点，在屋顶周边女儿墙一侧固定种植池，利用植物直立、悬垂或匍匐的特性，种植低矮灌木或攀缘植物。种植池根据植物特性要有足够的容积，排水系统也位于种植池内。屋顶绿化种植池位置如图 3-49 所示，具体施工工法如图 3-50 示意。

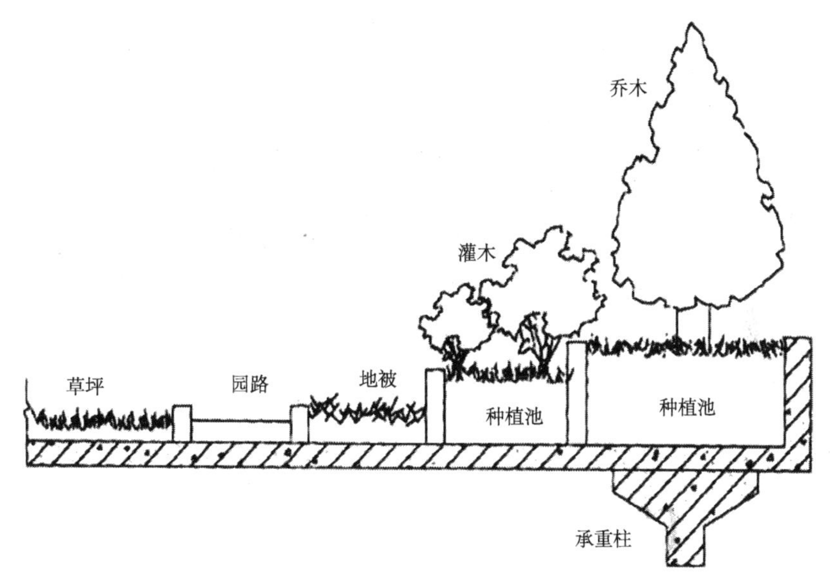


图 3-49　屋顶绿化植物种植池位置

图片来源：《种植屋面工程技术规程》[22]

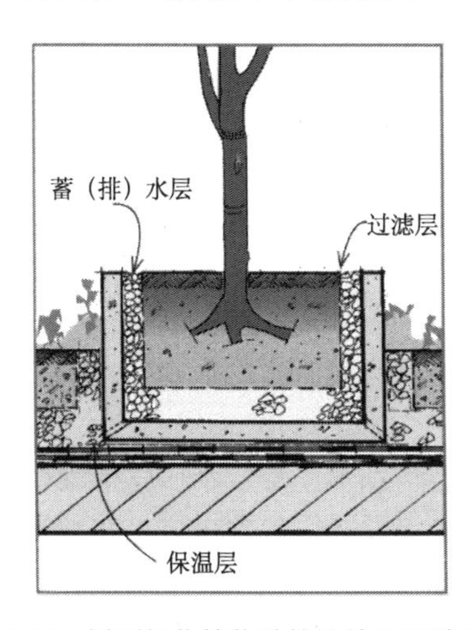


图 3-50　屋顶绿化植物种植池施工工法示意

图片来源：*Intensive Green Roofs（Roof Gardens）And Extensive Green Roofs Technical Specification*[18]

图 3-51 为屋顶绿化植物种植池实景图。

图 3-51　屋顶绿化植物种植池实景图

可移动容器绿化。容器栽培绿化根据屋顶荷载和使用要求，以容器组合形式在屋顶上布置观赏植物，随季节不同随时变化组合。容器栽培绿化可采用固定式或移动式，也可架空种植层。

植被种植方法包括移栽、播种、预制植物垫三种方式。

（1）移栽：从苗圃运来的苗木，特别是小苗运输时，要用专门运输植物的穴盘或筐，防止植物被压受损。

（2）播种：一般每平方米大约需要 5～10g 种子，因种子通常细小，可与沙子等混合后直接播种。也可采用压缩机和喷枪进行湿播。

乔木、灌木种植施工应符合下列要求：

（1）乔木、灌木种植深度应与原种植线持平，易生不定根的树种栽深宜为 50～100mm，常绿树栽植时土球应高于地面 50mm；竹类植物可比原种植线深 50mm；树林根系必须舒展，填土应分层踏实。

（2）移植带土球的树木入穴前，穴底松土必须踏实，土球放稳后，应拆除不易腐烂的包装物。

（3）预制植物垫：通常指预制草垫，是指以稻麦秸秆、棕榈、椰壳绒等植物纤维为基质，连同专用纸、定型网等多种材料，并预先播种上优质草籽，可快速实现屋顶绿化的植被建设。

草坪块、草坪卷铺设应符合下列要求：

（1）草坪块、草坪卷规格应一致，边缘平直，杂草数量不得多于 1%。草坪块土层厚度宜为 30mm，草坪卷土层厚度宜为 18～25mm。

（2）草坪块、草坪卷铺设，周边应平直整齐，高度一致，并与种植土紧密衔接，不留空隙。铺设后应碾压、拍打、踏实，及时浇水，保持土壤湿润。

草本花卉种植应符合下列要求：

（1）栽种草木花卉应使用容器苗，株高宜为100～500mm，冠径宜为150～350mm。当气温高于25℃时不宜栽植。

（2）种植花卉的株行距，应按植株高低、分蘖多少、冠丛大小决定，以成苗后覆盖地面为宜。

（3）种植深度应为原苗种植深度，保持根系完整，不得损伤茎叶和根系。球茎花卉种植深度宜为球茎的1～2倍。块根、块茎、根茎类可覆土30mm。

（4）高矮不同品种的花苗混植，应按前矮后高的顺序种植。

（5）宿根花卉与1～2年生花卉混植时，应先种植宿根花卉，后种植1～2年生花卉。

植被层施工时还应符合下列要求：

（1）植被栽植时可拉线，以栽种整齐。

（2）植物种植应根据植物习性在生长季节种植。

花园式屋顶绿化根据需要会布置园林小品。园林小品的材料应选择质轻、牢固、安全、生态、环保、防滑材料为宜，屋顶一般不宜建设水池。园林小品施工应符合下列要求：

（1）园林小品均采用防水防腐木质材质，铺装材料尽量采用防水防腐木质材质，雕塑小品以空心彩钢和玻璃钢、空心景石和塑石砌块等材料为主。

（2）园林小品应根据建筑层面荷载情况，布置在楼体承重柱、梁之上。

（3）园林小品应作好与屋顶楼板的衔接和防水处理，应在建筑结构设计时统一考虑，或单独做防水处理。

（4）铺板时要保证相互垂直，行间留出一定宽度的缝隙。

（5）园林小品应用橡皮锤锤实石板，用石屑填塞缝隙。

（6）屋顶绿化原则上不提倡设置水池，必要时可根据屋顶面积和荷载要求，确定水池的大小和水深。

### 8. 安全工程施工工法

安全工程包括施工前屋顶承重安全核算、屋顶植被小品防风固定工程和屋顶防护安全工程。

1）屋顶承重安全核算

屋顶绿化施工前应预先全面调查建筑的相关指标和技术资料，根据屋顶的承重，准确核算各项施工材料的重量和一次容纳游人的数量。

屋顶植物材料平均荷重与种植荷载参考表3-34。

**表 3-34　植物材料平均荷重与种植荷载参考表**

| 植物类型 | 规格/m | 植物平均荷重/kg | 种植荷载/（$kg/m^2$） |
|---|---|---|---|
| 乔木（带土球） | $H$=2.0～2.5 | 80～120 | 250～300 |
| 大灌木 | $H$=1.5～2.0 | 60～80 | 150～250 |
| 小灌木 | $H$=1.0～1.5 | 30～60 | 100～150 |
| 地被植物 | $H$=0.2～1.0 | 15～30 | 50～100 |
| 草坪 | $1m^2$ | 10～15 | 50～100 |

注：选择植物应考虑植物生长产生的活荷载变化。种植荷载包括种植区构造层自然状态下的整体荷载。

其他相关材料密度参考值见表 3-35。

**表 3-35　其他相关材料密度参考值一览表**

| 材料 | 密度/（$kg/m^3$） |
|---|---|
| 混凝土 | 2500 |
| 水泥砂浆 | 2350 |
| 河卵石 | 1700 |
| 豆石 | 1800 |
| 青石板 | 2500 |
| 木质材料 | 1200 |
| 钢质材料 | 7800 |

2）屋顶植被小品防风固定工程

屋顶植被小品防风固定工程的施工工法如下：

（1）基质层表面裸露部分应加一层砾石覆盖，特别是屋面的四周以防轻质基质在植物没有完全覆盖时被风刮起。

（2）种植稍高（高于 2m）或体量较大的灌木，特别是在高层时，还应采用防风固定技术。

（3）植物的防风固定方法主要包括地上支撑法（图 3-52）和地下固定法（图 3-53）。

（4）对坡屋顶绿化来说，屋面坡度大约 15°起，还必须设附加的防滑装置，可以通过建筑下部结构本身的防滑挡板进行防滑，也可以加放防滑装置。防滑挡板应在表面防水层之下，屋面结构之上，也可以用铁丝网固定植物及基质。

3）屋顶防护安全工程

屋顶绿化应设置独立出入口和安全通道，必要时应设置专门的疏散楼梯。为防止高空物体坠落和保证游人安全，还应在屋顶周边设置高度在 80cm 以上的防护围栏。

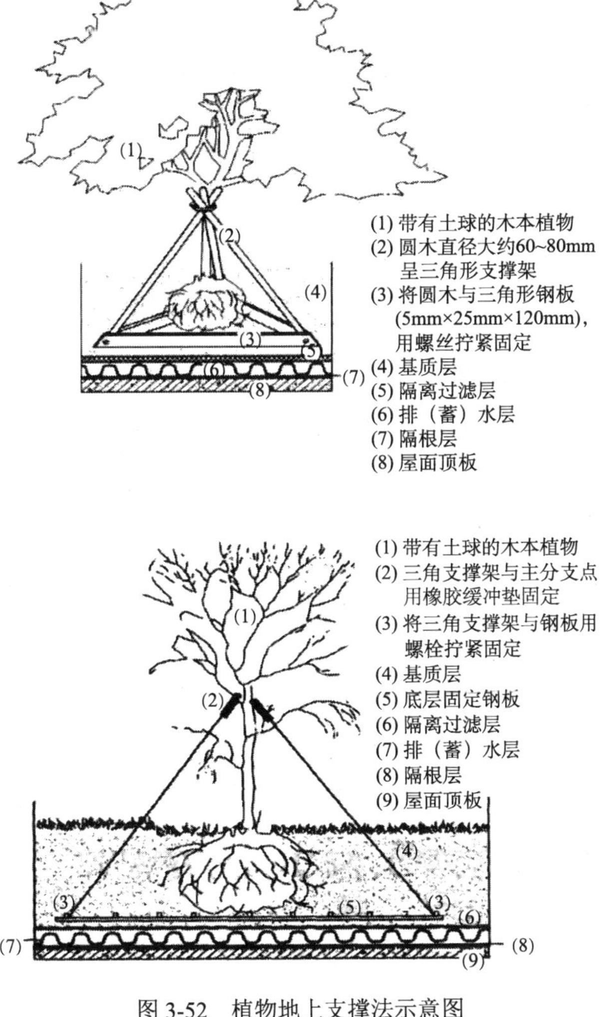


图 3-52　植物地上支撑法示意图

图片来源：《种植屋面工程技术规程》[22]

### 9. 灌溉工程施工工法

喷灌工程相关材料应符合《喷灌工程技术规范》（GB/T 50085—2007）[25]、《园林绿地灌溉工程技术规程》（CECS 243：2008）[26]的要求。滴灌工程相关材料应符合《微灌工程技术规范》（GB/T 50485—2009）[27]的要求。

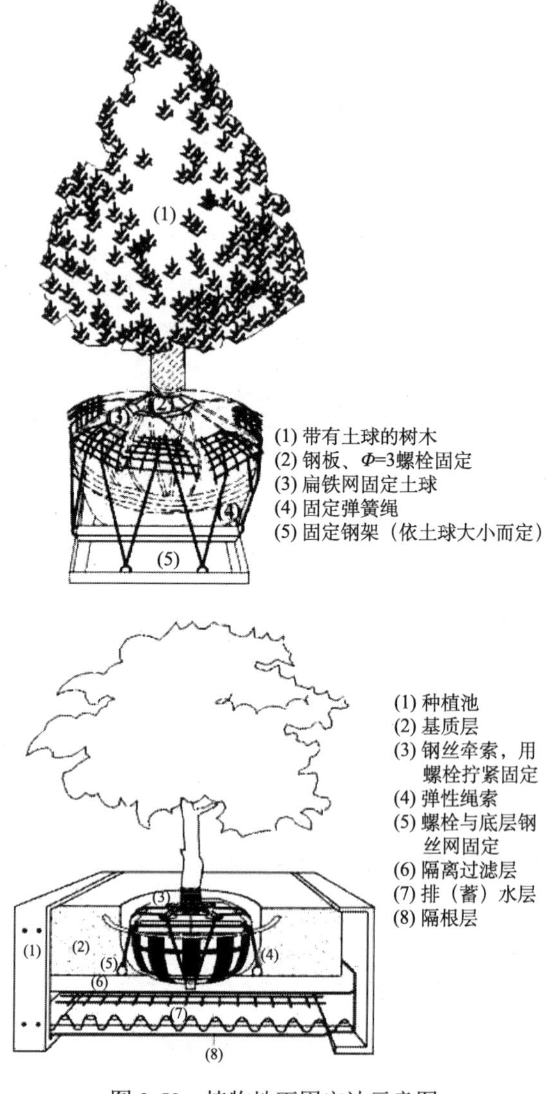


图 3-53　植物地下固定法示意图

图片来源：《种植屋面工程技术规程》[22]

1）水管灌溉系统

水管灌溉系统一般每 100m$^2$ 设置一根水管。水管灌溉系统水源可以为建筑内部给水系统或洒水车单独外接水管灌溉。

采用水管灌溉系统存在如下不足：极易造成地表径流、表土冲刷和土壤板结；无法很好地控制灌溉时机与灌溉强度，若灌溉过度，植物根部会因排水不畅而腐烂，若灌溉不足，则会造成植物缺水而枯死；加大养护人员的工作负担；存在安全隐患；养护人员直接踏入绿化区域可能会破坏已经做好的园艺造型。

2）喷灌系统

喷灌系统喷头组合形式主要取决于地块形状以及风的影响，一般为矩形和三角形。喷灌水射程严禁喷至防水层泛水部位和超越种植边界。

3）滴灌系统

滴灌系统滴头易结垢和堵塞，需对水源进行严格的过滤处理。

由于滴灌通过孔口或滴头输送水分，不能深层渗漏，只湿润部分土壤，加之作物根系有向水性，这样就会导致作物根系只集中在某一个集中湿润区，植物根系无法进行均匀生长。

屋顶花园土壤层薄，保水持水力弱，绿化植物耗水量大，极易造成植物缺水萎蔫甚至死亡，屋顶花园设计自动灌溉系统以保证绿化植物正常生长非常有必要[24]。图 3-54 为某酒店屋顶花园自动灌溉系统。

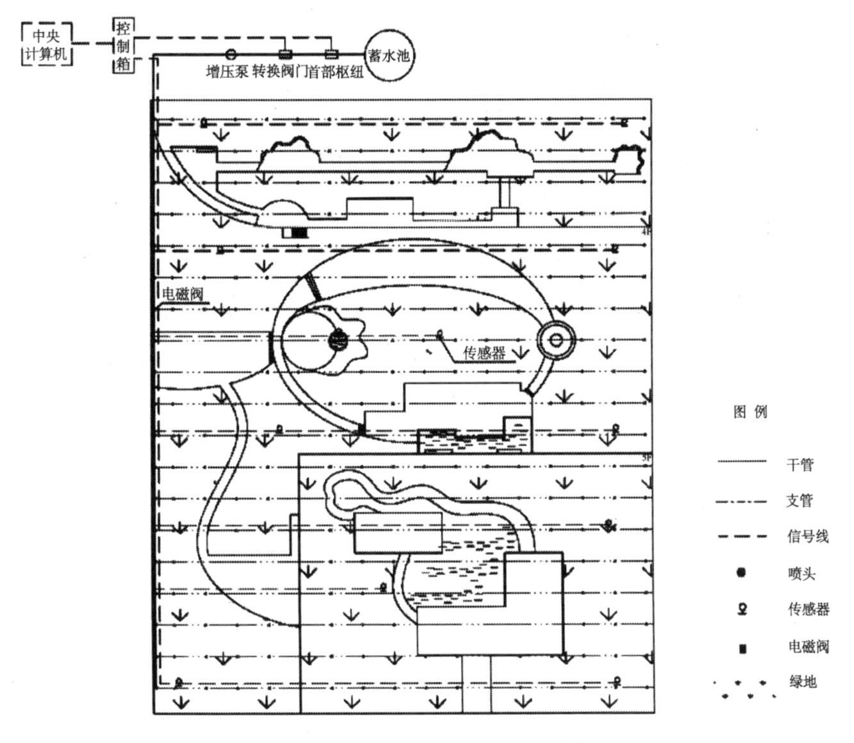


图 3-54　屋顶绿化自动灌溉系统

### 3.5.4　屋顶绿化的案例

以下列举了国内外几处屋顶绿化案例，作为屋顶绿化设计和施工的参考。

1. 江苏城乡建设职业学院屋顶花园

江苏城乡建设职业学院（图 3-55、图 3-56）原有屋顶花园的排水、浇灌系统已坏和土壤板结，导致原来种植的绿化基本枯死，我们通过重新架设新的排水、灌溉系统和更换新的有机土，重新种植适合屋顶生长的耐旱植物等一系列措施进行改造。在景观上，我们打破固有的横平竖直的造型改为曲线型，随着线条的走向增加弧形坐凳供师生们休憩。增加一些草坪灯，打造一个温馨舒适的休息环境。

图 3-55　江苏城乡建设职业学院办公楼屋顶实景图

2. 满满的绿意——越南芽庄小住宅

越南中部城市芽庄（图 3-57），周围延绵的群山环抱，可遥望不远处的大海。这座私宅正是位于这美丽的城市之中，巨大的屋顶上无数的植被正在繁茂地生长着，悬浮于空中的花园满足了业主在这片小小的场地上建起一座拥有大花园的宽阔住宅的愿望。而设计师将屋顶划分为数个层叠的平台，灰瓦饰面的做法在保证屋顶花园使用面积的同时，回应了当地对于屋顶颜色和样式的要求。

该建筑是“树之屋”系列住宅项目最新的作品。这个巨大单坡屋顶的存在意义已超越了私人住宅，而是成了整个邻里社区之内共享的小花园。微微倾斜的屋顶呼应着起伏的群山，人们登上屋顶，眺望远方，与大树一起共同生活。

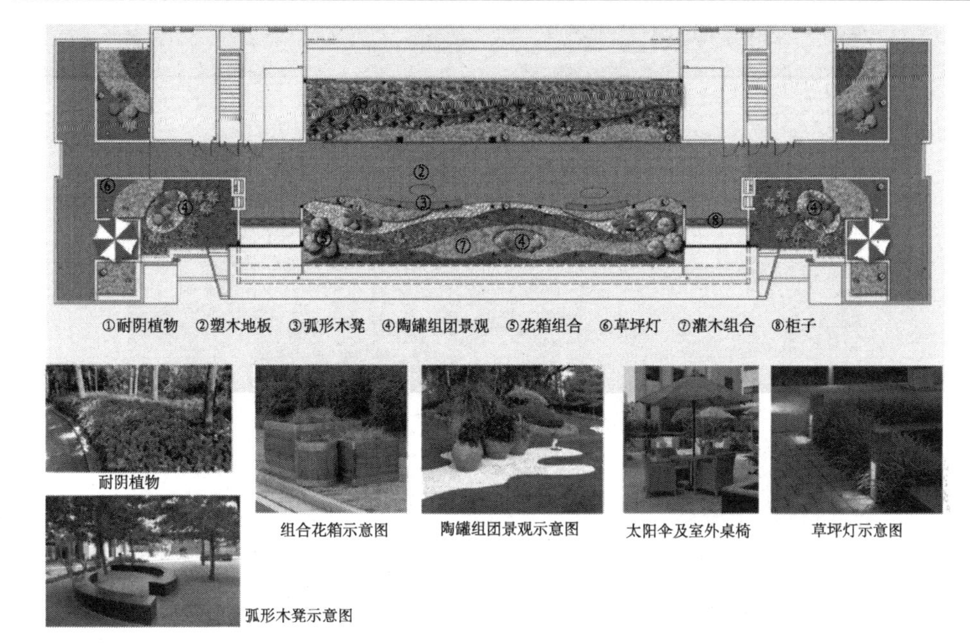


图 3-56　江苏城乡建设职业学院办公楼屋顶花园方案

图 3-57　越南芽庄小住宅屋顶花园实景图

3. 校园峡谷——首尔梨花女子大学教学楼设计

首尔梨花女子大学（图 3-58）的教学楼沉入地底，其上的屋顶成为校园中心的公共绿地。缓缓抬升的绿地中央一条坡道逐渐下沉，其两侧是建筑六层的主体空间，阳光和新鲜空气通过通高的玻璃幕墙进入室内，内外的界限也随之模糊了。这道“校园峡谷”和位于其南端的条状运动空间一起改写了校园的景观和环境。条状运动空间不仅是日常体育活动的发生场地，同时也是进入梨花女大校园的新通道和一年中庆典和节日活动的举办场所，是校园和城市生活的重叠部分。这里是服务于所有人、活力四射的公共场所。

图 3-58　首尔梨花女子大学教学楼屋顶花园实景图

4. 伯恩利公共屋顶花园

伯恩利公共屋顶花园（图 3-59）位于澳大利亚墨尔本大学伯恩利校区。由 HASSELL 与墨尔本大学中处于世界领先领域的屋顶绿化和都市园艺研究人员密切合作完成。绿色基础设施为城市带来的美化和舒适效果是显著的，屋顶花园则可以更广泛的实现绿化。伯恩利屋顶花园是一个开创性的屋顶花园，旨在用可持续的发展方式，以降低能耗和水耗为前提，提供一个最大限度利用现场环境的低造价屋顶花园。它展示出在大型社区中，绿色基础设施改造我们城市的潜力。

图 3-59 伯恩利公共屋顶花园实景图

屋顶花园由三个不同的功能区组成，能够满足全天候多功能的展示、研究、宣传。精心设置的空间层次鲜明有序却又相互交融。多样化的植物种植区分为灌溉区和非灌溉区；倒圆角的木质桌椅和道路分划出各个小的植物群。三条红色的条带穿越木质平台，形成各自的平面微区域，并与中心红色植物种植槽形成呼应，体现出完整统一的设计效果。屋顶花园的植物采用墨尔本本土植物，同时也成功的创造出鸟类、昆虫和爬行动物的栖息地。

屋顶花园中的研究室上方还有一个屋顶花园，该屋顶花园则被分成四个区域，进行对比实验，测试不同的给储排水反应效果。

### 5. 生菜屋——可持续生活实验室 / 清华大学艺术与科学研究中心

“可持续生活实验室”（图 3-60）由清华大学艺术与科学研究中心“可持续设计研究所”与“共享社区发展中心”合作创建。项目组利用 6 个集装箱，构建出布局合理、空间错落有致的模块化住宅，将绿色、健康、低碳的生活理念应用到真实的生活场景中，从而带动更多人关注、理解并参与到可持续生活的实践中。

集装箱模块房生产成本相对较低，可重复利用，低碳节能。同时运输便捷，且运输成本低。施工过程简单快捷，有效节省人力、物力，对周边环境噪声污染和灰尘污染小。

住宅内部采用生态循环圈系统设计（图 3-61）：生活污水的收集、处理、再利用——中水系统；厨余垃圾、排泄物的收集、处理、再利用——沼气池；太阳能、风能、雨水的利用。同时采取有机种植，形成了一套完善的综合系统解决方案。

“生菜屋”在生态循环系统的基础上，合理配置植被，形成整体的生态景观效果（图 3-62）。

图 3-60　生菜屋实景图

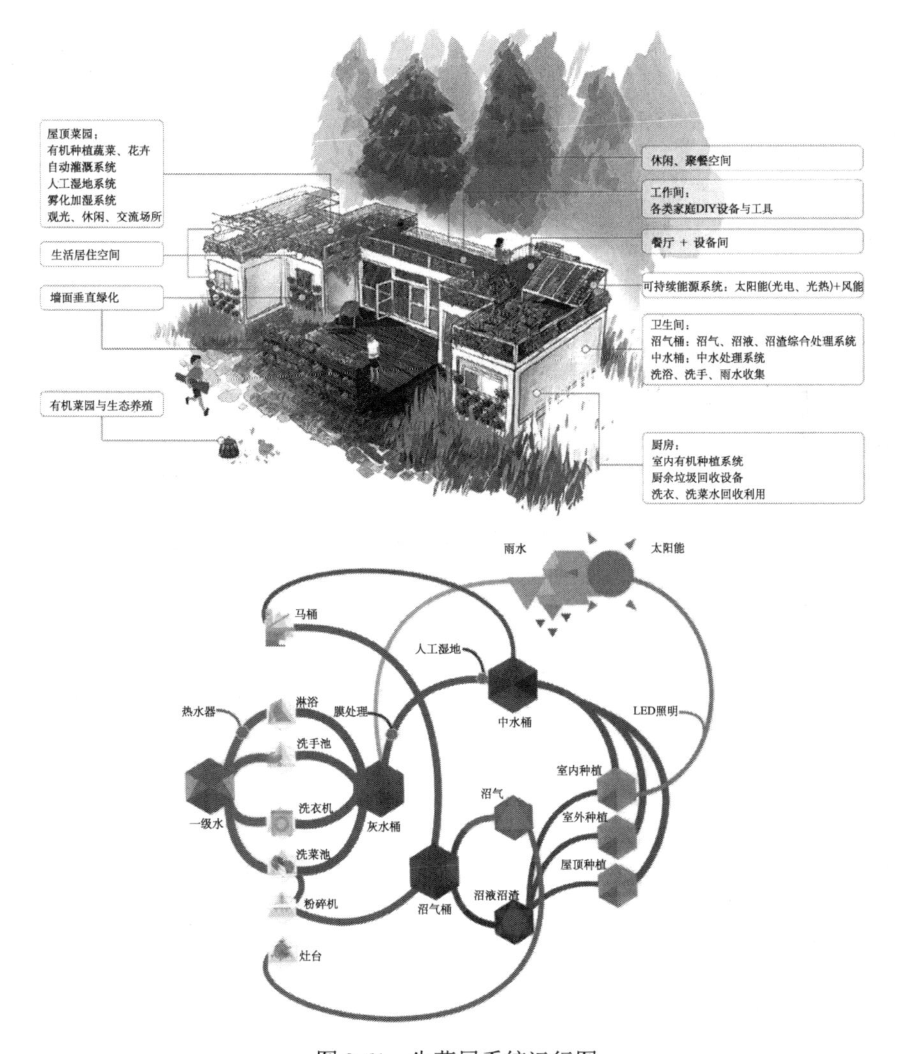


图 3-61　生菜屋系统运行图

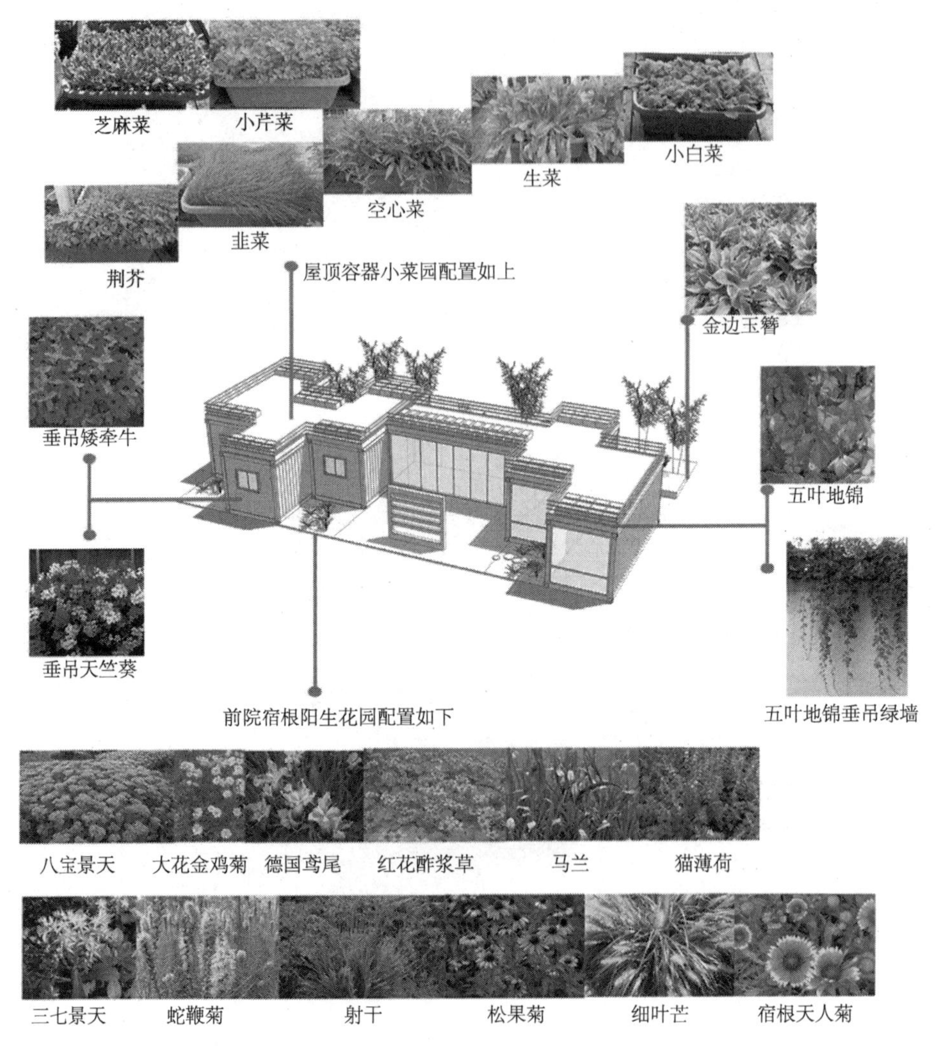


图 3-62　生菜屋植被设置分布图

# 第 4 章　低影响开发储存设施施工技术

低影响开发储存设施是指低影响开发“蓄、滞、渗、净、用、排”中主要以“滞、用”为主的设施，包括蓄水池、雨水罐、雨水收集系统、湿塘。从设施施工相关的基础知识、施工工序、检查清单、施工工法着手，规范施工人员施工技术。低影响开发储存设施重点是雨季储存雨水，非雨季时回用或缓慢排放，实现非常规水资源的合理利用，一方面可以减少雨水排放量，同时可以解决水资源短缺问题。对于需要回用的低影响开发储存设施施工关键点是对初期雨水进行弃流，或者在设施前端加上净化措施，以及施工时注意保持水质，以满足回用要求；同时考虑储存设施通常荷载较大，避免设施下沉，需要对地基进行夯实。

## 4.1　蓄水池施工技术

### 4.1.1　蓄水池的基础知识

蓄水池是用人工材料修建、具有防渗作用的蓄水设施。蓄水池底板的基础要求有足够的承载力、平整密实，否则须采用碎石（或粗砂）铺平并夯实。开敞式圆形浆砌石水池地基承载力按 10t/m 设计，池底板为 C15 混凝土，厚度 10cm，池壁为 M7.5 浆砌石，其厚度根据荷载条件按标准设计或有关规范确定。封闭式矩形蓄水池池底为 M7.5 水泥砂浆砌石，厚 40cm，其上浇筑 C19 混凝土，厚 15cm，池壁为混凝土，厚 15cm，顶盖采用混凝土空心板，上铺炉渣保温层，厚 1.0m，复土层厚度 30cm，并设有爬梯及有关附属设施。蓄水池的附属设施包括沉沙池、进水管、溢水管、出水管等。

根据材料，蓄水池分为钢筋混凝土蓄水池、硅砂蓄水池、模块蓄水池、玻璃钢蓄水池等。钢筋混凝土蓄水池包括现场浇筑蓄水池和成品不锈钢蓄水池；硅砂蓄水池由钢筋混凝土底板、水池骨架、防水土工膜围护结构及钢筋混凝土顶盖构成，底板上局部布有透气防渗方格，方格内应置透气防渗砂，水池骨架宜由硅砂雨水井室组成，并坐落在水池底板上，四周应采用防水土工膜包围，顶部应采用钢筋混凝土顶板封盖；模块蓄水池一般指 PP 模块蓄水池，是以聚丙烯塑料单元模块相组合，形成一个地下贮水池，在水池周围根据工程需要包裹防渗土工布或单向渗透土工布；玻璃钢蓄水池是采用机械缠绕工艺，经国家化学建筑材料测试中心检测的蓄水池。钢筋混凝土蓄水池、硅砂蓄水池、模块蓄水池、玻璃钢蓄水池性能详见表 4-1。这四种蓄水池施工工序相同，施工工法有很大不同。

**表 4-1 各类蓄水池性能比较一览表**

| 性能 | 钢筋混凝土蓄水池 | PP 模块蓄水池 | 硅砂蓄水池 | 玻璃钢蓄水池 |
|---|---|---|---|---|
| 作用 | 储存雨水 | 储存雨水，渗透雨水 | 储存雨水 | 储存雨水 |
| 覆土高度 | 可达 3m 以上 | 6～14cm | 可达 3m 以上 | 可达 3m 以上 |
| 蓄水地 | 接近 100%蓄水空间 | PP 模块本身占空间，约有 20%空间无法蓄水 | 接近 100%蓄水空间 | 接近 100%蓄水空间 |
| 是否包土工布 | 不需要土工布 | 需要土工布，PE 防渗膜焊接 | 不需要土工布 | 不需要土工布 |
| 密封性 | 2 年做一次防渗漏处理 | 有可能渗漏 | 2 年做一次防渗漏处理 | 不渗漏 |
| 耐腐蚀性 | 耐腐蚀 | 耐腐蚀 | 耐腐蚀 | 耐腐蚀 |
| 成型 | 现场浇筑或预制 | 现场组装拼接 | 现场砌块 | 工厂一次整体成型 |
| 池体容积 | 及时清理不受影响 | 垃圾清理不彻底会影响容积 | 及时清理不受影响 | 及时清理不受影响 |
| 后期清理检修 | 可进入内部清理检修 | 无法进入内部清理检修 | 可进入内部清理检修 | 可进入内部清理检修 |
| 劳动力 | 最多 | 较多 | 较多 | 最少 |
| 施工速度 | 现场浇筑较慢 | 现场组装，比土建（钢筋混凝土蓄水池、硅砂蓄水池）快 | 现场砌块较慢 | 无须组装，直接出厂，最快 |
| 长青苔可能性 | 可能会 | 不会 | 可能会 | 不会 |
| 可否移动再利用 | 不可回收，垃圾处理 | 废品回收 | 不可回收，垃圾处理 | 可移位继续利用 |
| 施工安全性 | 存在隐患，须有防护措施 | 存在隐患，须有防护措施 | 存在隐患，须有防护措施 | 施工无须人力下基坑，即使塌方也无关系 |
| 承压承重 | $>15t/m^2$ | 约 $8t/m^2$ | $>15t/m^2$ | $>30t/m^2$ |
| 产品使用年限 | 70 年以上 | 50 年以上 | 70 年以上 | 70 年以上 |
| 建造成本 | 高 | 低 | 高 | 低 |

根据建造位置不同，蓄水池分为地面蓄水池和屋面蓄水池。地面蓄水池和屋面蓄水池的施工工序差别较大，屋面蓄水池通常同屋顶绿化联合设计施工，重点是做好屋顶防水。地面蓄水池又可以分为地下封闭式蓄水池、地上封闭式蓄水池和地下开敞式蓄水池。

开敞式圆形蓄水池池体由池底和池墙两部分组成。它多是季节性蓄水池，不具备防冻、防蒸发功效。圆形池结构受力条件好，在相同蓄水量条件下所用建筑材料较省，投资较少。开敞式圆形浆砌石水池地基承载力按 10t/m 设计，池底板为 C15 混凝土，厚度 10cm，池壁为 M7.5 浆砌石，其厚度根据荷载条件按标准设计或有关规范确定。开敞式圆形蓄水池示意图如图 4-1 所示。

图 4-1　开敞式圆形蓄水池

开敞式矩形蓄水池的池体组成、附属设施、墙体结构与圆形蓄水池基本相同，不同的只是根据地形条件将圆形变为矩形罢了。但矩形蓄水池的结构受力条件不如圆形池好，拐角处是薄弱环节，需采取防范加固措施。当蓄水量在 $60m^3$ 以内时，其形状近似正方形布设，当蓄水池长宽比超过 3 时，在中间需布设隔墙，以防侧压力过大使边墙失去稳定性，这样将一池分二，在隔墙上部留水口，可有效地沉淀泥沙。开敞式矩形蓄水池示意图如图 4-2 所示。

图 4-2　开敞式矩形蓄水池

开敞式蓄水池也属于一种地表水体，调蓄容积较大，费用较低。开敞式蓄水池应结合景观设计和周边整体规划以及现场条件进行综合设计，充分利用自然条件，如天然低洼地、池塘、河湖等，多用于开阔区域。开敞式蓄水池无法实现防冻和减少蒸发的功能，而且占地面积较大，一般由钢筋混凝土组成，容易渗漏。一旦渗漏，修复将是非常困难和昂贵的工作。因此，在施工时尤其要注意采取有效的防渗漏措施。

封闭式圆形蓄水池池体大部分设在地面以下，它增加了防冻保温功效，保温防冻层厚度设计要根据当地气候情况和最大冻土层深度确定，保证池水不发生结冰和冻胀破坏。封闭式蓄水池结构较复杂，投资加大，其池顶多采用薄壳型混凝土拱板或肋拱，以减轻荷载和节省投资。封闭式圆柱形混凝土蓄水池池深径比取值范围为1.2～1.8，其蓄水池底部为反拱，池底铺三七灰土厚30cm，其上再浇筑混凝土厚10cm，池壁为现浇混凝土，厚10cm，混凝土表面抹一层水泥砂浆加强防渗。盖板为铁丝网预制混凝土，标号C18。池颈为砌砖水泥砂浆抹面。

封闭式矩形蓄水池适应性强，可根地形、蓄水量要求采用不同的规格尺寸和结构形式，蓄水量变化幅度大。封闭式矩形蓄水池池底为M7.5水泥砂浆砌石，厚40cm，其上浇筑C19混凝土，厚15cm，池壁为混凝土，厚15cm，顶盖采用混凝土空心板，上铺炉渣保温层，厚1.0m，覆土层厚度30cm，并设有爬梯及有关附属设施。

地上封闭式蓄水池雨水管渠易于接入，管理方便，但需占地面空间，详细施工要点可参见雨水罐章节。

### 4.1.2　蓄水池的施工工序

1. 地下蓄水池施工工序

地下封闭式蓄水池比屋面蓄水池施工工艺复杂，地下蓄水池又分为开敞式地下蓄水池和封闭式地下蓄水池，封闭式地下蓄水池按图4-3所列工序施工。

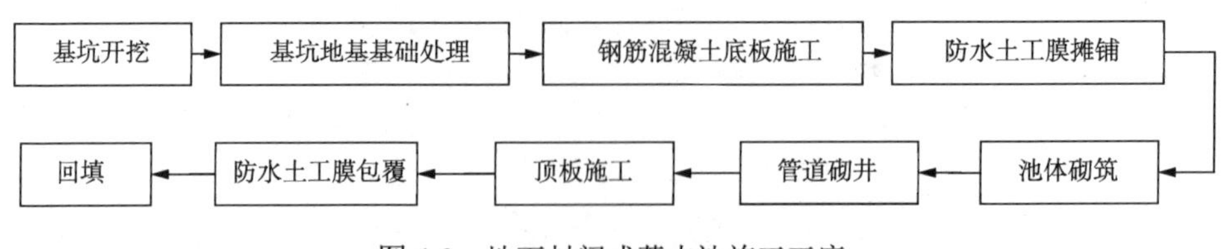


图4-3　地下封闭式蓄水池施工工序

地下开敞式蓄水池不同于封闭式地下蓄水池的工序有：无须顶板施工及土工布包覆顶板和回填顶层土，具体见图4-4所列工序施工。

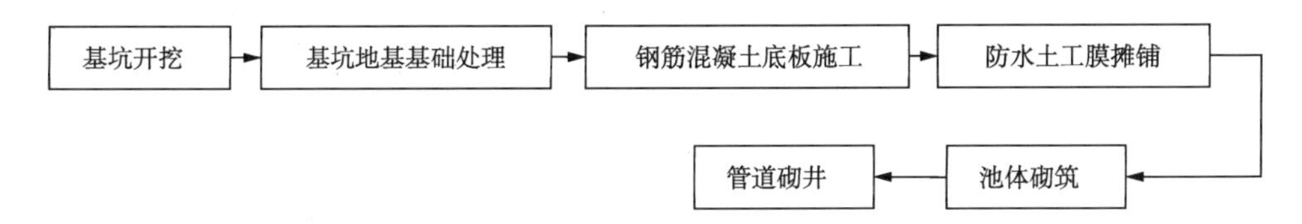


图 4-4　地下开敞式蓄水池施工工序

地下蓄水池具体施工内容及检查清单如表 4-2 所示。

**表 4-2　地下蓄水池施工内容及检查清单**

| 施工项 | 施工子项 | 检查情况 | |
|---|---|---|---|
| 1.施工前准备 | 1.1 设施定位放线 | | |
| | 1.2 对施工材料的性能和尺寸进行检查 | 钢筋混凝土符合要求 | 是○ 否○ |
| | | 人孔/检修通道符合要求 | 是○ 否○ |
| | | 穿孔管符合要求 | 是○ 否○ |
| | | 土工布符合要求 | 是○ 否○ |
| | | 回填材料符合要求 | 是○ 否○ |
| | | 其他组件符合要求 | 是○ 否○ |
| | 1.3 核查施工设备是否符合设施施工要求 | 符合要求 | 是○ 否○ |
| | 1.4 召开施工准备会议 | | |
| | 1.5 场地清理 | 场地平整 | 是○ 否○ |
| | | 无树根、杂草、废渣、垃圾等 | 是○ 否○ |
| 2.地基工程 | 2.1 按施工图尺寸和位置开挖放线 | | |
| | 2.2 检查已有管道位置 | | |
| | 2.3 应采取逐层开挖的方式 | | |
| | 2.4 开挖范围及深度内不得有地下水（说明：如出现地下水，则土方工程必须停止，并要求设计方修改方案） | | |
| | 2.5 地基平整、压实 | | |
| | 2.6 基槽清底、钎探、放线、验收 | | |
| | 2.7 对土工布进行搭接，搭接部要用沙石盖好，以保持稳定 | | |
| | 2.8 底部完全用土工布铺设 | | |
| 3.主体工程 | 3.1 护坡稳固，导墙砼浇筑 | | |
| | 3.2 浇筑底面要保持水平，底板砼浇筑 | | |
| | 3.3 墙体绑筋 | | |
| | 3.4 墙体支模 | | |
| | 3.5 墙体砼浇筑 | | |

续表

| 施工项 | 施工子项 | 检查情况 | |
|---|---|---|---|
| 4.附属工程 | 4.1 根据施工图要求的管径和管材，安装排水管 | 管材符合要求 | 是○ 否○ |
| | | 管径符合要求 | 是○ 否○ |
| | 4.2 安装排出口保护装置 | | |
| | 4.3 安装排出口结构装置 | | |
| | 4.4 安装人孔/检修通道 | | |
| | 4.5 安装视察口 | | |
| | 4.6 安装进水管 | | |
| | 4.7 安装碎石床 | 蓄水池底碎石床厚度不得小于60mm，或者根据施工图设计 | 是○ 否○ |
| | | 蓄水池顶碎石床厚度不得小于60mm，或者根据施工图设计 | 是○ 否○ |
| | 4.8 安装土工布 | | |
| | 4.9 在蓄水池和碎石床之间安装土工布 | | |
| | 4.10 在蓄水池周围安装土工布 | | |
| | 4.11 在蓄水池顶部安装土工布 | | |
| | 4.12 压实土工布 | | |
| | 4.13 安装渗水盲管（根据需要） | 管材符合要求 | 是○ 否○ |
| | | 管径符合要求 | 是○ 否○ |
| | | 穿孔数量符合要求 | 是○ 否○ |
| 5.分级防渗检查 | 5.1 压实地基 | | |
| | 5.2 回填及压实填料 | | |
| | 5.3 种植表层植被 | 表土层厚度不得小于 40mm | 是○ 否○ |
| 6.防冲刷检查 | 6.1 安装场地雨水周边导流横槽 | | |
| | 6.2 安装入口防冲刷设备 | | |
| | 6.3 安装初期雨水弃流过滤设备 | | |

### 2. 屋面蓄水池施工工序

屋面蓄水池施工前准备工序及工法同屋顶绿化。屋面蓄水池具体施工工序见表 4-3。

**表 4-3 屋面蓄水池施工内容及检查清单**

| 施工内容 | 施工子项 | 检查情况 | |
|---|---|---|---|
| 1.施工前准备 | 1.1 确定蓄水池放线位置 | | |
| | 1.2 评估蓄水池放线位置是否满足蓄水池要求 | | |

续表

| 施工内容 | 施工子项 | 检查情况 | |
|---|---|---|---|
| 1.施工前准备 | 1.3 明确蓄水池需要蓄滞雨水类型 | 季节性蓄水 | 是○ 否○ |
| | | 连续性蓄水 | 是○ 否○ |
| | 1.4 召开施工准备会议 | | |
| | 1.5 对施工材料和产品的性能和尺寸进行检查 | 符合要求 | 是○ 否○ |
| | 1.6 检查屋顶静荷载是否符合要求 | 符合要求 | 是○ 否○ |
| | 1.7 场地清理 | 无树根、杂草、废渣、垃圾等 | 是○ 否○ |
| 2.雨水预处理设施 | 2.1 确保蓄水池雨水均排至预处理设施 | | 是○ 否○ |
| | 2.2 安装预处理设施 | | |
| | 2.3 初期雨水弃流 | | |
| | 2.4 过滤器 | | |
| | 2.5 其他 | | |
| 3.主体工程 | 3.1 蓄水池基础应符合设计要求 | | |
| | 3.2 安装预处理设施同蓄水池之间的雨水连接管 | | |
| | 3.3 雨水回用系统的连接 | | |
| | 3.4 蓄水池开口安装防蚊帘 | | |
| 4 溢流系统 | 4.1 安装溢流系统与集水系统，检查其是否稳定流动 | | |

### 4.1.3 钢筋混凝土蓄水池的施工工法

1. 地基工程施工工法

施工前应首先了解地质资料和土壤的承载力，并在现场进行坑探试验。如土基承载力不够时，应根据设计提出对地基的要求，采取加固措施，如扩大基础、换基夯实等措施。

检查基层是否平整、坚实，如有异物，应事先处理妥善。

1）底土处理

（1）凡是土质基础一般都要经过换基土，夯实碾压后才能进行建筑物施工。

（2）首先在池旁设高程基准点，根据设计尺寸开挖池底土体，并碾压夯实底部原状土。回填土可按设计施工要求采用3∶7灰土、1∶10水泥土或原状土，采用分层填土碾压、夯实。

（3）原土翻夯应分层夯实，每层铺松土应不大于20cm。夯实深度和密实度应达到设计要求。

（4）夯实后表面应整平。

基底因排水不良被扰动时，应将扰动部分全部清除，可回填卵石、碎石或级配砾石；基底超挖时，应采用原土回填压实，其压实度不应低于原地基的天然密实度；基底含水量较大时，可回填卵石、碎石级配砂石；岩石基底局部超挖超过允许偏差时，将基底碎碴全部清除，回填低强度混凝土或碎石。

土方开挖保证水池基础周边离基坑壁至少有 0.5m 的距离，基坑需放坡，基坑内不得有过多的大石块和尖锐物质。为防止地基沉降，水池底部基础需铺设钢筋混凝土，先将原图夯实，然后铺设 100mm 厚的 C15 素混凝土，最后铺设 200mm 厚的 C25 钢筋混凝土底板，钢筋直径 $\phi 12$，间距 250mm，双层双向搭筋，基础重点要求：①基础顶部标高误差值控制在±1%；②基础平面必须平整光滑。

土方必须垂直向下挖土的，则在松软土情况下挖深不超过 0.7m，中密度土质的挖深不超过 1.25m，硬土情况下不超过 2m。超过以上数值的须加设支撑，或保留符合规定的边坡。

2）土方压实

压实方法分为碾压、夯压和振动压三种。对于大面积填方，多采用碾压方法压实；对于较小面积的填土工程则采用夯压机具进行夯实；振动压实方法主要用于压实非黏性填料如石渣、碎石类土、杂填土或亚黏土等。

填土的含水量对压实质量有直接影响。每种土壤都有其最佳含水量，见表 4-4。土在这种含水量条件下，压实后可以得到最大容重效果。为了确保填土在压实过程中处于最佳含水量，当土过湿时，应予翻松晾干，也可掺不同类土或吸水性填料；当填土过干时，则应洒水湿润后再进行压实。

**表 4-4　各种土壤最佳含水量**

| 土壤名称 | 最佳含水量/% |
|---|---|
| 粗砂 | 8～10 |
| 砂质黏土 | 6～22 |
| 细砂和黏质砂土 | 10～15 |
| 砂黏土和黏土 | 20～30 |
| 重砂土 | 30～35 |

压实必须分层进行，应采用“薄填、慢驶、多次”的方法，每层的厚度要根据压实机械、土的性质和含水量来决定，压路机压实不应超过 25～30cm，羊足碾压实时不宜大于 50cm；不要一次性地填到设计土面高度后才进行碾压打夯，否则就会导致填方地面上紧下松、沉降和塌陷严重的情况。用铲运机及运土工具进行压实，铲运机及运土工具的移动须均匀分布于填筑层的全面，逐次卸土碾压。

压实要注意均匀，要使填方区各处土壤密度一致，避免以后出现不均匀沉降。

松土不宜用重型碾压机械直接滚压，否则土层会有强烈起伏现象，效率不高，应先用轻碾压实，再用重碾压实，这样效果较好。碾压机械压实填方时，应控制行驶速度，一般平碾、振动碾不应超过 2km/h，羊足碾不应超过 3km/h，并要控制压实遍数。碾压机械与管道或基础应保持一定的距离，防止将管道或基础压坏或使其移位。

压实应自边缘开始逐渐向中间收拢，否则边缘土方易外挤引起坍落。为防止漏压，压路机碾轮每次重叠宽度约 15～25cm，羊足碾碾压每次重叠宽度约 15～20cm。运行中碾轮边距填方边缘应大于 500mm，以免发生溜坡倾倒。边坡、边角、边缘压实不到的地方，应辅以人力夯或小型夯实机具夯实。人工打夯前应将填土初步整平，打夯要按一定方向进行，一夯压半夯，夯夯相接，行行相连，两遍纵横交叉，分层打夯。用蛙式打夯机等小型机具夯实时，一般填土厚度不宜大于 25cm，打夯之前应将填土初步整平，打夯机依次夯打，分布均匀，不留间隙。

平碾每碾压完一层后，应用推土机或人工将表面拉毛。土层表面太干时，应洒水湿润后，继续回填，以确保上、下层接合良好。回填土每层都必须测定夯实后的干密度，待符合要求后方可进行上一层的填土。

压实密实度，除另有规定外，应压至轮子下沉量不超过 1cm 为宜。

地基平整后，进行两布一膜的铺设。防渗膜为 HDPE 材质，其厚度不得小于 1.0mm，防渗膜必须在池底平铺焊接，不得随意拉扯，膜片之间保持至少 10cm 长的搭接，防渗膜的焊接缝应尽量留在水池上部，穿膜管道尽量布置在水池上方，尽量减少穿膜的管道数量，管道和膜之间要用焊枪加固。土工布为纤维丝针织品，每平方米重量不得低于 300g，可采用手提式缝纫机缝纫连接，土工布采用双层，内层隔离防渗膜和 PP 模块水池，外层隔离防渗膜和细砂层及土层。在模块的转角处要采用多层土工布叠加，防止防渗膜被刺破、划伤。

3）基坑降、排水

开挖基坑周围应设挡水堤或排水沟，防止地面水流入基坑内，挖土放坡时，坡脚和坡顶至排水沟应保持一定的距离，一般为 0.5～1.0m。施工中应保持连续的降、排水，直至基坑回填完毕。对已被水浸泡的土质，采取排水晾晒后夯实或换灰土（3∶7）夯实或抛填碎石、小块石夯实；对已被水浸泡的基坑，应立即检查降、排水设施，疏通排水沟，并采取措施将水引走、排净。

深基坑上下应先挖好阶梯或支撑靠梯，或开斜坡道，并采取防滑措施，禁止踩踏支撑上下。应在坑的四周设置安全栏杆。

4）土方外运

在土方外运过程中，应充分考虑运输路线的安排、组织，尽可能使路线最短，以节省运力。常用的转运方式有两种，即机械转运和人工转运。

机械转运土方通常为长距离运土或工程量很大时的运土，运输工具主要是汽车和装载机。根据工程施工特点和工程量大小的不同，还可采用人工和半机械化相结合的方式转运土方。

人工转运土方一般为短途的小搬运。搬运方式有用手推车推、用人力车拉或由人力肩挑背扛等。

以上施工工法同样适用于模块蓄水池、硅砂蓄水池等。

### 2. 管道工程施工工法

穿墙管道应在浇注混凝土前埋设。穿墙管道结构变形或者管道伸缩量较小时，穿墙管可采用直接埋入混凝土内的固定式防水法；结构变形或者伸缩量较大时应采用套管式防水法，套管与主管之间用密封膏封严。套管端部应留15mm×15mm凹槽，内嵌密封膏。穿墙管道迎水面应做两道附加层，即长条形和圆形伸出管道150mm，收头处用金属箍扎紧，外用嵌缝膏密封，再用硅胶封闭。

进水管上边缘安装高度与池墙顶面平，管出口端做一倾斜向下的弯头，水落池底处放一块50m×50cm的防冲池底水泥板。

出水管径一般为100mm左右。出水管下边缘安装高度距池底50mm，管伸入池壁净长100mm，且在管口端用$\phi$10钢筋焊接一周，以便绑扎滤水网不致脱掉。出水管上焊接的止水法兰直径（或钢板）一般为出水管径的2倍，安装位置在墙中或墙中偏内一点，周围用细石混凝土捣实，池墙外壁再用砖砌墩加固。

此施工工法同样适用于模块蓄水池、硅砂蓄水池等。

### 3. 底板工程施工工法

钢筋下料成型要准确，对形状复杂及图纸要求的应先放出大样，再依样成型，钢筋堆放应分类成堆，堆放时应离地面不小于20cm，以防止锈蚀、污染，对于钢筋锈蚀、污染严重者，不得擅自使用。新用钢筋必须具有出厂合格证及试验报告，并按规定做原材料及焊接试验，合格后方可使用。钢筋绑扎壁板上的绑丝应朝里，长度、规格、间距、根数、搭接必须符合设计要求，焊接搭接。钢筋接头应错开，同一截面接头数量不大于50%，钢筋遇孔洞处尽量绕过，不得截断，如必须截断，应与洞口加固筋焊牢或与预埋套管焊牢，底板钢筋与壁板钢筋在第一次浇筑前要一起绑完，管道套管应带有止水环，在支模前预埋到准确位置上，要结合泵房实际管位来做到预埋位置的准确。

钢筋混凝土底板施工前应对地基基础进行复验，符合设计要求和有关规定后方可进行施工。底板浇筑前应把防水土工膜放置到位，底板以下的防水土工膜应在底板浇筑前完成焊接和检查工作，且焊接长度超出底板外应不小于300mm。

钢筋混凝土底板应按图纸进行浇筑，并预留透气防渗方格。透气防渗方格施工应从下至上依次铺设20～30mm厚原砂、30～50mm厚透气防渗砂、透水土工布、透水混凝土，每层需要均匀压实。底板表面要平整与压实。设置底板混凝土表面高程控制轨。在稳固的底板钢筋排架上，安装临时控制轨。在浇筑底板混凝土时，用杠尺对混凝土表面整平。当底板钢筋采取焊接排架的方法固定时，排架的间距应根据钢筋的刚度适当选择。蓄水池支模必须保证有足够的强度、刚度和稳定性，水平、竖向支模板支得好坏直接决定着混凝土浇筑质量和整个水池工程质量的高低。

钢筋混凝土底板应连续浇筑，不得留置施工缝；设计有变形缝时，应按变形缝分仓浇筑。

底板浇筑完成后，应在 12h 后铺盖塑料薄膜，并适当进行浇水养护，保持混凝土有足够的湿润状态，养护期不得少于 7d。养护期完成后，方可进行下一步施工。

此施工工法同样适用于模块蓄水池、硅砂蓄水池等。

#### 4. 池体工程施工工法

蓄水池池体可以采用混凝土现场浇筑和模块成品拼接。

在浇筑混凝土之前先上一道 5cm 的水泥砂浆（砂浆标号同混凝土标号），然后再浇筑混凝土，接茬处的振捣必须严密，绝不允许出现漏振现象。

水池分两步浇筑而成：

第一步——浇筑底板及施工缝以下壁板。

第二步——浇筑施工缝以上壁板及顶板。

混凝土浇筑的同时，必须做两组实验（抗压及抗渗实验）。

壁板中留设一道施工缝，在施工缝处应加设止水钢板，要求专人负责。在池壁浇筑时必须先清除施工缝表面的污垢，以保证在混凝土浇筑过程中不出现跑模、撑模等现象。混凝土的振捣，振捣的主要人员必须认真、细致、可靠，将每处逐一振捣，按施工要求振好。严禁漏振，并避免出现蜂窝、麻面、露筋等缺陷。这将直接影响水池的质量和功能。混凝土的振捣用插入式振捣器，应快插慢拔，插点要均匀排列，逐点移动，按顺序进行，不得漏振，振动半径不得大于振捣器长度的 3/4。振捣器以插入到下层混凝土 3～5cm 为宜，尽量不要碰撞模板和钢筋。

蓄水池施工完毕必须进行满水试验：

（1）待水池混凝土强度达到设计强度后，先在池壁上作好标高的标志，以不超过 2m/d 的速度灌入清水，第一次充水至设计水位的 1/3，第二次充水至设计水位的 2/3，第三次充水至设计水位，相邻两次充水时间不少于 24h，同时进行沉降观测并做好记录。

（2）在按设计水位标高充满水 24h 后，用以下方法测定水池 24h 渗水量：事先做直径为 50cm、高 30cm 的敞口钢板水箱，要求绝对不渗漏，将其灌满水后在同等日照条件下进行蒸发量测试。

（3）在业主和监理工程师的监督下，对池外壁认真地进行外观检查，有无渗漏点及水印湿迹，并填写记录表。

现浇混凝土水池模板安装允许偏差应符合表 4-5 的规定。

**表 4-5　现浇混凝土水池模板安装允许偏差**

| 检查项目 | | | 允许偏差/mm | 检查数量 | | 检查方法 |
|---|---|---|---|---|---|---|
| | | | | 范围 | 点数 | |
| 1 | 相邻板差 | | 2 | 每 20m | 1 | 用靠尺量测 |
| 2 | 表面平整度 | | 3 | 每 20m | 1 | 用 2m 直尺配合塞尺检查 |
| 3 | 高程 | | ±5 | 每 10m | 1 | 用水准仪测量 |
| 4 | 池壁柱垂直度 | $H$≤5m | 5 | 每 10m（每柱） | 1 | 用垂线或经纬仪测量 |
| | | 5m＜$H$≤15m | 0.1%$H$，且 ≤6 | | 2 | |
| 5 | 平面尺寸 | $L$≤20m | ±10 | 每池（每仓） | 4 | 用钢尺量测 |
| | | 20m＜$L$＜50m | ±$L$/2000 | | 6 | |
| | | $L$≥50m | ±25 | | 8 | |
| 6 | 池壁、顶板截面尺寸 | | ±3 | 每池（每仓） | 4 | 用钢尺量测 |
| 7 | 轴线位移 | 底板 | 10 | 每侧面 | 1 | 用经纬仪测量 |
| | | 墙 | 5 | 每 10m | 1 | |
| | | 预埋件、放埋管 | 3 | 每件 | 1 | |
| 8 | 预留洞中心位置 | | 5 | 每洞 | 1 | 用钢尺量测 |
| 9 | 止水带 | 中心位移 | 5 | 每 5m | 1 | 用钢尺量测 |
| | | 垂直度 | 5 | 每 5m | 1 | 用垂线配合钢尺量测 |

表格来源：《海绵城市设施施工及工程质量验收规范》[DB13（J）/T211—2016][12]。

现浇混凝土水池允许偏差应符合表 4-6 的规定。

**表 4-6　现浇混凝土水池允许偏差和检验方法**

| 项次 | 检验项目 | | 允许偏差/mm | 检查方法 |
|---|---|---|---|---|
| 1 | 轴线位移 | 池壁，柱，梁 | 8 | 用经纬仪测量纵横轴线各计 1 点 |
| 2 | 高程 | 池壁 | ±10 | 用水准仪测量 |
| | | 柱、梁、顶板 | ±10 | |
| 3 | 平面尺寸（池体的长、宽或直径） | 边长或直径 | ±20 | 用尺量，宽各计 1 点 |

续表

| 项次 | 检验项目 | | 允许偏差/mm | 检查方法 |
|---|---|---|---|---|
| 4 | 截面尺寸 | 池壁，柱、梁、顶板 | +10，–5 | 用尺量测 |
| | | 孔洞、槽、内净空 | ±10 | 用尺量测 |
| 5 | 表面平整度 | 一般平面 | 8 | 用 2m 直尺检查 |
| | | 轮轨面 | 5 | 用水准仪测量 |
| 6 | 墙面垂直度 | $H\leq 5\text{m}$ | 8 | 用垂线检查，每侧面 |
| | | $5\text{m}<H\leq 20\text{m}$ | $1.5H/1000$ | |
| 7 | 中心线位置偏移 | 预埋件、预埋支管 | 5 | 用尺量测 |
| | | 预留洞 | 10 | |
| | | 沉沙槽 | ±5 | 用经纬仪，纵横各计 1 点 |
| 8 | 坡度 | | 0.15% | 水准仪测量 |

注：*H* 为池壁全高。

表格来源：《海绵城市设施施工及工程质量验收规范》[DB13（J）/T211—2016][12]。

预制混凝土构件安装允许偏差应符合表 4-7 的规定。

**表 4-7　预制构件安装允许偏差和检验方法**

| 项次 | 检验项目 | | 允许偏差/mm | 检查方法 |
|---|---|---|---|---|
| 1 | 壁板、梁、柱中心轴线 | | 5 | 用钢尺量 |
| 2 | 壁板、柱高程 | | ±5 | 用水准仪测量 |
| 3 | 壁板及柱垂直度 | $H\leq 5\text{m}$ | 5 | 用垂线及尺测量 |
| | | $H>5\text{m}$ | 8 | |
| 4 | 挑梁高程 | | –5 | 用水准仪测量 |
| 5 | 壁板与定位中线半径 | | ±7 | 用钢尺量 |

注：*H* 为壁板及柱的高程。

表格来源：《海绵城市设施施工及工程质量验收规范》[DB13（J）/T211—2016][12]。

预制混凝土构件允许偏差应符合表 4-8 的规定。

**表 4-8　预制混凝土构件允许偏差**

| 项次 | 检验项目 | | 允许偏差/mm | 检查方法 |
|---|---|---|---|---|
| 1 | 平整度 | | 5 | 用 2m 直尺量测 |
| 2 | 壁板（梁，柱）断面尺寸 | 长度 | 0，–8 | 用钢尺量测 |
| | | 宽度 | +4，–2 | |
| | | 厚度 | +4，–2 | |
| | | 矢高 | ±2 | |

续表

| 项次 | 检验项目 | | 允许偏差/mm | 检查方法 |
|---|---|---|---|---|
| 3 | 预埋件 | 中心 | 5 | |
| | | 螺栓位置 | 2 | |
| | | 螺栓外露长度 | +10，–5 | |
| 4 | 预留孔中心 | | 10 | |

注：表中 $L$ 为预制梁、柱的长度；括号内为梁、柱的允许偏差。

表格来源：《海绵城市设施施工及工程质量验收规范》[DB13（J）/T211—2016][12]。

混凝土浇筑完毕后，应在 12h 内加以覆盖和浇水养护，且养护时间不得小于 14d；混凝土梁板柱壁浇筑完毕后，池壁混凝土须达到设计强度的 50 %以上时方可拆除，池顶板混凝土必须达到设计强度的 75 %以上时才能拆除。

5. 顶板工程施工工法

顶板应采用钢筋混凝土预制板安装，安装前应在砌块上表面均匀摊铺一层砂浆，板与板之间接缝应采用水泥砂浆抹缝黏结。

顶板以上部分土方回填工作之前应完成顶板施工并处理好预制板间的缝隙。

6. 防水土工膜施工工法

防水土工膜铺设前应对底板和周围的渣土、尖锐物等进行清理。防水土工膜到场后宜采用人工卷铺，两幅土工膜在进行搭接时焊接宽度不应小于 100mm。

底板防水土工膜应在钢筋混凝土底板验收合格后，池体施工完成之前铺设。池壁和顶板防水土工膜应在池体砌筑完工后铺设，防水土工膜与池壁应紧贴。池壁防水土工膜应与底板和顶板防水土工膜拼接。顶板防水土工膜上应垫粗砂保护层，铺设厚度宜为 100mm。

7. 回填工程施工工法

土方回填应在池体验收合格后进行，回填前应清除基坑内的杂物、建筑垃圾，并将积水排除干净。

土方回填时，水池四周及顶部先铺设至少 200mm 厚的细砂以保护防渗膜，然后再回填土，土中不得含有尖锐物质和大型石块。回填时应先将四周回填 0.8m 的高度，然后再回填至水池顶部，四周回填压实时应沿池体对称进行，分层回填，严禁单侧回填，每层回填土的厚度应根据土质情况及所用机具经现场试验后确定，层厚差不得超出 100mm。

填方土料应符合设计要求，保证填方的稳定性和强度，如果设计没有要求，则应符合下列规定：

（1）碎石类土、砂土和爆破石渣（粒径不大于每层铺厚的 2/3，当用振动碾压时，不超过 3/4），可用于表层下的填料。

（2）淤泥和淤泥质土，一般不能用作填料。

（3）碎块草皮和有机质含量大于 8%的土，只用于没有压实要求的填方。

（4）含盐量符合规定的盐渍土，一般可用作填料，但土中不得含有盐块、盐晶或含盐植物根茎。

（5）含水量符合要求的黏性土，通常可用作各层填料。含水量通常以手握成团、落地开化为宜。各种土的最优含水量和最大干密度参考数值见表 4-9。

**表 4-9　各类土的最优含水量和最大干密度参考表**

| 土的种类 | 最优含水量（重量比）/% | 最大干密度/（$t/m^3$） |
|---|---|---|
| 砂土 | 8～12 | 1.80～1.88 |
| 粉质黏土 | 12～15 | 1.85～1.95 |
| 粉土 | 16～22 | 1.61～1.80 |
| 黏土 | 19～23 | 1.58～1.70 |

注：表中土的最大干密度应以现场实际达到的数字为准；一般性的回填，可不做此项测定。

图 4-5　各类土

依次为砂土、粉质黏土、粉土、黏土

回填每层的虚铺厚度可按表 4-10 中的数值选用。

**表 4-10　每层回填的虚铺厚度**

| 压实工具 | 虚铺厚度/mm |
| --- | --- |
| 木夯、铁夯 | ≤200 |
| 轻型压实设备 | 200～250 |

回填土压实后应使防水土工膜与池壁紧贴，四周回填压实度不应小于 95%。池顶必须人工夯实，严禁重型机械碾压，池顶 0.5m 以上回填土压实度应符合地面或道路要求，且不应小于 90%。

雨季应检验回填土的含水量，随填、随压，防止松土淋雨；填土时基坑四周被破坏的土堤和排水沟应及时修复；雨天不宜填土。冬季回填时，在管道通过的位置不得回填冻土，其他部位可均匀掺入冻土，其数量不得超过填土总体积的 15%，且冻块尺寸不得大于 15cm。

此施工工法同样适用于模块蓄水池、硅砂蓄水池等。若为开敞式蓄水池，则上方无须回填土方。

### 4.1.4　模块蓄水池的施工工法

模块蓄水池施工工法中的地基工程、管道工程、底板工程、顶板工程、防水土工膜工程和回填工程同钢筋混凝土现场浇筑蓄水池工法不同的是池体工程。

模块水池用于收集雨水的储存装置采用成品装配式 PP 模块，可以采用不同数量的组合成不同的容积。PP 模块水池的组装应根据工程量计算人工数量，合理安排人工，单体模块箱体组装、箱体搬运以及水池的组装人员应分工进行，模块的组装要用橡胶锤敲击严密。防渗包裹物密封要注意防渗膜的焊接，需要焊枪加强密封的地方必须加强密封，土工布连接紧密。

水井安置于模块内部，水井周边均匀打孔，以保证水井和水池水流相通，土方回填时，水池四周及顶部先铺设至少 200mm 厚的细砂以保护防渗膜，然后再回填土，土中不得含有尖锐物质和大型石块。回填时应先将四周回填 0.8m 的高度，然后再回填至水池顶部。

塑料蓄水模块采用分体式设计，它可在施工现场按一定的顺序组装成蓄水箱体。聚丙烯、聚乙烯材料的性能指标应与《建筑排水用聚丙烯（PP）管材和管件》（CJ/T 278—2008）相一致。

塑料蓄水模块单体的性能指标应满足表 4-11 的要求。

**表 4-11　塑料蓄水模块的性能指标**

<table>
<tr><td>项目</td><td colspan="3">测试条件</td><td>指标要求</td></tr>
<tr><td>坠落试验</td><td colspan="3">23℃±2℃，1m 高处跌落，边角落地</td><td>无开裂、破损或永久变形</td></tr>
<tr><td rowspan="3">抗压强度试验</td><td>顶部加载</td><td>0.5m≤覆土≤4m</td><td>200kN/m²</td><td rowspan="3">无开裂、破损或永久变形</td></tr>
<tr><td rowspan="2">侧面加载</td><td>0.5m≤埋深≤4m</td><td>100kN/m²</td></tr>
<tr><td>4m＜埋深≤7.5m</td><td>185kN/m²</td></tr>
<tr><td>烘箱试验</td><td colspan="3">150℃，30min</td><td>无气泡、分层和破裂</td></tr>
<tr><td>抗冲击性能</td><td colspan="3">23℃±2℃，4kg 砝码，高 2m，试样上覆盖 35cm 厚沙床</td><td>无开裂、破损或永久变形</td></tr>
<tr><td rowspan="2">长期蠕变性能</td><td colspan="3">23℃±2℃，≥1008h</td><td rowspan="2">50 年外推垂直变形≤4%，<br>水池的竖向变形不得超过：$\frac{100mm}{水池高度（mm）}\times 100\%$</td></tr>
<tr><td>顶部加载</td><td>0.5m≤覆土≤4m</td><td>110kN/m²</td></tr>
</table>

塑料蓄水模块的功能指标应满足表 4-12 的要求。

**表 4-12　塑料蓄水模块的功能指标**

| 项目 | 测试方法 | 指标要求 |
|---|---|---|
| 流通直径 | 通球试验 | ≥50mm（树池、收集池）；≥150mm（排水渠、调蓄池） |
| 孔隙率 | 满水试验 | ≥90% |
| 清掏 | 钢尺测量 | 最小通道尺寸≥350mm（仅针对调蓄水池） |

蓄水塑料模块水池质量检验应满足下列要求：蓄水塑料模块水池骨架安装允许偏差见表 4-13。

**表 4-13　蓄水塑料模块水池骨架安装允许偏差表**

<table>
<tr><td rowspan="2">序号</td><td rowspan="2">一般项目</td><td rowspan="2">允许偏差/mm</td><td colspan="2">检查概率</td><td rowspan="2">检查方法</td></tr>
<tr><td>范围</td><td>点数</td></tr>
<tr><td>1</td><td>轴线</td><td>≤30</td><td>20m</td><td>1</td><td>挂中心线用尺量</td></tr>
<tr><td>2</td><td>高程</td><td>±20</td><td>20m</td><td>1</td><td>水准仪测量</td></tr>
</table>

表格来源：《海绵城市设施施工及工程质量验收规范》[DB13（J）/T211—2016][12]。

其他蓄水池模块有玻璃钢蓄水池、PP 雨水蓄水模块，具体施工工法详细咨询生产厂商。

### 4.1.5　硅砂蓄水池的施工工法

模块蓄水池施工工法中的地基工程、管道工程、底板工程、顶板工程、防水土工膜工程和回填工程同钢筋混凝土现场浇筑蓄水池工法不同的是池体工程[28]。

池体砌块在施工前，应对材料进行检验，检验合格后，方可使用。

池体砌筑前应将砌块用水浸透，待底板验收合格，底板处理平整和洒水湿润后，方可铺浆砌筑。池体砌筑应采用水泥砂浆从下往上逐层进行，层与层之间应采用错缝砌筑。砌筑的水泥砂浆缝宽度应均匀，嵌缝应饱满密实，内壁应采用水泥砂浆勾缝，外壁应采用水泥砂浆搓缝挤压密实。水平灰缝的厚度和竖向灰缝宽度宜为 8～12mm。砌筑时砂浆应满铺满挤，挤出的砂浆应随时刮平，严禁用水冲浆灌缝，严禁用敲击砌块的方法纠正偏差。

当砌筑井身不能一次砌完，在二次接高时，应将原砌块表面泥土杂物清理干净，再用水清洗并浸透砌块。

池体检查井室砌筑时，池体内应同时安装踏步，位置应准确。踏步安装后，在砌筑砂浆或混凝土未达到规定强度前不得踩踏。

管道穿过硅砂蓄水池墙体时，穿墙部位应做好防水。

砌筑后的池体应及时养护，不得遭受冲刷、振动或撞击。

### 4.1.6　蓄水池的施工案例

1. 迁安市××学校海绵城市工程蓄水池施工案例

步骤（图 4-6）：

（1）蓄水池放线，移除地面附着物，清理场地。

（2）土方开挖、外运，主要施工机械有挖掘机 1 台、自卸车 3 辆。

（3）浇筑垫层，喷浆。

（a）蓄水池放线

（b）移除原有地上附着物

（c）土方开挖、外运

（d）开槽完成

（e）钎探完成

（f）喷锚护坡、清理

（g）浇筑垫层完成

（h）底板钢筋绑扎

（i）侧墙钢筋绑扎

（j）浇筑底板混凝土

（k）侧墙支模

（l）顶板及侧墙浇筑混凝土

（m）拆模

（n）管道安装、砌井

（o）回填

（p）原有地上恢复

（q）景观完成

图 4-6　迁安市××学校海绵城市工程蓄水池施工实景图

（4）回填砾石和原状土。

（5）蓄水池钎探。

（6）蓄水池钢筋绑扎。

（7）蓄水池支模板、顶板。

（8）回填砂石料。

（9）景观恢复。

2. ××公司模块蓄水池施工案例

步骤如下：

1）水池土方开挖及垫层处理（图 4-7）

土方开挖保证水池基础周边离基坑壁至少有 0.5m 的距离，基坑需放坡，基坑内不得有过多的大石块和尖锐物质。为防止地基沉降，水池底部基础需铺设钢筋混凝土，先将原土夯实，然后铺设 100mm 厚的 C15 素混凝土，最后铺设 200mm 厚的 C25 钢筋混凝土底板，钢筋直径 $\phi 12$，间距 250mm，双层双向搭筋，基础重点要求：①基础顶部标高误差值控制在±1%；②基础平面必须平整光滑。

2）防渗包裹物铺设及焊接（图 4-8）

铺设要求两布一膜的铺设方式。防渗膜为 HDPE 材质，其厚度不得小于 1.0mm，防渗膜必须在池底平铺焊接，不得随意拉扯，膜片之间保持至少有 10cm 长的搭接，防渗膜的焊接缝应尽量留在水池上部，穿膜管道尽量布置在水池上方，尽量减少穿膜的管道数量，管道和膜之间要用焊枪加固。土工布为纤维丝针织品，重量不得低于 300g/m$^2$，可采用手提式缝纫机缝纫连接，土工布采用双层，内层隔离防渗膜和 PP 模块水池，外层隔离防渗膜和细砂层及土层。在模块的转角处要采用多层土工布叠加，防止防渗膜被刺破、划伤。

图 4-7　水池土方开挖及垫层处理

图 4-8　防渗包裹物铺设及焊接

3）浇筑蓄水池/模块拼装及防渗包裹物密封（图 4-9）

浇筑蓄水池或采用模块拼接。模块水池用于收集雨水的储存装置，采用成品装配式 PP 模块，可以采用不同数量的组合成不同的容积。PP 模块水池的组装应根据工程量计算人工数量，合理安排人工，单体模块箱体组装、箱体搬运以及水池的组装人员应分工进行，模块的组装要用橡胶锤敲击严密。

防渗包裹物密封要注意防渗膜的焊接，需要焊枪加强密封的地方必须加强密封，土工布连接紧密。

图 4-9　模块拼装及防渗包裹物密封

4）水井安置及周边土方回填（图 4-10）

水井安置于模块内部，水井周边均匀打孔，以保证水井和水池水流相通，土方回填时，水池四周及顶部先铺设至少 200mm 厚的细砂以保护防渗膜，回填土中不得含有尖锐物质和大型石块。回填时应先将四周回填 0.8m 的高度，然后再回填至水池顶部。

图 4-10　土方回填

5）回填土夯实（图 4-11）

土方回填后，水池上方必须人工夯实，严禁重型机械碾压。

6）弃流过滤设备及电气设备安装（图 4-12）

截污弃流过滤设备为直接埋地设备，可以有效地拦截初期雨水中的大型杂物及颗粒物，井盖根据荷载要求选择轻型或重型，电气安装均按规范要求安装。

图 4-11　整体回填及夯实

图 4-12　弃流过滤设备及电气设备安装

7）系统调试（图 4-13）

雨水设备控制电柜安装完毕后，对整个雨水系统进行调试，直到系统运行正常。

图 4-13　系统调试

### 3. 玻璃钢蓄水池施工案例

图 4-14～图 4-17 为各施工现场玻璃钢蓄水池实景照片。

图 4-14　圭塘河生态景观区二期雨水收集池运输

图 4-15　长沙森林住宅小区雨水收集池入基坑

图 4-16　广州绿地中央广场雨水收集池回填土

图 4-17　广州万科四季花城雨水收集池安装管道

# 4.2　雨水罐施工技术

## 4.2.1　雨水罐的基础知识

雨水罐也称雨水桶，为地上或地下封闭式的简易雨水集蓄利用设施（图 4-18 和图 4-19）。

雨水罐适用于单体建筑屋面雨水的收集利用，接于建筑雨落管后，用于储存屋面雨水，储存后的水可用于道路、草坪和花园浇灌。雨水罐多为成型产品，主要用于减少径流量，延迟并降低峰值径流量。雨水罐施工安装方便，便于维护，但其储存容积较小，雨水净化能力有限。

图 4-18　地面雨水罐

图 4-19　地下雨水罐

雨水罐的基本组成要素包括雨水箱（地上及地下）、泵和控制器、过滤装置、水处理装置、水箱液位计、转向器、进/出水口等。

进/出水口跟储水罐紧密相连，进水口/出水口装置包括一个进水管，它与外界的软管相连接，以保持雨水箱里的最低水位，溢流出口直接与水泵相连，将溢流的水排出水箱。水泵是将水提升出的装置。阀门和漂浮装置用于避免其他污染源进入雨水罐，漂浮阀门在水箱水位过低时打开，用于控制水箱的入流。

雨水罐通常在底部安装水泵（1）通过软管（2）与进水口（3）内部的硬性连接头（4）相接，软管（5）与进水口外部的硬性连接头（4）相接，用于将雨水泵出罐外，软管（6）用于向雨水罐内补充水，漂浮阀（或者空气阀）（7）与进水口内部的连接头（4）相连。漂浮阀视雨水罐水位的不同来工作，当水位较低时打开使水进入雨水罐，当水位超过预计水位时阀门关闭以阻止雨水进入。由于水泵是潜水工作，漂浮阀可以保证雨水罐处于一定水位而不引起水泵损坏。其结构如图 4-20 所示。

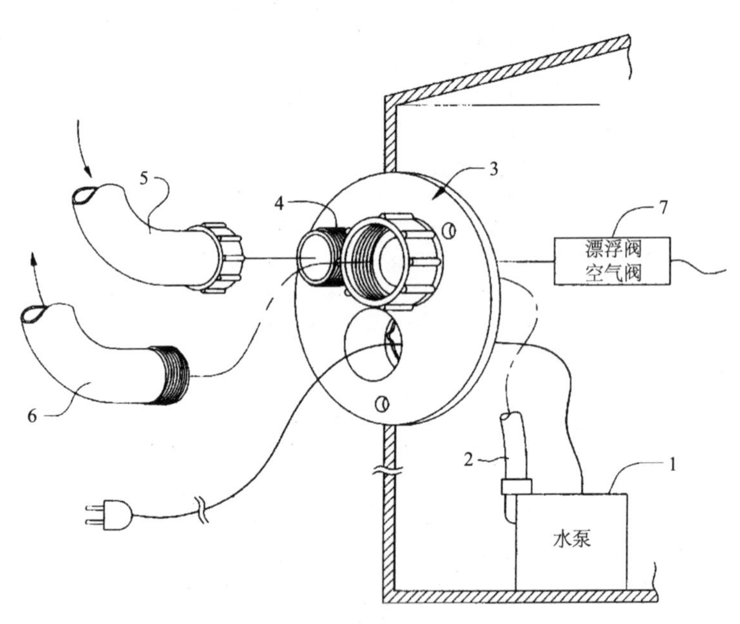


图 4-20　雨水罐结构分解图（图中序号含义见正文）

图片来源：*Rainwater Harvesting Tank*[29]

进水口（8）位于雨水罐的上部，溢流孔（9）位于雨水罐的上半部分。进水口的外部表面有一个螺纹状软管联结，以便与其他的软管相连，紧挨着软性接头的是一个硬性的接头，以连接另一个软管。软性接头用于进水，硬性接头用于出水。雨水通过安装在雨水罐中的泵流出。其结构如图 4-21 所示。

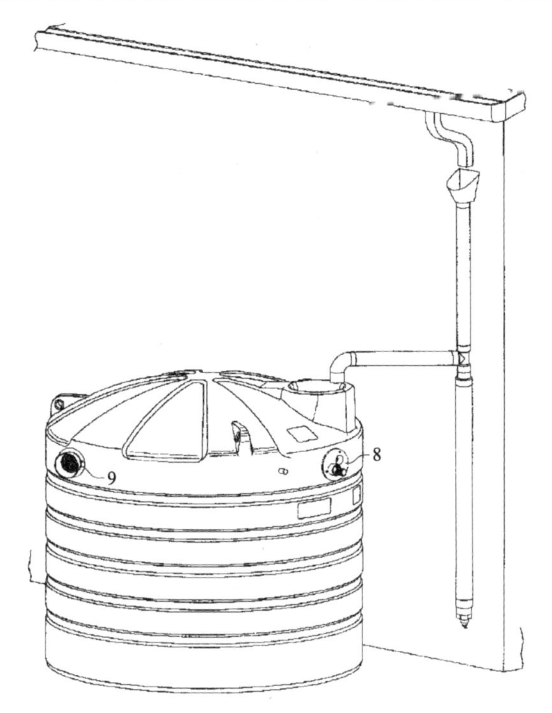


图4-21　雨水罐结构图（图中序号含义见正文）

图片来源：*Rainwater Harvesting Tank*[29]

### 4.2.2　雨水罐的施工工序

雨水罐应按图4-22所列工序施工。

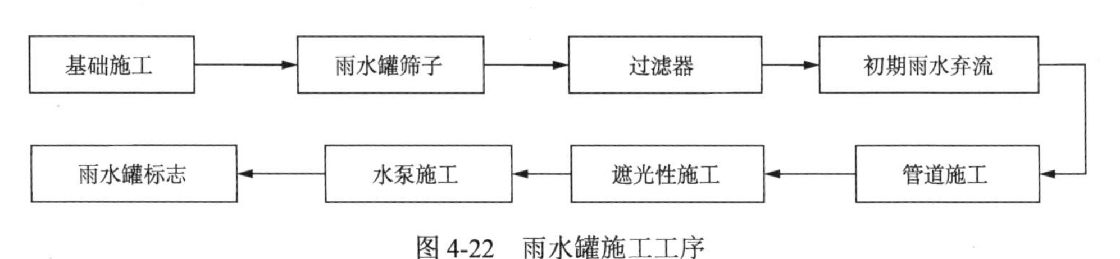


图4-22　雨水罐施工工序

### 4.2.3　雨水罐的施工工法

1. 雨水罐基础施工工法

大部分金属或者塑料的雨水罐都应当有一个坚固的基础，以承担雨水罐本身及雨水的重量。如果没有一个坚固的水平基础，大部分底部是平坦的雨水罐都无法承受水的重量。当雨水罐满载时，每1m$^3$的水重量为1000kg，所以为了安全起见，应建造一个坚固的雨水罐底座。当雨水罐放空的时候有可能被一阵大风刮走，所以应保证雨水罐本身可以安全地站立。如果底座较轻，应被固定在结实的基础上。如果想通过一个水泵去分配雨水的话，雨水罐里的水就可以在任何水位；如果通过重力流去补充水量，那么通常应将雨水罐提到一个坚固的基础上[30]（图 4-23）。

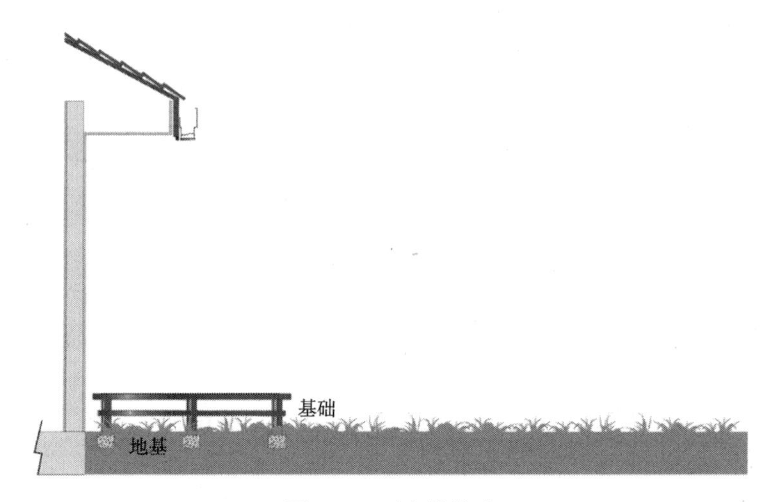


图 4-23　雨水罐基础

图片来源：*Rainwater Tanks Guidelines for Residential Properties in Canberra* [30]

为了避免被腐蚀，金属质地的雨水罐应该放在地平面以上能够排水的基础上。安装在地下的雨水罐应该密封，以防止地表径流、地下水及生活污水的渗透，这些水往往含有杀虫剂、化肥或者人（或动物）排泄物。

地下雨水罐在浸水的情况下可能会漂浮起来，因此应确保在挖掘过程中及时将水排出。当不确定基础或地下水状况时应及时寻求工程咨询帮助。地下雨水罐不能放置在树木的汲水线上，树根会对雨水罐产生破坏，同时雨水无法达到树根将影响植被生长[31]。

2. 掩蔽物及盖子施工工法

雨水罐应采用不透水封盖，以防止灰尘、树叶、花粉、碎片、寄生虫、蚊子、鸟、动物及昆虫落入。应将雨水罐开口用坚固的盖子密封，封盖应能够承受儿童的活动[32]。

3. 筛子及过滤器施工工法

雨水罐的入口应安装一个网眼筛或者过滤器，以防止活着的昆虫落入，以及截留树叶和屋顶沉淀物。开口小于 1mm 的类似于防蚊蝇纱的网眼筛对于防止蚊虫十分有效。地下管道连接系统需通过空气隔离法来阻止蚊虫进入，具体工法如图 4-24 所示。防蚊罩如图 4-25 所示，空气隔离装置如图 4-26 所示。

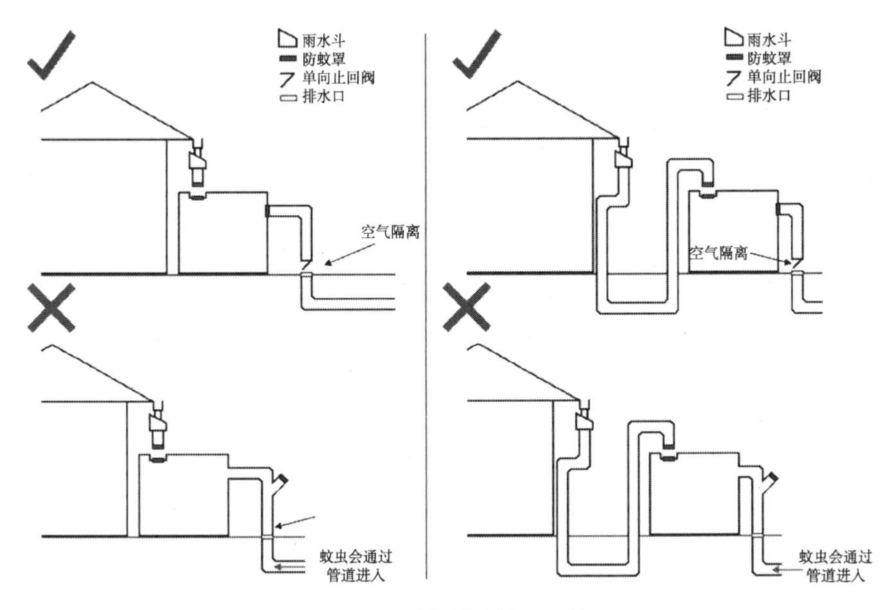


图 4-24　防蚊措施施工工法

图片来源：*Rainwater Tanks - Mosquito Protection and First Flush Devices*[32]

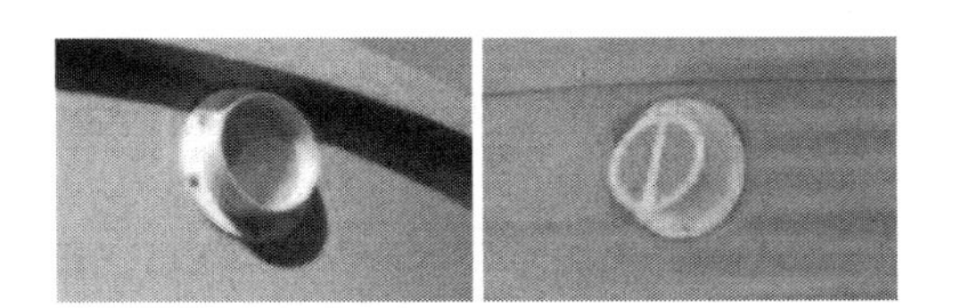

图 4-25　防蚊罩

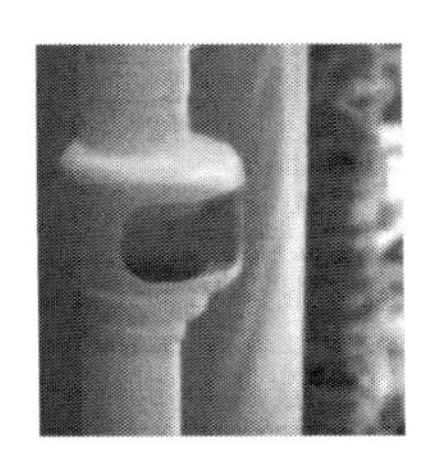

图 4-26　空气隔离装置

4. 初期雨水弃流器施工工法

雨水罐中可安装初期雨水弃流器，该装置可将初期冲刷的雨水（包含尘土、树叶、鸟兽粪便等）弃流，而将干净的雨水转入雨水罐中（图 4-27）。

初期雨水弃流可以通过一些管道配件实现，通常安装在进水管上。弃流的雨水可以通过散水直接进入地面低影响开发设施（如雨水花园、植草沟、生物滞留设施、高位花坛等）进行处理，也可以接入污水管排入污水处理厂处理。

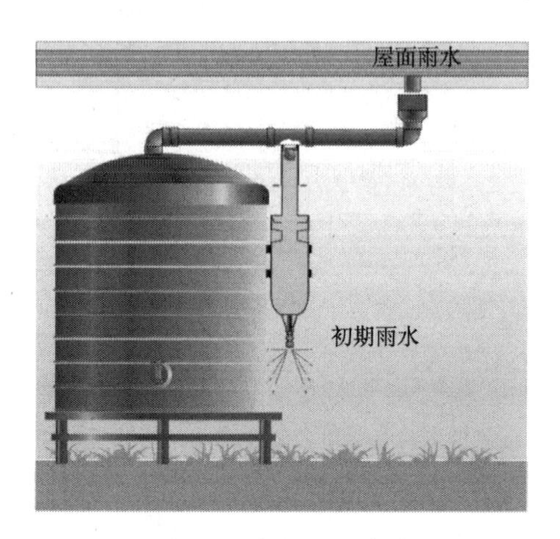


图 4-27　初期雨水弃流

图片来源：*Rainwater Tanks Guidelines for Residential Properties in Canberra* [30]

5. 管道及配件施工工法

罐中的雨水一般呈酸性并可腐蚀金属，因此建议使用塑料管道及相关配件，尤其是新安装的工程。

雨水同样可以作为非饮用给水系统（如浇洒、冲厕）中的补充水源，在这种系统中，管道应该同主管道相连，并通过自动化控制，在水源不足时，通过蓄存的雨水作为补充水源（图 4-28）。

管道的其他施工工法参照如下要求：

（1）首先清除管内和插口处的黏沙和毛刺，并将橡胶圈表面的油污物清除干净。

（2）固化管道连接时在插入管放置橡胶圈，并确保橡胶圈不翘不扭，均匀一致地卡在槽内，如有衬里破损，应在承插部分涂刷植物油润滑，随之将管自插口轻轻插入承插口内，拨正管道后使用手拉葫芦拉紧，每个承插口的最大转角不得大于 4°21′。

（3）弯头及阀门处按设计要求设置管墩和支墩，安装完成 24h 后应及时进行水压试验。

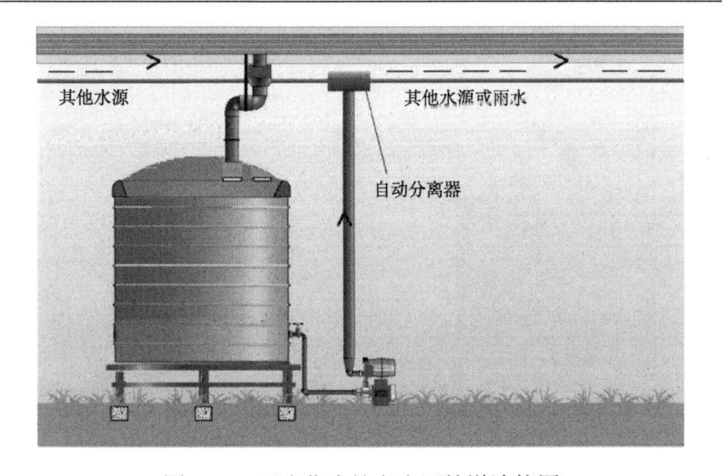


图 4-28　雨水作为补充水源管道连接图

图片来源：*Rainwater Tanks Guidelines for Residential Properties in Canberra*[30]

6. 遮光性施工工法

雨水罐、封盖、水暖管道及配件都应该是不透光的，避免有充足的阳光而导致藻类生长、水华及富营养化，影响出水水质。

7. 水泵施工工法

如果雨水罐出水没有足够的压力用于提升到用户，那么需安装一个压力提升水泵。若直接在雨水罐上安装水龙头出水，则无须水泵提升压力（图 4-29）。大多数情况下用水户需要较大的压力，或位于较高的位置，如图 4-30 所示为雨水罐出水用于灌溉，图 4-31 和图 4-32 为雨水罐出水用于冲厕，雨水罐是需要安装水泵的。

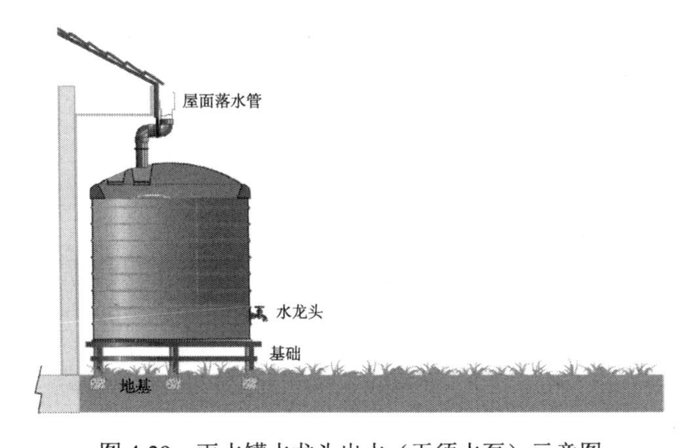


图 4-29　雨水罐水龙头出水（无须水泵）示意图

图片来源：*Rainwater Tanks Guidelines for Residential Properties in Canberra*[30]

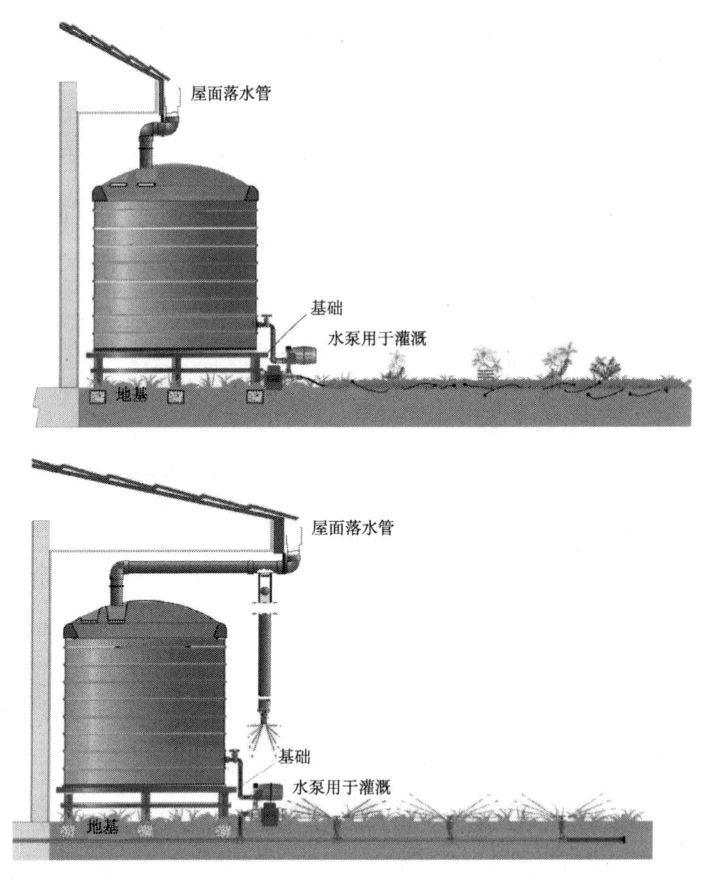


图 4-30　雨水罐水泵出水用于灌溉示意图

图片来源：*Rainwater Tanks Guidelines for Residential Properties in Canberra* [30]

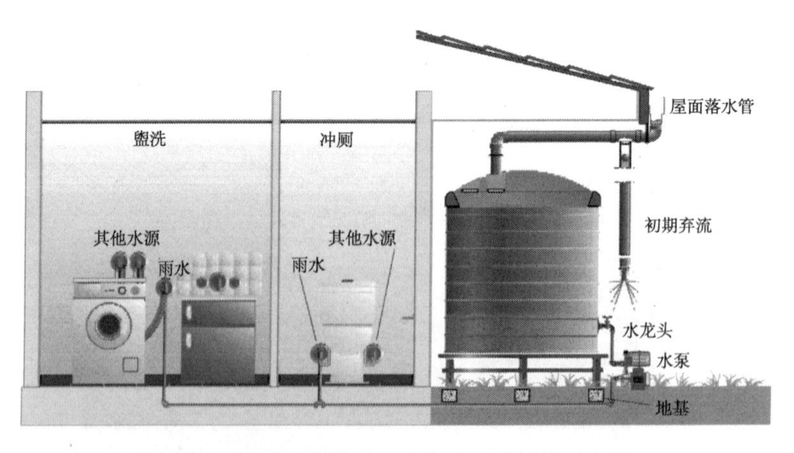


图 4-31　地面雨水罐水泵出水用于冲厕等示意图

图片来源：*Rainwater Tanks Guidelines for Residential Properties in Canberra* [30]

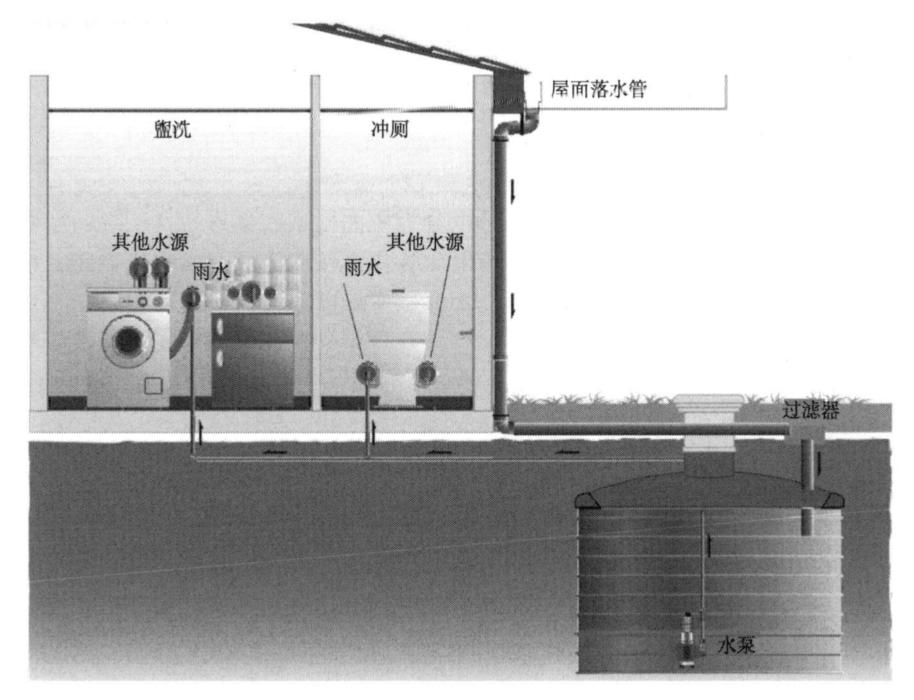


图 4-32　地下雨水罐水泵出水用于冲厕等示意图

图片来源：*Rainwater Tanks Guidelines for Residential Properties in Canberra* [30]

如果没有足够的水压，马桶水箱中的漂浮阀、灌溉洒水装置和洗衣机（或洗碗机）中的电磁阀都不能够有效地运转。水泵的尺寸根据雨水罐的高度、器具的高度、水管的尺寸和流量的要求不同而不同，具体应咨询专业技术人员或水泵供应厂家。

8. 标志施工工法

每个雨水罐必须贴上标志，以免误饮误接（图 4-33）。

图 4-33　雨水罐标志

# 4.3 屋面雨水收集系统施工技术

## 4.3.1 屋面雨水收集系统的基础知识

雨水收集系统根据收集面不同，可以分为屋面雨水收集系统、广场雨水收集系统、路面雨水收集系统等。相较广场雨水收集系统和路面雨水收集系统，屋面雨水受人为活动影响较小，其雨水污染程度远比地面小，因此屋面是最适合和常用的雨水收集面。通常屋面雨水收集系统包括收集区域、屋面排水管和落水管系统、初期雨水分流和滤网过滤系统、储水设施、输水系统和处理系统（根据需要）（图 3-34）。

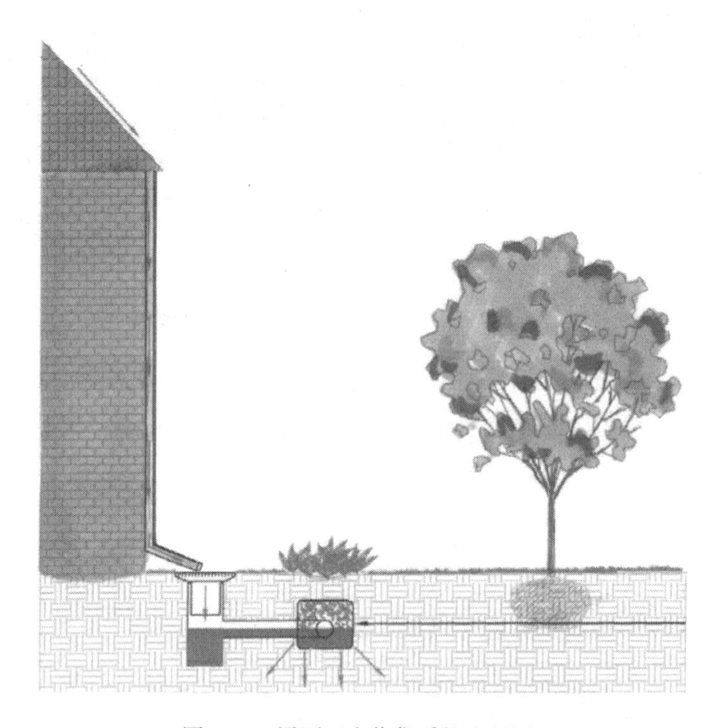

图 4-34 屋面雨水收集系统流程图

## 4.3.2 屋面雨水收集系统的施工工序

屋面雨水收集系统应按图 4-35 所列工序施工。

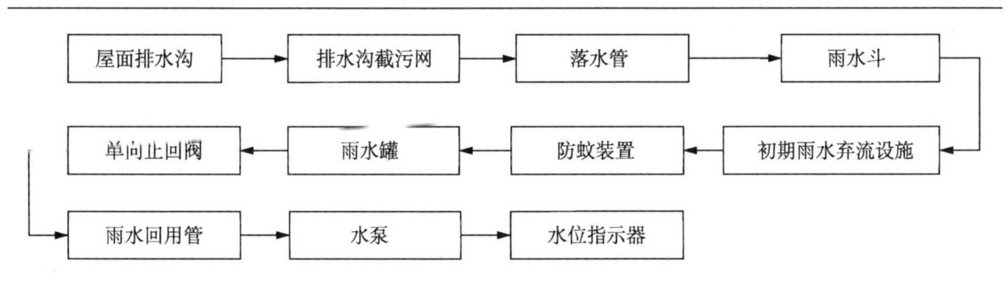


图 4-35　屋面雨水收集系统施工工序

图 4-36 为屋面雨水收集系统施工工序的示意图。

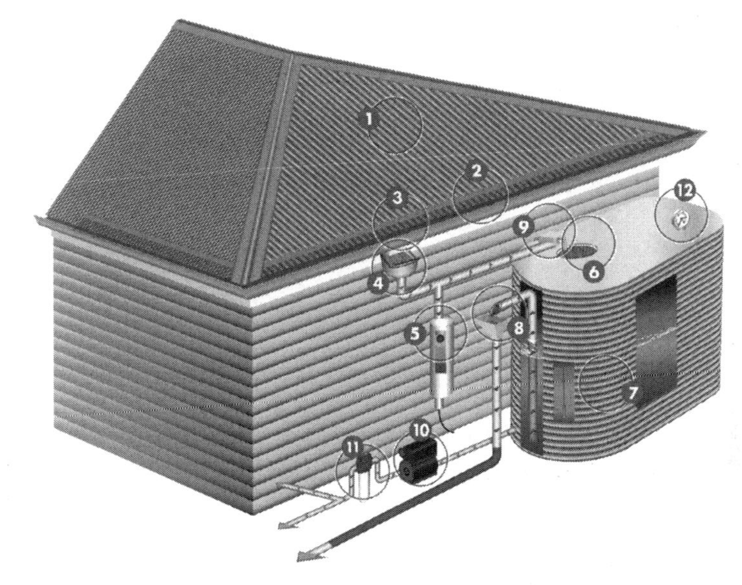

图 4-36　屋面雨水收集系统（图中序号含义见正文）

图片来源：*How to create the complete rain harvesting system*[33]

（1）验证屋面能否作为雨水收集面，包括屋面材质、坡度等，安装屋面排水沟。

（2）安装排水沟截污网，防止树叶和碎屑进入收集系统。

（3）安装落水管。

（4）安装雨水斗。

（5）安装初期雨水弃流装置。

（6）安装防蚊罩。

（7）安装雨水罐，施工工序及工法参见雨水罐章节。

（8）安装单向止回阀。

（9）安装雨水回用管道并同回用系统连接。

（10）安装水泵（如果需要）。

（11）安装雨水罐水位指示器。

### 4.3.3 屋面收集区域的施工工法

屋面雨水收集管通常在建筑工程中已经完成施工。对于长度不超过 100m 的多跨建筑物可以使用天沟，天沟布置在两跨中间并坡向端墙。雨水斗设在伸出山墙的天沟（图 4-37）末端，排水立管连接雨水斗并沿外墙布置[10]。

图 4-37 天沟

### 4.3.4 屋面落水管的施工工法

屋面落水管多用镀锌铁皮管、铸铁管或塑料管。镀锌铁皮管断面多为方形，尺寸一般为 80mm×100mm 或 80mm×120mm；铸铁管或塑料管多为圆形，直径一般为 70mm 或 100mm。屋面落水管接入储水设施的管段不应有水平、上升和弯管段。

混凝土散水、明沟，应设置伸缩缝，其延米间距不得大 10m ；房屋转角处应做 45°缝。混凝土散水、明沟和台阶等与建筑物连接处应设缝处理。上述缝宽度为 15～20mm，缝内填嵌柔性密封材料。

建筑地面的变形缝应按设计要求设置，并应符合下列规定：

（1）建筑地面的沉降缝、伸缩缝和防震缝，应与结构相应缝的位置一致，且应贯通建筑地面的各构造层；

（2）沉降缝和防震缝的宽度应符合设计要求，缝内清理干净，以柔性密封材料填嵌后用板封盖，并应与面层齐平。

### 4.3.5　初期雨水分流和滤网的施工工法

初期雨水分流和滤网系统主要用来分流、截留雨水中污染物，以便于能回收干净的后期雨水。

排水沟进入落水管雨水斗、排水立管、水平收集管，沿途可设置滤网或过滤器防止树叶、鸟粪、碎屑等大的污染物进入，一般滤网的孔径为 2～10mm，用金属网或塑料网制作，可以设计成局部开口的形式以方便清理。储水设施进口处一般还要设置防锈微滤装置，使雨水通过微米级的滤孔，装置应定期进行清理以防堵塞以及细菌滋生。雨水斗截污装置如图 4-38 所示。

图 4-38　雨水斗截污装置

初期雨水分流装置通常安装在排水立管上，将降雨初期的部分冲洗屋面后较脏的雨水排除，使它不进入储水设施。常见的初期雨水弃流方法包括小管弃流（水流切换法）（图 4-39）、容积法弃流（图 4-40）等。弃流的雨水可以排入绿地进行生态处理或排入市政污水管网（或雨污合流管网）由污水处理厂进行集中处理[34]。

初期雨水弃流设施应便于清洗和运行管理，宜采用自动控制方式。初期雨水弃流设施的选用应按设计弃流的雨水量或水质确定，并能明确分隔开初期雨水。

自动控制弃流设施应具有自动切换初期雨水弃流设施和收集管道的功能，并具有控制和调节弃流间隔时间的功能。

初期弃流的雨水排入污水管道时，应按设计要求设置确保污水不倒灌回弃设施内的装置。初期雨水弃流池、雨水进水口应按设计要求设置格栅，格栅的设置应便于清理，并不得影响雨水进水口通水能力。

流量控制式雨水弃流设施的流量计应安装在管径最小的管道上。

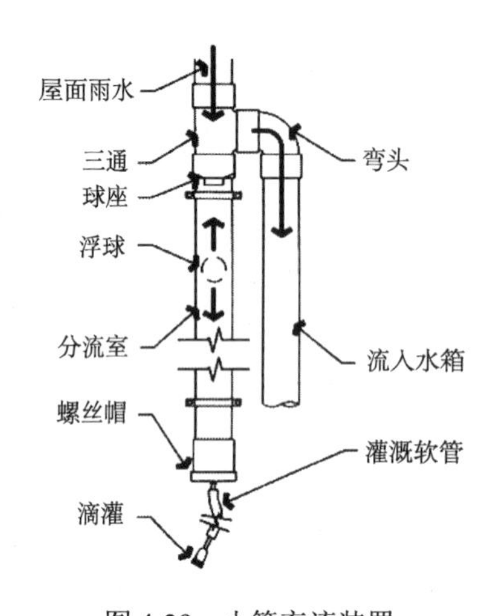


图 4-39　小管弃流装置

图片来源：*Examples of First Flush Diverters* [34]

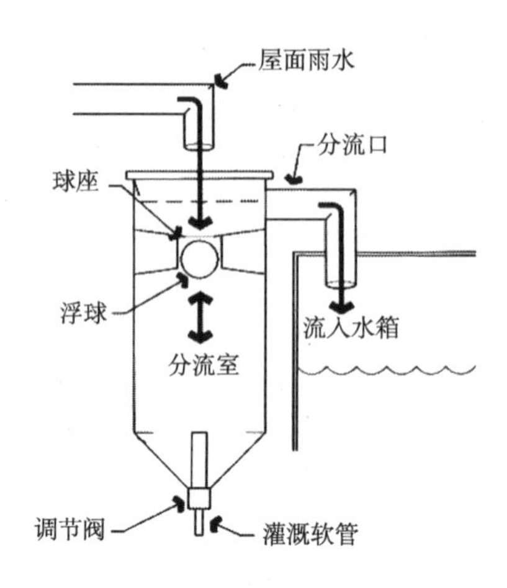


图 4-40　容积弃流装置

图片来源：*Examples of First Flush Diverters* [34]

初期径流弃流池在入口处应按设计要求设置可调节监测连续两场降雨间隔时间的雨停监测装置，并与自动控制系统联动。

自动控制弃流装置的电动阀、计量装置宜设在室外，控制箱宜集中设置，并宜设在室内。

初期雨水弃流设施也是其他海绵设施的重要预处理设施，同样适用于屋面雨水的雨落管、径流雨水的集中入口等海绵设施的前端。设置初期雨水弃流设施时，可集中设置，也可分散设置。图 4-41 为初期雨水弃流设施的系统示意图。

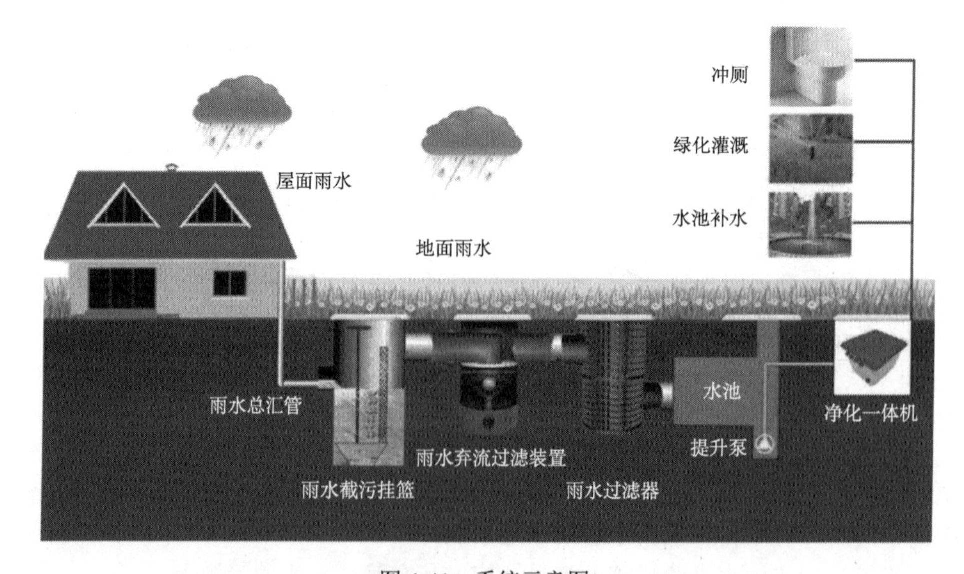


图 4-41　系统示意图

由于地面污染物的影响，路面径流水质一般明显比屋面的差，必须采用截污措施或初期雨水的弃流装置，一些污染严重的道路则不宜作为收集面来利用。在路面的雨水口处可以设置截污挂篮，也可在管渠的适当位置设其他截污装置。路面雨水也可以采用类似屋面雨水的弃流装置。也可把雨水检查井设计成沉淀井，主要去除一些大的污染物。井的下半部为沉渣区，需要定期清理。

截污挂篮大小根据雨水口的尺寸来确定，其长宽一般较雨水口略小 20～100mm，方便取出清洗格网和更换滤布；其深度应保持挂篮底位于雨水口连接管的管顶以上，一般为 300～600mm。截污挂篮上部必须要有溢流口，可防止因土工布堵塞、透水性能下降导致积水。雨水截污挂篮如图 4-42 所示。

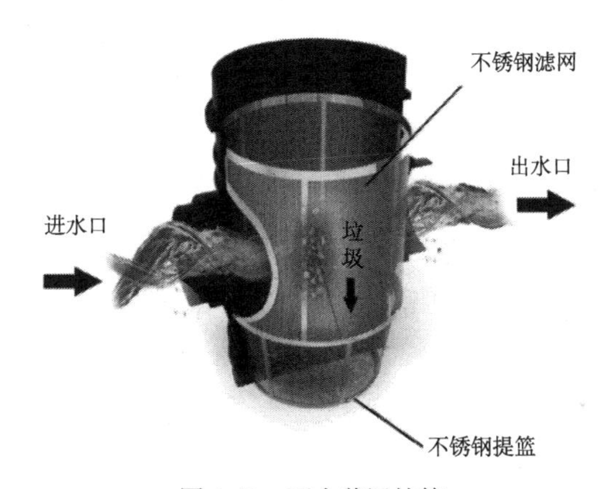


图 4-42　雨水截污挂篮

路面初期弃流式雨水口（图 4-43）带自动弃流装置和专用垃圾收集框，设置在道路上以取代常规的雨水口。利用初期雨水（暴雨前 20min）雨量小的特点，使其直接通过井底座底部的弃流口，将初期雨水直接排到污水管网中，待后期雨水量大时，

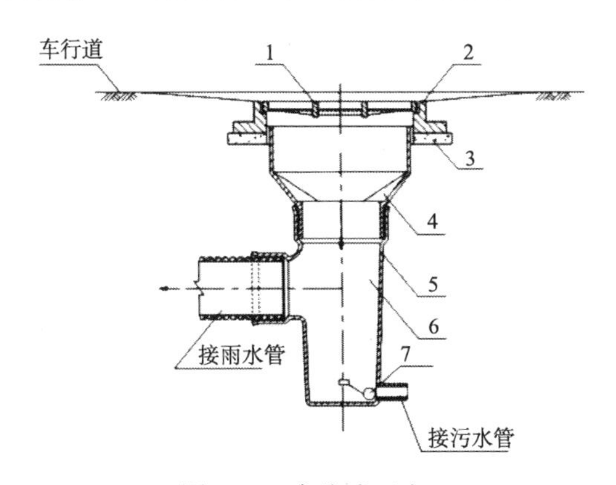


图 4-43　弃流式雨水口

1. 雨水篦子；2. 铸铁盖座；3. 褥垫层；4. 路面进水过渡接头/插口型；5. 井筒；6. 基座；7. 自动弃流装置

利用弃流口口径小的特点，使井室水位提高，装置自动将弃流口堵住，雨水从溢流口直接进入雨水管网。待一场雨结束，井内水位低于溢流口，装置自动打开弃流口，使井室内的积水通过弃流口排空，以迎接下一个循环。

# 4.4　湿塘施工技术

## 4.4.1　湿塘的基础知识

湿塘指具有雨水调蓄和净化功能的景观水体，雨水同时作为其主要的补水水源。湿塘有时可结合绿地、开放空间等场地条件设计为多功能调蓄水体，即平时发挥正常的景观及休闲、娱乐功能，暴雨发生时发挥调蓄功能，实现土地资源的多功能利用。湿塘平面和剖面典型构造示意图如图 4-44 所示。

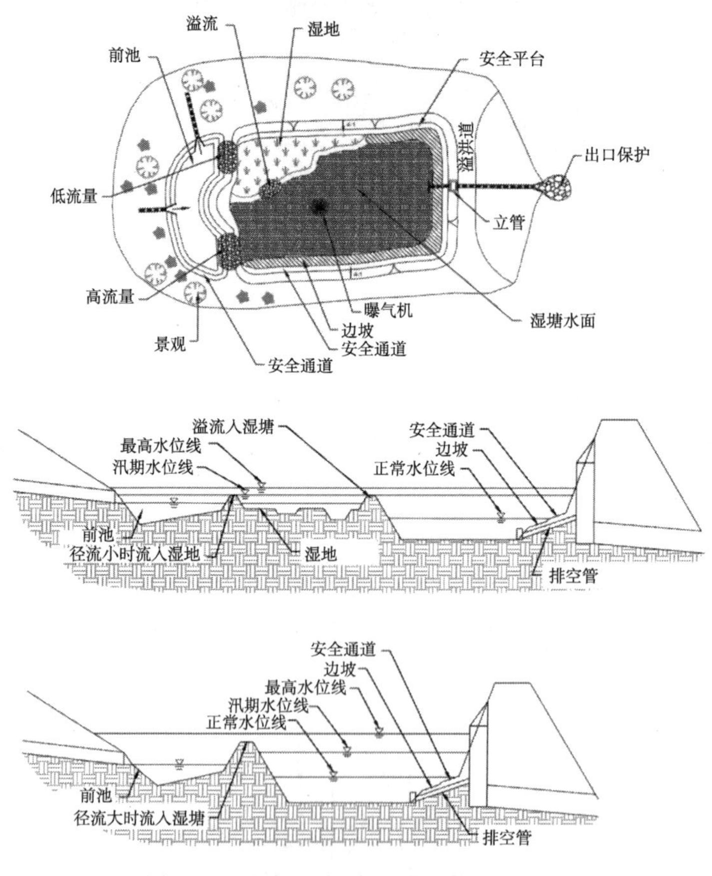


图 4-44　湿塘平面和剖面典型构造示意图

图片来源：Wet Pond[35]

湿塘设置有一个雨水控制结构，控制雨水排出速度小于雨水流入速度。湿塘与雨水湿地的构造相似，一般由进水口、前置塘、沼泽区、出水池、溢流出水口、护坡及驳岸、维护通道等构成。其常与雨水湿地合建并设计一定的调蓄容积。

湿塘可以有许多不同的形式，包括具有混凝土通道的湿塘、湿塘底部有沙尘过滤器的池塘和围绕边缘提供湿地栖息地的湿塘。湿塘实景图如图 4-45 所示。

图 4-45　湿塘实景图

### 4.4.2　湿塘的施工工序

湿塘应按图 4-46 所列工序施工。

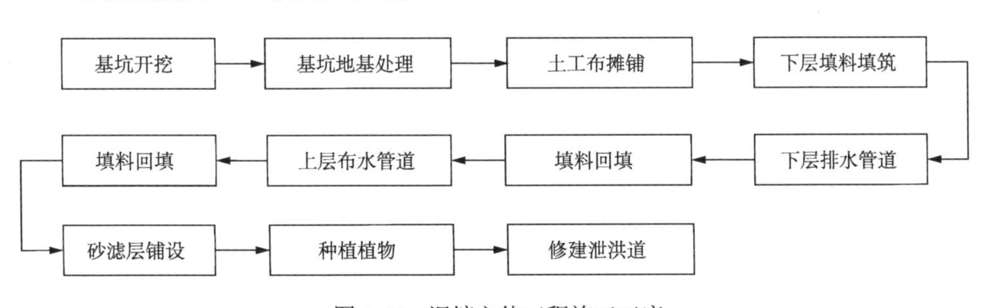


图 4-46　湿塘主体工程施工工序

湿塘具体施工内容及检查清单如表 4-14 所示。

**表 4-14　湿塘施工工序及检查清单**

| 施工内容 | 施工子项 | 检查情况 | |
|---|---|---|---|
| 1.施工前准备 | 1.1 对湿塘设施定位放样（包括预处理、沉淀设施）。标出警示范围，防止压实现状土壤。同时，要核实该区域土壤在其他工程实施时是否被压实过，或开展过其他工程 | | |
| | 1.2 对施工材料的性能和尺寸进行检查 | 进、排水管符合要求 | 是○ 否○ |
| | | 溢流管符合要求 | 是○ 否○ |
| | | 格栅符合要求 | 是○ 否○ |
| | | 碎石符合要求 | 是○ 否○ |
| | | 土工布符合要求 | 是○ 否○ |
| | | 滤砂符合要求 | 是○ 否○ |
| | | 放空管符合要求 | 是○ 否○ |
| | | 湿塘植物符合要求 | 是○ 否○ |
| | | 其他组件符合要求 | 是○ 否○ |
| | 1.3 核查施工设备是否符合设施施工要求 | 符合要求 | 是○ 否○ |
| | 1.4 召开施工准备会议 | | |
| | 1.5 场地清理 | 场地平整 | 是○ 否○ |
| | | 无树根、杂草、废渣、垃圾等 | 是○ 否○ |
| 2.地基工程 | 2.1 设施开挖尺寸和位置应符合设计要求 | | |
| | 2.2 湿塘应采取逐层开挖的方式 | | |
| | 2.3 开挖范围及深度内不得有地下水（说明：如出现地下水，则土方工程必须停止，并要求设计方修改方案） | | |
| | 2.4 地基平整、压实 | | |
| | 2.5 对土工布进行搭接，搭接部要用沙石盖好，以保持稳定 | | |
| | 2.6 前置塘、主塘的挖深、边坡坡度、底部地形，应符合设计要求 | | |
| | 2.7 建设配套施工道路 | | |
| 3.主体工程 | 3.1 合理布置市政进水口位置 | | |
| | 3.2 铺设溢流排水管（从溢流口铺设到市政排水点） | 材质符合要求 | 是○ 否○ |
| | | 直径符合要求 | 是○ 否○ |
| | | 相对排水口标高应为水平或正坡度 | 是○ 否○ |
| | 3.3 安装溢流口 | | |

续表

| 施工内容 | 施工子项 | 检查情况 | |
|---|---|---|---|
| 3.主体工程 | 3.4 溢流口周边设置缓冲保护措施 | | |
| | 3.5 地下排水管的终点或转折点设置清扫口或观察口（或按图纸要求设置） | | |
| | 3.6 水洗碎石或砾石要干净清洁（清洗两次），不得含有尘土泥沙 | 无尘土泥沙 | 是○ 否○ |
| | 3.7 铺设碎石 | | |
| 4.堤坝工程 | 4.1 填充材料 | 土壤力学测试符合要求 | 是○ 否○ |
| | | 视觉测试符合要求 | 是○ 否○ |
| | 4.2 堤坝回填 | | |
| | 4.3 回填最多 20cm 的土方，并且用机器压实 | | |
| | 4.4 土方压实 | | |
| | 4.5 设计高度、横截面坡度和上部宽度符合设计要求 | | |
| 5.种植工程 | 5.1 按照图纸，在池底和边坡进行植物种植 | | |
| 6.水土保持 | 6.1 进、排水口处采取碎石消能缓冲保护措施，防止冲刷侵蚀 | | |
| | 6.2 按照图纸，在湿塘入水口、出水口修筑防冲刷和护堤措施 | | |
| | 6.3 泄洪道应符合设计的标高和尺寸 | 符合要求 | 是○ 否○ |
| | 6.4 泄洪道要铺设碎石 | | |
| 7.后期工程 | 7.1 回填及拆除施工需要修建的道路、踏板等临时措施 | | |
| | 7.2 修建人工检修通道 | | |

### 4.4.3　湿塘的施工工法

1. 地基工程施工工法

基坑（槽）在地基处理前必须进行验槽，并按设计和勘探部门的要求处理完地基，办完隐检手续；应根据支护结构形式、挖深、地质条件、施工方法、周围环境、工期、气候和地面荷载等资料制定施工方案、环境保护措施、监测方案，经审批后方可施工。

应严格控制开挖的平面尺寸、基底高程和边坡坡度，开挖过程应做好侧壁边坡的安全措施。基坑（沟槽）施工应满足现行国家标准《建筑地基基础工程施工质量验收规范》（GB 50202—2002）[36]、《建筑边坡工程技术规范》（GB 50330—2013）[37]的相关规定。

在基坑（槽）或管沟工程等开挖施工中，现场不宜进行放坡开挖。当可能对邻近建（构）筑物、地下管线、永久性道路产生危害时，应对基坑（槽）、管沟进行支护后再开挖。

基坑（槽）、管沟的挖土应分层进行。在施工过程中基坑（槽）、管沟边堆置土方不应超过设计荷载，挖方时不应碰撞或损伤支护结构、降水设施。基坑（槽）、管沟土方施工中应对支护结构、周围环境进行观察和监测，如出现异常情况应及时处理，待恢复正常后方可继续施工。基坑（槽）、管沟开挖至设计标高后，应对坑底进行保护，经验槽合格后，方可进行垫层施工。对特大型基坑，宜分区分块挖至设计标高，分区分块及时浇筑垫层。必要时，可加强垫层。

基坑（沟槽）开挖完成后，应进行验收，基坑尺寸、基底的渗透性指标应满足设计要求。基坑（槽）、管沟土方工程验收必须以确保支护结构安全和周围环境安全为前提[38]。当有设计指标时，以设计要求为依据，如无设计指标时，应按表 4-15 按的规定执行。

**表 4-15　基坑变形的监控值**　　（单位：cm）

| 基坑类别 | 维护结构墙顶位移监控值 | 维护结构墙体最大位移监控值 | 地面最大沉降监控值 |
|---|---|---|---|
| 一级基坑 | 3 | 5 | 7 |
| 二级基坑 | 6 | 8 | 6 |
| 三级基坑 | 8 | 10 | 10 |

注：符合下列情况之一，为一级基坑：
①重要工程或支护结构做主体结构的一部分；
②开挖深度大于 10cm；
③与邻近建筑物、重要设施的距离在开挖深度以内的基坑；
④基坑范围内有历史建筑、近代优秀建筑、重要管线等需要加保护的基坑。
三级基坑为开挖深度小于 7m，且周围环境无特别要求时的基坑。除一级和三级外的基坑属二级基坑。
当周围已有设施有特殊要求时，应符合已有设施的要求。

前置塘为湿塘/人工湿地的预处理设施，起到沉淀径流中大颗粒污染物的作用[39]。

前置塘池底一般为混凝土或块石结构，便于清淤；当沉泥区采用混凝土时，混凝土强度等级宜在 C15 以上；当沉泥区采用块石时，石块规格尺寸宜大于 100mm×100mm。前置塘应设置清淤通道及防护设施，驳岸形式宜为生态软驳岸，边坡坡度（垂直∶水平）一般为 1∶2～1∶8；前置塘沉泥区容积应根据清淤周期和所汇入径流雨水的悬浮物（SS）污染物负荷确定。前置塘必须修建在稳定的地基上。

湿塘主塘一般包括常水位以下的永久容积和储存容积，永久容积水深一般为 0.8～2.5 m；储存容积一般根据所在区域相关规划提出的单位面积控制容积确定；

具有峰值流量削减功能的湿塘还包括调节容积，调节容积应在 24～48h 内排空；主塘与前置塘间设置水生植物种植区（即雨水湿地），主塘驳岸宜为生态型驳岸，边坡坡度（垂直∶水平）不宜大于 1∶6。

基坑开挖后，要求对地基进行回填压实平整，高差不应大于 2.5mm，无裂缝、无松土，表面无积水、无尖锐杂物，压实系数大于 80%。压实的方式有机械压实法和人工夯实法。

在气候干燥时，须采取加速挖土、运土、平土和碾压过程，以减少土的水分散失。

工程建设中，应对湿地底部和边坡 60cm 厚度的土壤进行渗透性测定。底部不得低于最高地下水位；若地下水位高于基坑（槽）底时，应采取排水措施，使地下水位经常保持在施工面以下 0.5m 左右，且 3d 内不得受水浸泡。

当原有土层渗透系数大于 $10^{-8}$m/s 时，应构建防渗层，敷设或者加入一些防渗材料以降低原有土层的渗透性。对于渗透系数小于 $10^{-8}$m/s 且厚度大于 60cm 的土壤，可直接作为湿塘的防渗层，可不需采用其他措施进行防渗处理。

当需要对地基进行防渗处理时，可选用下列材料：

（1）塑料薄膜：薄膜厚度宜大于 1.0mm，两边衬垫土工布，以降低植物根系和紫外线对薄膜的影响。宜优选 PE 薄膜，敷设时应按有关规定进行。

（2）水泥或合成材料隔板：应按建筑施工要求进行建造。

（3）黏土：如原有土壤含砂量较高、黏土含量较低、透水性好，应敷设 2 层黏土防渗层，每层厚度宜为 30cm；如原有土壤含砂量较低、黏土含量较高、透水性差，可敷设 1 层黏土防渗层，厚度宜大于 30cm。亦可将黏土与膨润土相混合制成混合材料，敷设 60cm 厚的防渗层，以改善原有土层的防渗能力。

地基工程施工时应注意妥善保护定位桩、细线桩，防止碰撞位移，并应经常复测；应合理安排施工顺序，配备有足够的照明设施，防止铺填超厚或配合比错误；灰土地基打完后，应及时进行下一步施工，否则应临时遮盖，防止日晒雨淋。

铺设防渗材料之前，地基必须按照设计的压实度和平整度进行平整、压实。防止不均匀沉降影响防渗效果，在水平推流湿地中造成水流不畅形成短路或局部积水，在使用管道布水的湿地中损坏管道。

地基工程主要施工工具有：蛙式打夯机、手推车、靠尺、耙子、平头铁锹、胶皮管、小线和木折尺等。

### 2. 植被工程施工工法

植被选择要求如下：

（1）沿湿塘/人工湿地周边密栽植被。这些植被一般为 3～4.5m 宽的条带，距永久水池表面约 15～30cm。除了提高湿塘的美观性，植被也可以通过多种方式提高系统的性能——吸收富集养分等可溶性污染物、防止坡面受到侵蚀以及阻挡水禽的干扰。

（2）植物的选择首选乡土植物，其次为能够建立健康的植物群落；植物要耐涝并适宜当地的土壤、天气等自然环境因素，此外，能容忍周期性淹没和增加与污染物接触的物种最好。还应提供适当的表土深度：建议的土壤厚度最小为15cm。

（3）边缘和沼泽植物：这些活水生植物应种植在3.8～11.3L容器中，种植后保持在几厘米水深。第一周不要完全淹没容器。茎受到浮力可能会漂出，只要水温为50℃，这些水生植物可以在3月初种植。边缘植物通常需要根部至少有5～15cm的水。

（4）浮水植物：浮水植物的繁殖器官如种子、块根等比较粗壮，储存了足够的营养物质，在春季发芽时能够供给幼苗生长直至达到水面。不需要种植，根系广泛，为水中的鱼提供隐藏和产卵区，同时起遮阴作用，能遏制氧气和藻类。但每个季节都要更换。菱的种植以撒播种子最为便捷，初夏季节移植幼苗效果也较好，只是移植时幼苗一定要大于水深。

（5）沉水植物：沉水植物的生长期大部分时间在水下，因而对水深和水下光照条件的要求较高。应该从水浅的岸边开始，并在低水位季节进行。

（6）块根块茎类植物：湿生植物的块茎式根茎可直接种在湿地中一定深处，多留一截茎秆露出湿地面以利于植物的呼吸。种苗应壮实、根系发达，没有病害。种植需注意水温，移栽要在块根春季打破休眠之前完成。

植被工程施工工法如下：

（1）种植前将床体上的垃圾杂物清理干净，保证床表碎石均匀致密。

（2）植物种植时应遵循挖坑、布苗、回填三个步骤。栽植深度以不漂起为原则，植物根系控制在20～30cm。若根茎芽不埋入基质内，容易抽芽后不入基质而在水中生长。对于块茎和根状茎植物，如慈姑，在种植时需保证种植坑有足够的深度。

（3）在挖好的坑里，放入预先准备好的植株、休眠根茎或块茎。种植时要用基质压紧压好，以免水流冲刷而使栽植的根茎漂出水面。如果基质太过柔软，使放入的植物产生浮力，则需要对植物进行锚定。

（4）植物布苗密度为每平方米3～4株，可采用穴植、沟植、面植等方法。

（5）挺水植物布苗后，必须有三分之一以上茎秆挺出水面。

（6）浮水植物一般采用种子、块根、幼苗移植等方法，种子、块根、幼苗移植时必须要沉于水面以下。

（7）沉水植物布苗应从水浅的岸边开始，并在低水位季节进行。

（8）植物种植施工要选在多晴少雨的季节进行，一般为在植物适宜种植的八九月份。水生植物在生长季节也可移栽，但要摘除一定量的叶片，不要失水时间过长。生长期中的水生植物如需长途运输，则宜存放在装有水的容器中。

（9）植物一般宜在下午实施种植，完毕后就近采用潜水泵抽水浇灌养护，养护不得小于 7d。在全部工程完工后，应利用出水井内竖管保护床体水位，等植物成活后再逐步降低至设计常水位。

（10）植物种植时，应搭建操作架或铺设踏板，严禁直接踩踏人工湿地。

（11）湿地试运行时，要严格控制水位。运行初期，应保持介质湿润，介质表面不得有流动水体；植物生长初期，应保持池内一定水深，但不宜过深，一般水深控制在 2.5～5cm；当 2～3 个月以后，植物长至 10cm 以上时，水位可以提高，但不能长时间淹没植物。

（12）为防止动物挖掘块茎和根状茎，可在基质表面围上铁丝网。

（13）当植物覆盖率低于 90%时，需考虑补种。

植被工程主要施工工具有：卷尺、铁锹（小）、木折尺、输水管、潜水泵、细线等。

### 3. 溢洪道工程施工工法

在修筑溢洪道之前翻松堤坝地基。使用旋转式耕耘机、耕地圆盘或类似的设备松土，深度为 20～25cm。溢洪道应为清洁、稳定的矿质土壤，不得含有机物、根、木本植被、岩石等碎屑。需控制土料含水量，检验方法为：用手将灰土紧握成团，两指轻捏即碎为宜。当含水量过大时，应采取翻松、风干、晾干、换土回填、掺入干土或其他吸水性材料等措施；当土料过干时，则应预先洒水润湿，也可采取增加压实遍数或使用大功率压实机械压实等措施。将渗透率最大的土壤置于下游坝趾，渗透率最小的土壤置于坝的中心部分。

溢洪道填方的边坡坡度应根据填方高度、土的种类及其重要性在设计中加以规定。当没有设计规定时，按表 4-16 处理。

**表 4-16　填方边坡的高度限值**

| 土的种类 | 填方高度/m | 边坡坡度 |
| --- | --- | --- |
| 轻微风化、尺寸大于 40cm 的石料，其边坡分排整齐 | ＜5 | 1∶0.50 |
| | 5～10 | 1∶0.65 |
| | ＞10 | 1∶1.00 |
| 轻微风化、尺寸大于 25cm 的石料，边坡用最大石块、分排整齐铺砌 | ＜12 | 1∶1.50～1∶0.75 |
| 轻微风化、尺寸 25cm 内的石料 | ＜6 | 1∶1.33 |
| | 6～12 | 1∶1.50 |
| 黏土类土、黄土、类黄土 | 6 | 1∶1.50 |
| 粉质黏土、泥灰岩土 | 6～7 | 1∶1.50 |

续表

| 土的种类 | 填方高度/m | 边坡坡度 |
| --- | --- | --- |
| 中砂或粗砂 | 10 | 1∶1.50 |
| 砾石或碎石土 | 10～12 | 1∶1.50 |
| 易风化的岩土 | 12 | 1∶1.50 |

注：当填方高度超过本表规定限值时，其边坡可做成折线形，填方下部的边坡坡度应为1∶1.75～1∶2.00。

用黄土或类黄土填筑时，其边坡坡度可参考表4-17。

**表4-17　黄土或类黄土填筑重要填方的边坡坡度**

| 填土高度/m | 自地面起高度/m | 边坡坡度 |
| --- | --- | --- |
| 6～9 | 0～3 | 1∶1.75 |
|  | 3～9 | 1∶1.50 |
| 9～12 | 0～3 | 1∶2.00 |
|  | 3～6 | 1∶1.75 |
|  | 6～12 | 1∶1.50 |

堤长超过20～25cm的土壤连续层需进行压实。可以采用的方式有：通过在坝上行驶施工车辆以进行压实，需进行分层压实；不能采用履带式施工设备，因其不能提供足够的压实/碾压力。

溢流管施工需要注意以下要点：

（1）清理沉淀池以促进沉淀物的清除。

（2）将溢流管和溢流竖管置于坚固的基础上。

（3）在管子的周围放10cm厚的湿润黏土，用手夯压实，至少达到地基土壤应有的密度。在管道下方压实时，不要将管子从地基上抬起。不可用沙子、砂砾或淤泥这样的不透水材料来替换黏土。

（4）在竖管顶部30cm的长度范围内穿孔，孔的直径为1cm，孔间距7.5cm。

（5）设置溢流竖管的顶部高程，以允许滞留池能存储的径流的最高处高于30cm穿孔区域最顶端1cm直径的小孔，或根据施工图设置溢流竖向顶部标高。

（6）将溢流竖管嵌入混凝土中至少30cm（作为防浮块）。

（7）混凝土的重量应能平衡作用在立管上的浮力。

（8）溢流竖管的底部需包围清洗干净并均匀分级或大小均匀的石头，石头高度为0.6m。

（9）在溢流竖管入口周围放置一个拦污栅（拦污设施）。拦污栅应该有10～15cm的正方形开口。

（10）在管道出口要安装至少宽1.5m、长3m的抛石或混凝土护坦以稳定管道。

（11）有槽或有V形溢水口的槽式溢洪道可用来代替主溢洪道的立管和管道（水平渗排管）。

（12）溢流管周边的填充物需用手夯实，避免使用施工车辆压实，以免压碎管道。

# 第 5 章　低影响开发调节设施施工技术

低影响开发调节设施是指低影响开发“蓄、滞、渗、净、用、排”中主要以“滞、排”为主的设施，包括调节塘、调节池。低影响开发调节设施的主要功能是削减峰值流量，延缓峰值，功能较为单一。施工关键点是同雨水管渠的同步施工，以及同雨水管渠的衔接，易于接入和超标雨水的溢流设置。

## 5.1　调节塘施工技术

### 5.1.1　调节塘的基础知识

调节塘，也称干塘，是人造的洼地，以削减峰值流量功能为主，同时净化雨水中的漂浮污染物及有害粒子，一般由进水口、调节区、出口设施、护坡及堤岸构成，也可通过合理的设计使其具有渗透功能，起到一定的补充地下水作用。调节塘可种植水生植物降低径流流速、提升净化效果，起到净化雨水的作用。调节塘可有效削减峰值流量，建设及维护费用较低，但其功能较为单一，宜利用下沉式公园及广场等与湿塘、雨水湿地合建，构建多功能调蓄水体。调节塘适用于建筑与小区、城市绿地等具有一定空间条件的区域，若塘底具备渗透功能，应距离建筑水平距离不小于 3m，距地下水位高度不小于 1m。底部有砂过渡器的调节塘实景图如图 5-1 所示。

图 5-1　底部有砂过滤器的调节塘实景图

调节塘、湿塘都是控制地面径流的设施，但两者有较大不同。调节塘更简单，只在下雨时有水，用于在短时间内保持水，然后允许水排放到附近的水流中。在晴天时，一个干池看起来像一个大的草地低地区。下雨的时候，池塘里充满了水，持水 48～72h，使沉积物和污染物沉淀。调节塘允许雨期暂时滞留雨水至降雨结束，再以可控的速度向下游水体排空滞留的水体，并且能通过沉淀池去除一部分污染物，又能通过生物摄取，例如通过植物吸收过量磷等营养物质，因此调节塘也被称为拘留池。湿塘的不同之处在于拥有一个永久水池，保留较长时间的水，因此湿塘也被称为保留池。

调节塘内的种植土壤层厚度最少为 15cm，土壤采用优质的壤土或砂质壤土，土壤基质中有机质含量为 30%，用于溶解金属或粪便中的大肠菌群。干塘内需要采用泥芯，保证设施能承受较大的压力和渗透力。

### 5.1.2　调节塘的施工工序

调节塘施工工序同雨水湿地，具体施工内容及检查清单如表 5-1 所示。

**表 5-1　调节塘施工工序及检查清单**

| 施工内容 | 施工子项 | 检查情况 | |
|---|---|---|---|
| 1.施工前准备 | 1.1 对调节塘设施定位放样（包括预处理、沉淀设施）。标出警示范围，防止压实现状土壤。同时，要核实该区域土壤在其他工程实施时是否被压实过，或开展过其他工程 | | |
| | 1.2 对施工材料和产品的性能和尺寸进行检查 | 进、排水管符合要求 | 是○ 否○ |
| | | 溢流管符合要求 | |
| | | 格栅符合要求 | 是○ 否○ |
| | | 碎石符合要求 | 是○ 否○ |
| | | 土工布符合要求 | 是○ 否○ |
| | | 滤砂符合要求 | 是○ 否○ |
| | | 放空管符合要求 | 是○ 否○ |
| | | 湿塘植物符合要求 | 是○ 否○ |
| | 1.3 核查施工设备是否符合设施施工要求 | 其他组件符合要求 | 是○ 否○ |
| | | 符合要求 | 是○ 否○ |
| | | 有临时除水工具 | 是○ 否○ |
| | 1.4 召开施工准备会议 | | |
| | 1.5 场地清理 | 场地平整 | 是○ 否○ |
| | | 无树根、杂草、废渣、垃圾等 | 是○ 否○ |
| 2.地基工程 | 2.1 设施开挖尺寸和位置应符合设计要求 | | |

续表

| 施工内容 | 施工子项 | 检查情况 | |
|---|---|---|---|
| 2.地基工程 | 2.2 湿塘应采取逐层开挖的方式 | | |
| | 2.3 采取侧挖法，以避免对现状土壤的压实 | | |
| | 2.4 开挖范围及深度内不得有地下水（说明：如出现地下水，则土方工程必须停止，并要求设计方修改方案） | | |
| | 2.5 切沟要保证在地基以下最少 1.2m，同时在预留水管位置以下最少 1.2m 的距离。切沟的边坡斜率应该小于 1∶1 | | |
| | 2.6 切沟回填 | | |
| | 2.7 干塘的挖深、边坡坡度、底部地形，应符合设计要求 | | |
| | 2.8 建设配套施工道路 | | |
| 3. 主体工程 | 3.1 合理安装进水口 | | |
| | 3.2 铺设地下管道 | 材质符合要求 | 是○ 否○ |
| | | 直径符合要求 | 是○ 否○ |
| | | 相对排水口标高应为水平或正坡度 | 是○ 否○ |
| | 3.3 回填 | 回填土至少 20cm | 是○ 否○ |
| | | 防渗漏组件上方回填土至少 5cm | 是○ 否○ |
| | 3.4 安装溢流口 | | |
| | 3.5 溢流口周边设置缓冲保护措施 | | |
| | 3.6 地下排水管的终点或转折点设置清扫口或观察口（或按图纸要求设置） | 接口安装在稳定的地基处 | 是○ 否○ |
| | 3.7 水洗碎石或砾石要干净清洁（清洗两次），不得含有尘土泥沙 | 无尘土泥沙 | 是○ 否○ |
| | 3.8 铺设碎石 | | |
| 4.堤坝工程 | 4.1 填充材料 | 土壤力学测试符合要求 | 是○ 否○ |
| | | 视觉测试符合要求 | 是○ 否○ |
| | 4.2 堤坝回填 | 回填最多 20cm 的土方，并且用机器压实 | 是○ 否○ |
| | | 土方压实 | 是○ 否○ |
| | | 设计高度、横截面坡度和上部宽度符合设计要求 | 是○ 否○ |
| 5.种植工程 | 5.1 种子配置并混合播撒 | | |
| | 5.2 地表合理地进行植苗前修整及养护 | | |
| | 5.3 采用草垫或者其他材料铺盖 | | |

续表

| 施工内容 | 施工子项 | 检查情况 | |
|---|---|---|---|
| 6.水土保持 | 6.1 进、排水口处采取碎石消能缓冲保护措施，防止冲刷侵蚀 | | |
| | 6.2 按照图纸，在湿塘入水口、出水口修筑防冲刷和护堤措施 | | |
| | 6.3 泄洪道应符合设计的标高和尺寸 | 符合要求 | 是○ 否○ |
| | 6.4 泄洪道要铺设碎石 | | |
| 7.后期工程 | 7.1 回填及拆除施工需要修建的道路、踏板等临时措施 | | |
| | 7.2 修建人工检修通道 | | |

### 5.1.3　调节塘的施工工法

调节塘的施工工法同湿塘。

## 5.2　调节池施工技术

### 5.2.1　调节池的基础知识

调节池通常位于城市雨水管渠系统中，用于削减管渠峰值流量，但其功能单一，建设及维护费用较高。根据调节池与雨水管系的关系，调节池有在线式和离线式之分，通常设有溢流设施。不同类型调节池特征如表 5-2 所示，在线式和离线式调节池的示意图如图 5-2 所示。

**表 5-2　不同类型调节池特征一览表**

| 调节池类型 | 特点 | 常见作法 | 适用条件 |
|---|---|---|---|
| 在线式调节池 | 一般仅需一个溢流出口，管道布置简单，漂浮物在溢流口处易于清除，可重力排空，但池中水与后来水发生混合。为了避免池中水被混合，可以在在线调蓄池的入口前设置旁通溢流。该方式的漂浮物容易进入池中 | 可以做成地下式、地上式或地表式 | 根据现场条件和管道负荷大小等经过技术经济比较后确定 |
| 离线式调节池 | 管道水头损失小；离线式可将溢流井和溢流管设置在入口上 | | |

调节池一般设置在雨水干管（渠）或有大流量交汇处，或靠近用水量较大的地方，尽量使整个系统布局合理，减少管（渠）系的工程量。

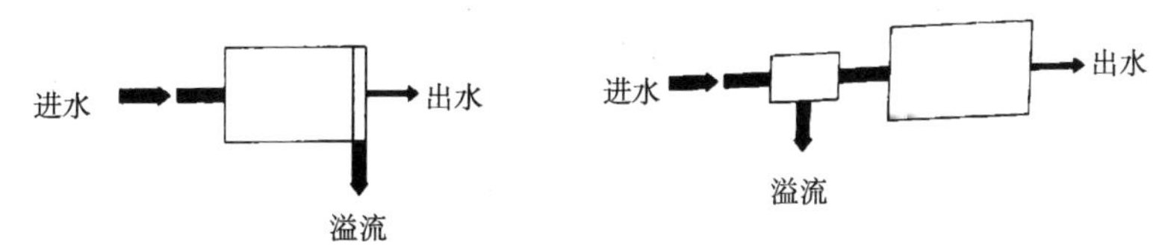


（a）调节池上设有溢流的在线贮存　（b）调节池入口前设有溢流的在线贮存

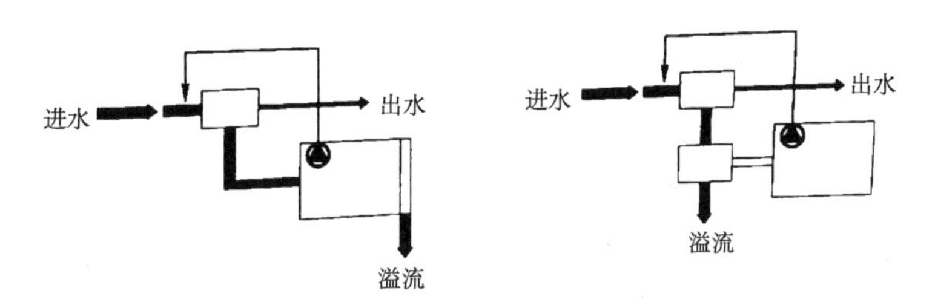


（c）调节池上设有溢流的离线贮存　（d）调节池入口前设有溢流的离线贮存

图 5-2　在线调节池和离线调节池示意图

图片来源：《城市雨水利用技术与管理》[40]

### 5.2.2　调节池的施工技术

调节池可同排水管道同步施工，具体施工工序和施工技术可参见《给水排水管道工程施工及验收规范》（GB 50268—2008）[41]。

# 第 6 章　低影响开发转输设施施工技术

低影响开发转输设施是指低影响开发“蓄、滞、渗、净、用、排”中主要以“排”为主的设施，包括植草沟、渗透管、渗透渠。低影响开发转输设施的主要功能是排放雨水，同时可作为其他各单项低影响开发设施间的转输连接管，转输流速不可过小，也不可过大，施工关键点是控制坡度，若坡度过大，需设置消能坎。低影响开发转输设施可在施工期间作为降雨的雨水临时输水通道，施工关键点是一旦降雨停止后，需重新进行场地平整，不能有低凹处，以避免积水。

## 6.1　植草沟施工技术

### 6.1.1　植草沟的基础知识

植草沟指种有植被的地表沟渠，可收集、输送和排放径流雨水，并具有一定的雨水净化作用，可用于衔接其他各单项设施、城市雨水管渠系统和超标雨水径流排放系统。植草沟适用于城市道路和小区道路两侧、地块边界或不透水铺装地面周边，也可用于连接生物滞留设施、下沉式绿地、渗透塘等单个低影响开发设施的连接设施或预处理设施。

植草沟利用植被与和浅层缓流相结合对水流进行处理。当水流流经植被时，一方面，通过过滤、渗透、沉降综合作用将污染物（包括雨水中的沉积物和油性物质）去除；另一方面，当雨水流经植草沟时，还可以降低流速。植草沟可以有效地减少悬浮固体颗粒和有机污染物，植草沟的去除率同水力停留时间和植草沟长度有密切联系。图 6-1 为植草沟用于集水井预处理设施的设计图。30m 的植草沟对 SS、碳氢化合物、TP、金属的去除率分别为 60%、50%、45%、2%～16%，一般设计时植草沟长度不宜小于 30m[42]。图 6-2 和图 6-3 分别为植草沟用于小区海绵城市改造工程和停车场改造工程示意图。

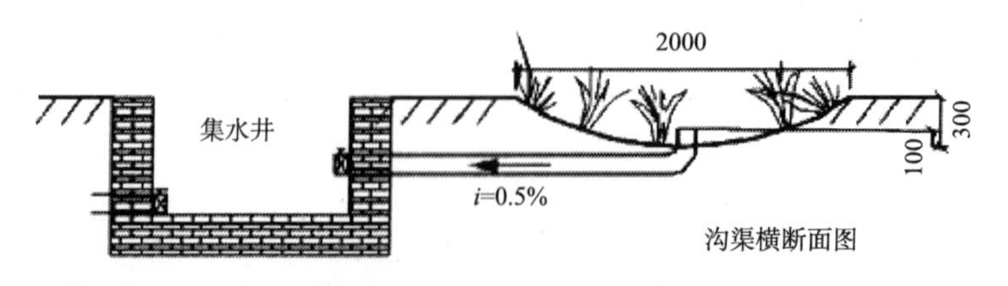


图 6-1　植草沟用于集水井预处理设施设计图（单位：mm）

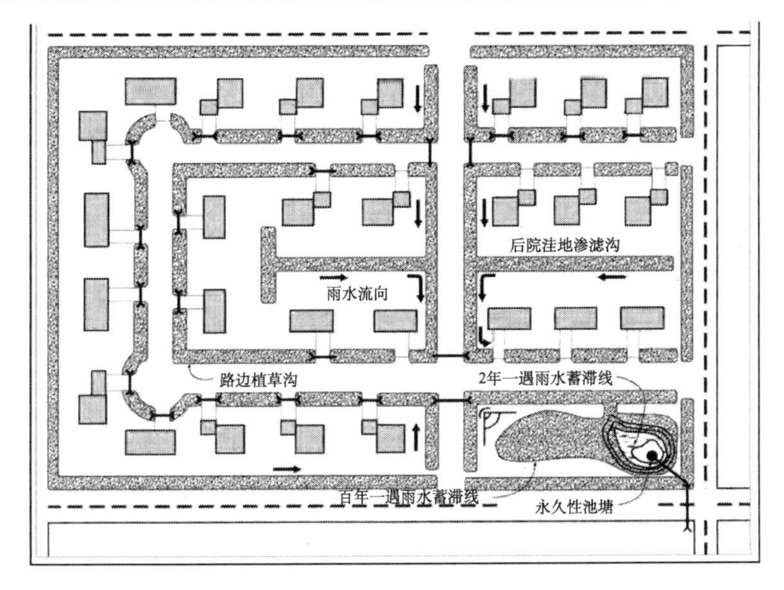


图 6-2　植草沟用于小区海绵城市改造工程

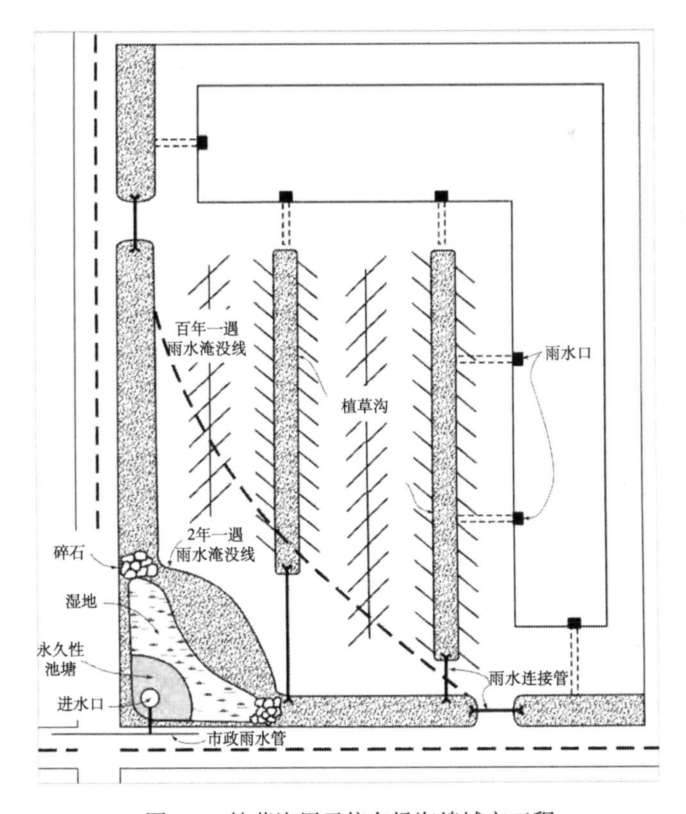


图 6-3　植草沟用于停车场海绵城市工程

植草沟分为渗透型的干式植草沟（图 6-4）和常有水的湿式植草沟（图 6-5）。干式植草沟通过让径流下渗，起到控制流量、净化水质的效果；干式植草沟的构造类似生物滞留设施，需要置换原土，敷设碎石层和排水管；如果场地土壤渗透性较差，则往往通过设置砂滤层和雨水管，让雨水径流先得到净化过滤，再通过雨水管排走。所谓湿式植草沟，是指植草沟中长期有水，水中种植有水生植物。雨水通过沼泽样的植草沟，悬浮固体颗粒物、有机污染物、大小垃圾和杂质都会被截留，不会像常规雨水管涵一样，留在沉淀井中或管涵中。湿式植草沟的构造类似湿塘。

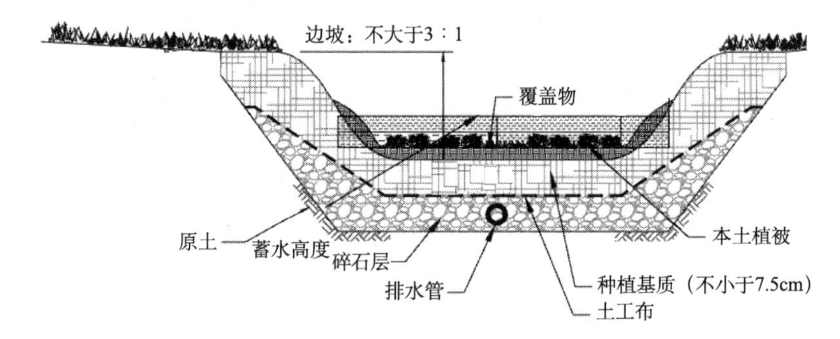


图 6-4　典型干式植草沟剖面示意图

图片来源：*VDOT BMP Design Manual of Practice*[43]

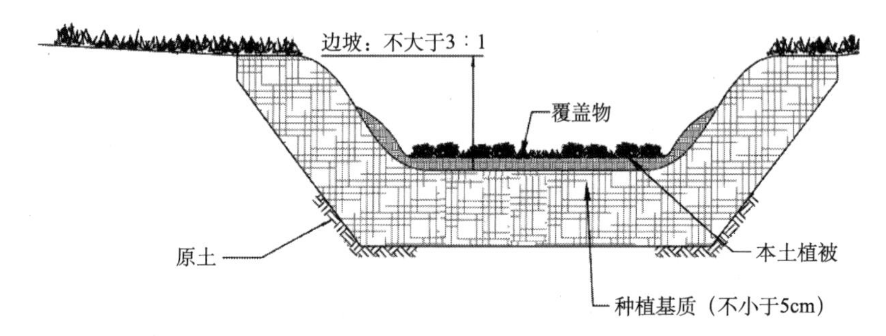


图 6-5　典型湿式植草沟剖面示意图

图片来源：*VDOT BMP Design Manual of Practice*[43]

植草沟在不同强度的降雨中起着不同的作用，当降雨强度较小时植草沟以下渗作用为主，植草沟基本为常水位状态或干式状态；当降雨强度逐渐增大，随着下渗能力变弱，水位逐渐上升，植草沟以转输径流的作用为主。植草沟能削减10%～20%的径流峰值，设计时硬化地面同植草沟的面积比宜为 100∶1。图 6-6 为植草沟在不同强度降雨情况下，不同水位线剖面示意图。图 6-7 为植草沟实景图。

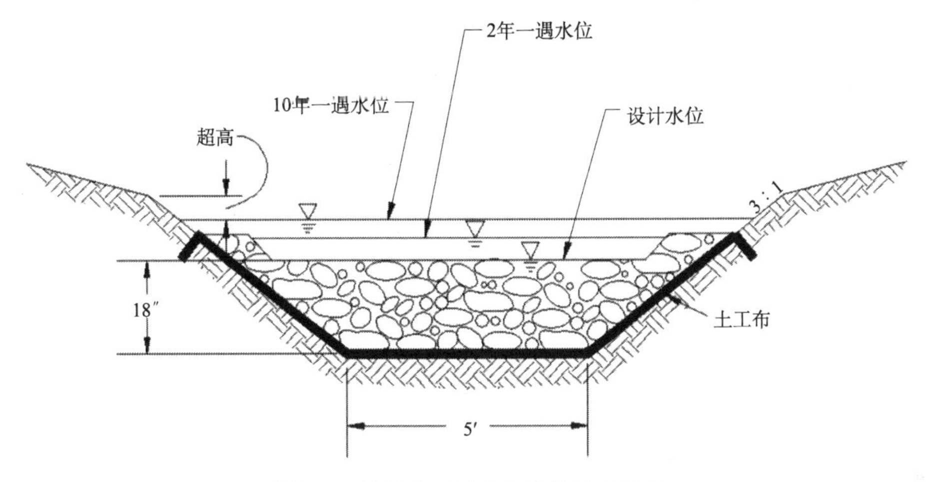


图 6-6　植草沟不同水位线剖面示意图

图片来源：*VDOT BMP Design Manual of Practice*[43]

图 6-7　植草沟实景图

当沟底纵坡较大（>2%）时，植草沟可设计垂直于水流方向的消能坎或将植草沟设计成阶梯状（图 6-8），用于控制沟内水流流速不至于过快而冲刷植草沟[43]。消能坎顶高度过高，则植草沟过水能力不足，过低则水流流速过快。

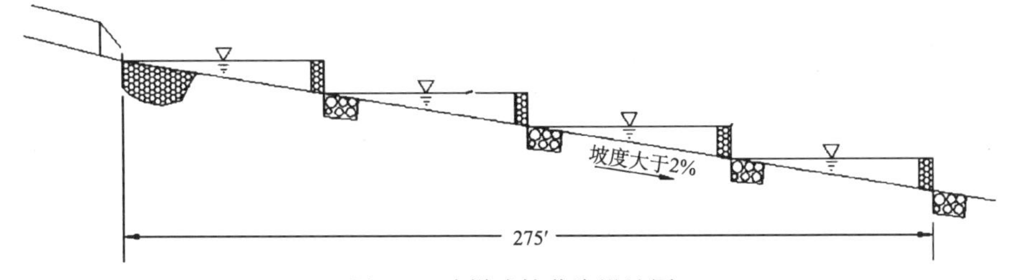


图 6-8　阶梯式植草沟设计图

图片来源：*VDOT BMP Design Manual of Practice*[43]

### 6.1.2　植草沟的施工工序

植草沟按图 6-9 所列工序施工。

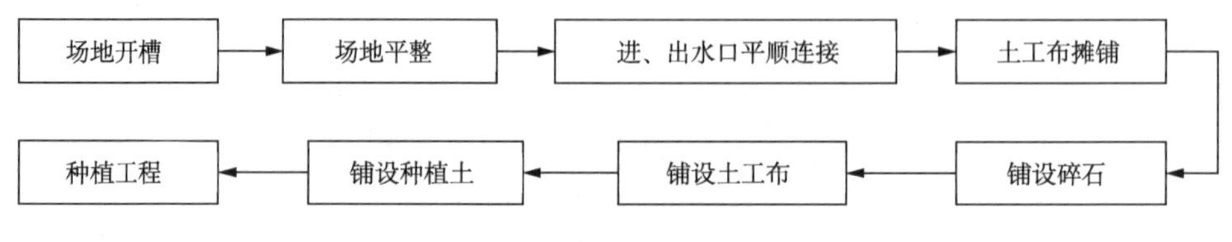


图 6-9　植草沟施工工序

植草沟具体施工内容及检查清单如表 6-1 所示。

**表 6-1　植草沟施工内容及检查清单**

| 施工内容 | 施工子项 | 检查情况 | |
|---|---|---|---|
| 1.施工前准备 | 1.1 放线。确定植草沟施工范围（包括前置处理设施范围），注意避免设备压实现有土壤结构 | | |
| | 1.2 在施工前要确定上游排水区域是否稳定，若不稳定，则需要引流到其他区域 | | |
| | 1.3 前置处理设施类型 | 草坡过滤带 | |
| | | 碎石或卵石渗透层 | |
| | | 碎石或卵石水平溢流堰 | |
| | | 前沉淀池 | |
| | | 拦沙坝（如在设计规划中有此项目） | |
| | 1.4 确保挖掘设备立于植草沟外侧实施挖掘，不要让挖掘设备立于植草沟内压实底部土壤 | | |
| | 1.5 召开施工准备会议 | | |
| | 1.6 场地清理 | | |
| | 1.7 场地排水 | | |
| 2.土方开挖 | 2.1 根据施工图进行土方开挖，尺寸和位置都应符合施工图标准 | | |
| | 2.2 挖掘设备应立于植草沟外侧，以防压实植草沟底部土壤 | | |

续表

| 施工内容 | 施工子项 | 检查情况 | |
|---|---|---|---|
| 2.土方开挖 | 2.3 开挖范围及深度内不得有地下水（说明：如出现地下水，则土方工程必须停止，并要求设计方修改方案） | 无地下水 | 是○否○ |
| 3.主体工程 | 3.1 铺设植草沟盲管（根据需要） | | |
| | 3.2 进、出水口需同市政系统平顺连接 | | |
| | 3.3 搭接土工布 | | |
| | 3.4 铺设碎石 | | |
| | 3.5 铺设种植土 | | |
| 4.种植工程 | 4.1 在植草沟底部和侧边按施工图种植 | | |
| | 4.2 保证种子的萌发率在90%以上 | | |
| 5.水土保持 | 5.1 在图纸指定位置安装防侵蚀垫 | | |
| | 5.2 护坡（根据需要） | | |
| | 5.3 出水口需要做出水口保护措施 | | |
| | 5.4 安装拦沙坝 | | |

### 6.1.3　植草沟的施工工法

1. 土方开挖、回填和平整

（1）挖掘开始前划定植草沟平整的范围。与此同时应设置桩柱和临时施工围栏等临时侵蚀控制措施。沿着场地周边安装淤泥栅栏，以防止沉淀物在施工过程中进入周边场地。淤泥栅栏应安装在均匀的高度使水流无法绕过端部。沿下游水体周边安装重型淤泥栅栏，防止沉积物污染。在施工过程中沿着施工区域的周边安装重型淤泥栅栏，以阻止此区域的交通。当淤泥沉积物达到淤泥栅栏高度的30%时，需移除。在清洁过程中应注意避免栅栏被破坏。当防护网织物出现崩塌、撕裂、分解或其他问题，导致防护网织物无法发挥正常功能，应在发现后24h内予以更换。

土方开挖的尺寸、位置和深度均应根据施工图要求，沟底不得超挖，不得虚土贴底、贴坡。植被草沟断面为梯形或三角形时，其边坡（水平：竖直）应大于3：1，边坡不得小于2：1。

土方开挖出的材料应堆放在正确场所，用于回填的材料可以暂时存放在临时储存区。

（2）如果植草沟在施工期间遇到降雨，可用于临时地表径流输送，临时输送径流植草沟可转流的径流量低于正常情况下使用的植草沟。一旦降雨停止后，需重新进行场地平整，不能有低凹处，以避免积水。如果降雨量过大，超过临时植草沟的运转能力，造成水土流失，需要重新开挖回填，稳定土方。场地重新平整后，再进行种植植被等后续工序后，以确保植草沟功能正常。不同区域植草沟径流转输能力不相同，详见表 6-2 所示。

**表 6-2　植草沟设计转输径流量**

| 植草沟类型 | 适用场地 | 转输径流频率 |
|---|---|---|
| 临时性 | 正在施工区 | 2 年一遇 |
| | 建筑工地 | 5 年一遇 |
| 永久性 | 农业用地 | 10 年一遇 |
| | 矿山复垦区 | 10 年一遇 |
| | 游乐场区 | 10 年一遇 |
| | 建筑密集区 | 10 年一遇 |
| | 居住区 | 10 年一遇 |
| | 工业区 | 10 年一遇 |

如果雨水径流在流入植草沟前有预处理设施，则需要预处理设施完工后，植草沟才能发挥正常使用功能。

植草沟施工宜选在非雨季完成，防止暴雨导致植草沟未施工完成而造成水土流失。植草沟所有的施工过程必须在两场暴雨间隙完成，避免暴雨造成水土流失。

（3）当沟底纵坡较大（＞2%）时，为了控制沟内水流流速不至于过快而冲刷植草沟，应设计植草沟消能坎。消能坎顶高度过高，则植草沟过水能力不足，过低则水流流速过快。消能坎顶高程应符合设计要求，高度过高，植草沟过水能力不足，过低则水流流速过快。

（4）植草沟的平整应使用低影响开发移动设备完成，以防止下层土壤的压实，建议使用宽轨车辆。挖掘设备应从洼地的一侧操作并且禁止在底部操作，其他施工机械进场时或设备停放区域尽量在植草沟红线外围。

如果挖掘或其他措施导致基础被大量压实，则被压实的表土（一般为 5cm 的表土）需被移除，用表土和沙子混合物替换，以增加土壤的渗透率，加快雨水径流的下渗速度。

（5）回填土应置于植草沟中并达到规定的深度（高程），回填土由 40%半粗砂，30%的 MnDOT 2 级堆肥和 30%的天然表土混合物组成。当植草沟考虑雨水下渗（如干式植草沟），种植土的渗透系数应大于 $5\times10^{-6}$m/s；不考虑雨水下渗时（如湿式植草沟），其渗透系数应小于 $1\times10^{-8}$m/s。

（6）每进行施工工序中的下一步，需要从植草沟中除去沉积物及排除积水。

（7）当所有施工工序完毕后，且植草沟已经稳定，移除临时侵蚀控制措施。

（8）施工完毕后，需要进行降雨模拟，若出现侵蚀，则需要找出原因，并立即进行维修，直至降雨验收合格。

2. 暗渠施工

植草沟可设置地下穿孔管排水，穿孔管的开孔率、包封措施应满足设计要求。穿孔管（暗渠）应直接铺设在砾石床上。平整和校准的误差在 9mm 之内。一旦管道安装妥当，管道四周应用土工布包裹，土工布渗透率应不小于 4L/min。

管道四周用砾石覆盖，砾石规格根据设计要求或符合表 6-3 的要求。砾石孔隙率宜为 35%～45%，有效粒径宜大于 80%。砾石应深度清洁，冲洗砾石，管道底部砾石厚度在 0.3～0.9m，管道两侧的砾石应具有均匀的深度。砾石用平板轻轻夯实。

**表 6-3　砾石规格**

| 筛子尺寸/cm | 通过百分比/% |
|---|---|
| 50 | 100 |
| 38 | 85～100 |
| 25 | 30～60 |
| 1.3 | 0～10 |

植草沟的进、出水口应与周边排水设施平顺衔接。当进、出水口坡度较大时应设置碎石或其他消能缓冲措施。

3. 植物种植

植草沟宜种植密集的草皮，植被厚度对植草沟流量的延缓程度不同，植被越厚，阻力越大，粗糙系数 $n$ 越大。植草沟土壤不得裸露，防止雨水冲刷沟体；植被高度应适当，过低则雨水净化能力小，过高则影响过水能力，高度一般控制在 100～200mm。

植草沟植被选择要求如下：

（1）草种应耐旱、耐淹，恢复力较强，并能在薄砂和沉积物堆积的环境中生长。

（2）不宜种植乔木及灌木植物，尽量选择适宜当地生长且需肥少的草种。

（3）根系发达。可固定土壤、涵养水土，增强对雨水的阻滞能力，减缓雨水流速。

（4）水体净化。植物根系可吸附、净化雨水径流中的污染物、重金属，具备良好的净化能力。

（5）湿陆两生。选择能够适应长期或短期水淹环境，同时耐受长期干旱的两栖植物种类。

（6）抗逆性强。植物应具有较强抗逆性。

（7）观赏价值。与周围环境协调融合，给人以美的感受。

（8）维护简单。选择管理简单、运行方便的植物类型（表 6-4）。

**表 6-4　植草沟常见植物选择标准**

| 植草沟 | 植物选择要求 | 植物配置要求 |
| --- | --- | --- |
| 蓄水区 | 植株低矮，耐雨水冲刷；根系发达；耐水淹及干旱；低维护 | 传输型植草沟：简洁式，干净草坪；渗透型植草沟：花园式，多种植物组合，通常结合碎石砾石等搭配 |
| 缓冲区 | 耐一定水淹及干旱 | 结合周边环境合理配置 |
| 边缘区 | 适地适树 | |

### 6.1.4　植草沟的施工案例

下面是迁安市××学校海绵城市工程植草沟施工案例（图 6-10）。

步骤如下：

（1）植草沟放线，并清理场地，检查场地是否有排水管线、电缆等设施；搭设施工围挡。

（2）开槽，槽底要平整，无垃圾，无杂物。遇到路牙要打垫层。溢流口及进、出水口要与市政系统平顺相接。

（3）素土夯实，对于素土地基等局部不稳定区域用蛙式打夯机夯实。

（4）铺设土工布，土工布铺设需要注意搭接。

（a）地上原状记录及放线

（b）开槽

（c）素土基层夯实

（d）铺设土工布

（e）摊铺级配碎石

（f）陶粒土拌和

（g）栽植植物

（h）建植后夏季效果

图 6-10　迁安市××学校海绵城市工程植草沟施工实景图

（5）摊铺级配碎石。碎石粒径及材料要根据施工图要求搭配，碎石要分层铺设，保证每层碎石水平。

（6）回填原状土。铺设后的原状土表面水平，翻松，不得压实。

（7）栽植植物。

## 6.2　渗透管/渠施工技术

### 6.2.1　渗透管/渠的基础知识

渗透管/渠指具有渗透功能的雨水管/渠，可采用穿孔塑料管、无砂混凝土管/渠和砾（碎）石等材料组合而成。

渗透管/渠典型的构造如图 6-11 和图 6-12 所示。

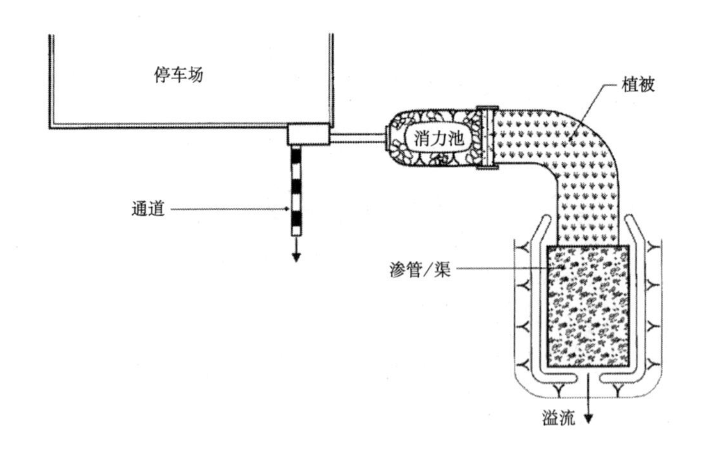


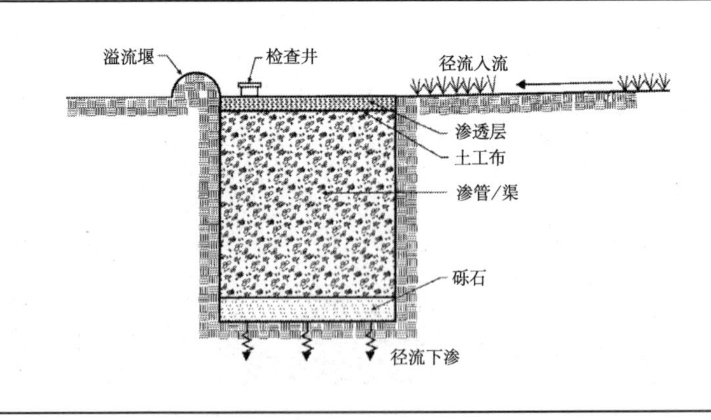


图 6-11　渗透管/渠典型构造平面图和剖面图

图片来源：*New York State Stormwater Management Design Manual*[14]

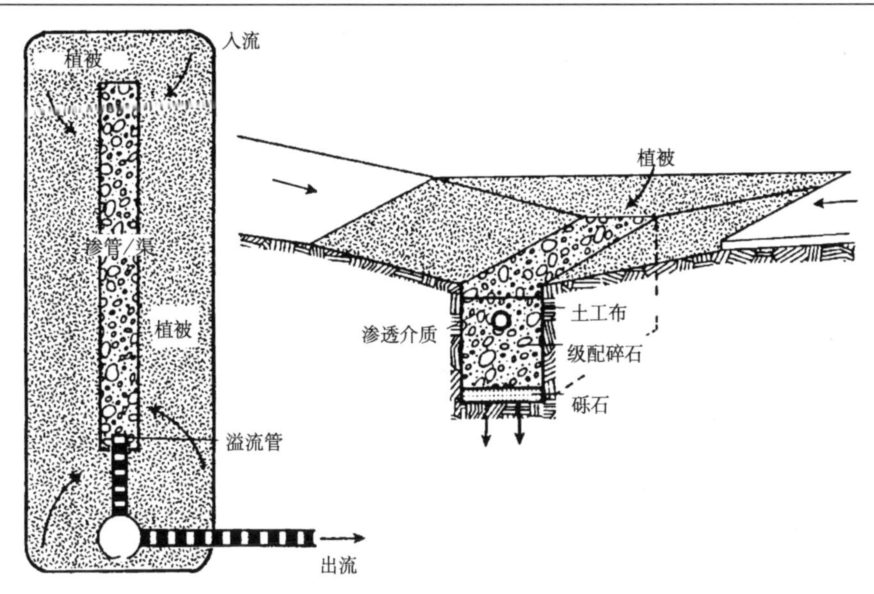


图 6-12　道路中间隔离带渗透管/渠构造平面图剖面图

图片来源：*New York State Stormwater Management Design Manual*[14]

### 6.2.2　渗透管/渠的施工工序

渗透管/渠按图 6-13 所列工序施工。

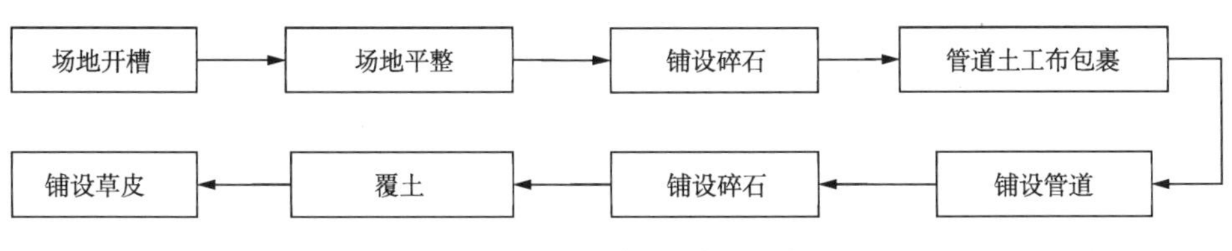


图 6-13　渗透管/渠施工工序

渗透管/渠具体施工内容及检查清单如表 6-5 所示。

**表 6-5　渗透管/渠施工内容及检查清单**

| 施工内容 | 施工子项 | 检查情况 | |
|---|---|---|---|
| 1.施工前准备 | 1.1 对渗透设施定位放样（包括预处理、沉淀设施）。标出警示范围，防止压实现状土壤。同时，要核实该区域土壤在其他工程实施时是否被压实过，或开展过其他工程 | | |
| | 1.2 上游排水区要确保实施水土保持措施，或将其排水妥善处理 | | |

续表

| 施工内容 | 施工子项 | 检查情况 | |
|---|---|---|---|
| 1.施工前准备 | 1.3 对施工材料和产品的性能和尺寸进行检查 | 渗排水管符合要求 | 是○ 否○ |
| | | 碎石符合要求 | 是○ 否○ |
| | | 土工布符合要求 | 是○ 否○ |
| | 1.4 核查施工设备是否符合设施施工要求 | | |
| | 1.5 召开施工准备会议 | | |
| 2.土方工程 | 2.1 设施开挖尺寸和位置应符合设计要求 | | |
| | 2.2 应采取逐层开挖的方式 | | |
| | 2.3 采取侧挖法，以避免对现状土壤的压实 | | |
| | 2.4 开挖范围及深度内不得有地下水（说明：如出现地下水，则土方工程必须停止，并要求设计方修改方案） | | |
| | 2.5 渗透管/渠边，应挖成垂直状 | | |
| | 2.6 底部铺沙前，应对底部进行翻土和松土 | | |
| | 2.7 土工布应搭接在垂直渠壁之上，搭接部要用沙石盖好，以保持稳定 | | |
| | 2.8 底部不得压实 | | |
| | 2.9 挖深、底部地形，应符合设计要求 | | |
| 3.结构构件 | 3.1 渗排管/渠的材质、尺寸、开孔率是否符合设计要求 | | |
| | 3.2 渗排管/渠的铺设，相对下游排水口标高应为水平或正坡度 | | |
| | 3.3 应在渗排水管/渠的终点或转折点设置清扫口或观察口（或按图纸要求设置） | | |
| | 3.4 水洗碎石或砾石要干净清洁（清洗两次），不得含有尘土泥沙 | | |
| | 3.5 检查渗排水管/渠上覆盖的碎石厚度 | | |
| | 3.6 检查土工布之上的过滤沙（土）厚度 | | |
| 4.种植工程 | 4.1 如图纸有要求，在渗透管/渠表面铺设草皮 | | |
| 5.水土保持 | 5.1 对渗透渠，施工期间就要铺设土工布并加以固定，以防止施工期间的降水侵蚀 | | |

### 6.2.3　渗透管/渠的施工工法

渗透管/渠的主要施工工法如下：

（1）渗透管/渠作为转输设施，宜待海绵城市工程中其他设施施工完毕后，最后进行渗透管/渠的施工，以免沉淀物堵塞渗透管/渠。且在施工过程中，应建设临时侵蚀控制措施（如围挡、排水沟等）避免沉淀物沉积。

（2）沟槽底部不得超挖，靠近沟槽底部 20cm 采用人工开挖。沟槽开挖（图 6-14）应避开岩石等区域，开挖完成后槽底不得扰动，不得被压实。

图 6-14　渗透管/渠沟槽开挖

（3）沟槽边坡或支护方式的施工应符合设计要求。沟槽顶堆土距沟槽边缘不应小于 0.8m，且堆土高度不应大于设计堆置高度 1.5m（图 6-15）。

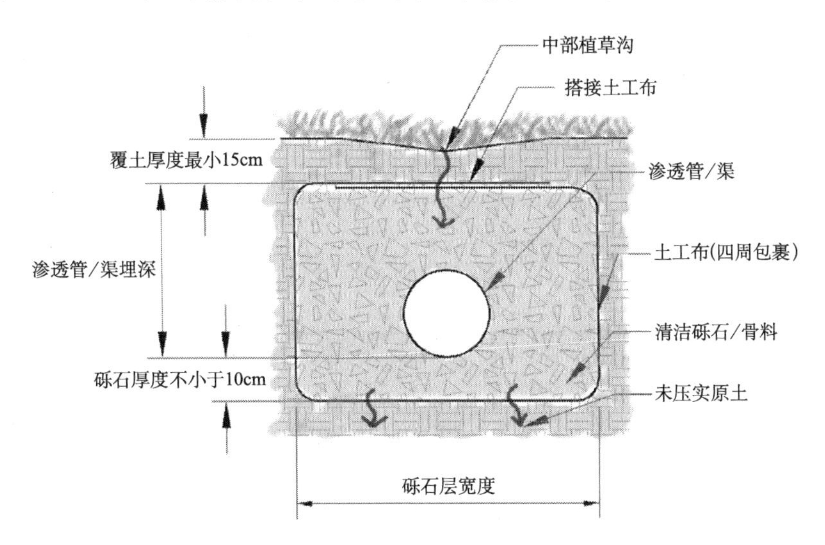


图 6-15　渗管/渠位置示意图

（4）渗透管/渠在砾石中的埋设位置应符合设计要求。沟槽开挖后两天内就要敷设填料、渗透管/渠等渗透设施。

（5）渗透管/渠的接头应可靠，滤料不渗漏。

（6）渗透渠四周应按设计要求填充砾石或其他多孔材料，砾（碎）石滤料回填应紧密（图 6-16），砾石层厚度不应小于 100mm。外包透水土工布应严密结实，不得有破损现象，搭接宽度不应少于 200mm。

图 6-16　砾石

（7）渗透管/渠的覆土深度应符合设计要求，如设计没有要求，则不得小于 15cm。

（8）如果有种植要求，覆土种类应满足种植要求，稳定种植土及平整后，根据设计要求种植植物（图 6-17）。如果没有种植要求，覆土后可浇筑路面（图 6-18）或塑造景观（图 6-19），同时每隔一定距离安装检查井。这个过程必须尽快完成，以防止水土流失[44]。

图 6-17　渗透管/渠覆土后种植植被

图 6-18　渗透管/渠覆土后路面恢复

图 6-19　渗透管/渠覆土后砾石塑造景观

（9）待渗透管/渠通过施工验收后能稳定运行，移除临时侵蚀控制措施。如果有任何沉淀物进入渗透管/渠，应在 24h 内予以清除（图 6-20）。

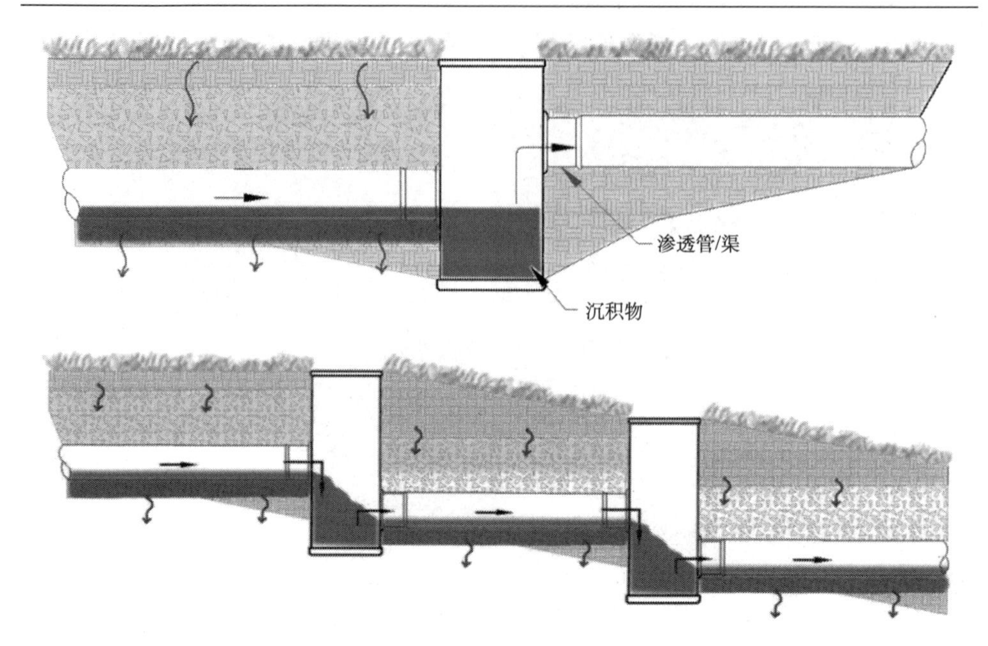


图 6-20　渗透管/渠中的沉积物

图片来源：*Pennsylvania Stormwater Best Management Practices Manual*[44]

渗透管/渠其他施工工法可参照渗井、植草沟。

### 6.2.4　渗透管/渠的施工案例

下面是××公园渗透管施工步骤及实景图（图 6-21）。

步骤如下：

（1）场地清理，检查设施入口有无沉积物，并建造临时侵蚀控制措施。

（2）沟槽开挖。用反铲挖土机从两侧进行沟槽开挖，设施开挖区域禁止驶入橡皮轮胎设备，其他材料也都放在沟槽外侧，防止沟槽内原土被压实。

（3）松土。采用松土设备对沟槽底部 45cm 的原土进行松土。

（4）渗透率测试。沟槽内灌满水，如果 48h 内能全部下渗，则满足渗透率要求；反之，则不满足。

（5）安装敷设渗透材料。底部敷设土工布后填充砾石，铺设渗透管/渠，回填砾石，包裹土工布，所有施工过程需连续完成。

（6）地表恢复。渗透材料填充完毕后，第二天即时进行植被种植，土壤不得裸露。土壤覆盖物有植被、砾石、石块等。

（7）拆除临时侵蚀控制措施前，再次检查渗透率是否满足要求。

（a）检查沉积物

（b）沟槽开挖

（c）松土

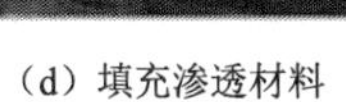

（d）填充渗透材料

（e）地表恢复

图 6-21　××公园渗透管施工实景图

# 第 7 章　低影响开发截污净化设施施工技术

低影响开发截污净化设施是指低影响开发“蓄、滞、渗、净、用、排”中主要以“净”为主的设施，包括雨水湿地、生态驳岸、植被缓冲带、雨水土壤渗滤。低影响开发截污净化设施主要功能是通过土壤、填料、植被净化污染物，减缓雨水直接入管网和河道对水体造成的污染。低影响开发截污净化设施施工的关键点是具有净化功能的部分基本埋在地下，施工过程中要实现精细化管理，任何一种材料都要严格筛选、验收，不可碎片化和随意化。

## 7.1　雨水湿地施工技术

### 7.1.1　雨水湿地的基础知识

雨水湿地利用物理、水生植物及微生物等作用净化雨水，是一种高效的径流污染控制设施。从实际应用的角度出发，人工湿地系统可分为景观型和功能性湿地两类[45]。

从水流流态、水流的空间位置出发，可以分成潜流湿地与表面流湿地。

（1）潜流型人工湿地指水体在地下流动的人工湿地，由填充填料的湿地床和种植在其上的湿地植物组成。潜流湿地又分成水平流、垂直流、复合垂直流。

①水平流型潜流人工湿地（图 7-1）是指湿地中的水在人工介质中保持匀速水平推进流动，水流从进口起在根系层中沿水平方向缓慢流动，出口处设集水装置和水位调节装置。由于该系统中好氧生化反应所需氧气主要来自大气复氧，数

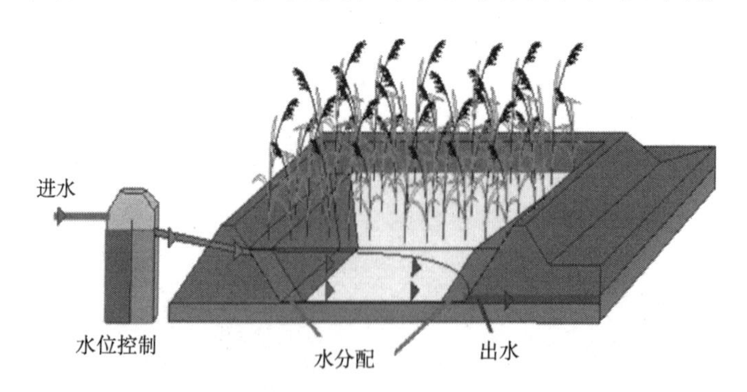


图 7-1　潜流式——水平流湿地示意图

量不足，因而导致脱氮效率不高。但对 $BOD_5$、$COD_{Cr}$ 和重金属的去除效果好，受季节影响也较小。

②垂直流型潜流人工湿地（图 7-2）则是水流在人工介质中垂向流动。单向垂直流型人工湿地的水流方向为垂直流向，通常为下行流（图 7-3），出水系统一般设在湿地底部。与水平流型相比，其作用在于提高了氧向污水及基质中的转移效率。其运行时一般采用间歇进水方式。由于垂直流型人工湿地表层为渗透性良好的砂层，水力负荷一般较高，因而对氮、磷去除效果较好，但需要对进水悬浮物浓度进行严格控制。垂直流型潜流湿地污染物通过填料表面及植物根系上的生物膜及其他各种作用来处理。

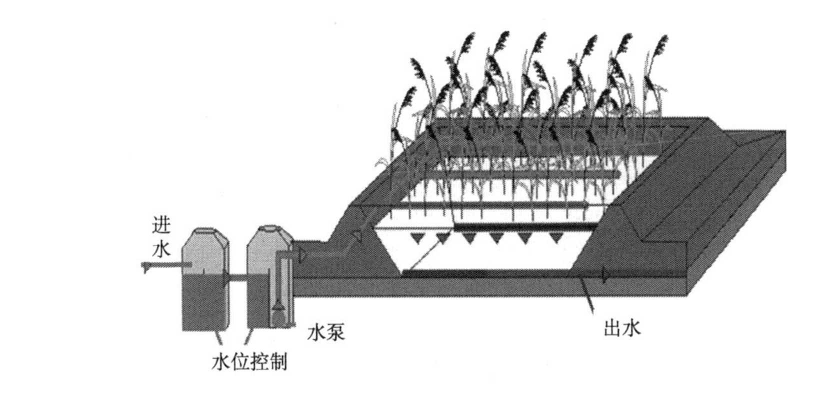


图 7-2　潜流式——垂直流湿地示意图

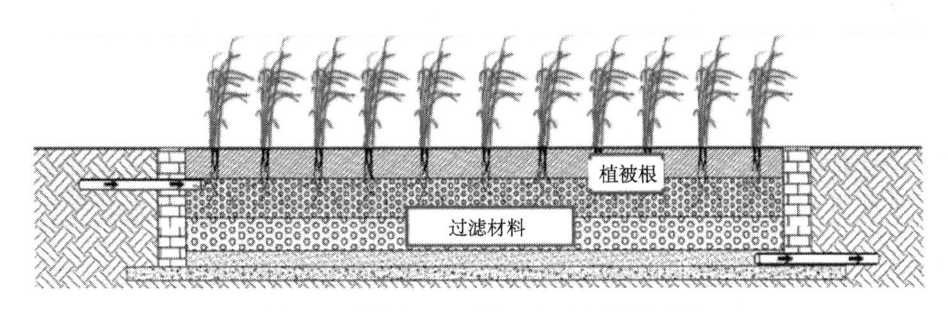


图 7-3　潜流式——垂直下行流湿地剖面图

③复合垂直流型潜流人工湿地（图 7-4）由两个底部相连的池体组成，污水从一个池体垂直向下（向上）流入另一个池体中后垂直向上（向下）流出。复合垂直流型人工湿地可选用不同植物多级串联使用，通过增加污水的停留时间和延长污水的流动路线来提高人工湿地对污染物的去除能力。该类型的人工湿地通常采用连续运行方式，具有较高的污染负荷。

实际潜流湿地水流并非完全水平流动或垂直流动，往往是以其中一种方式为主，两种水流方式兼而有之。

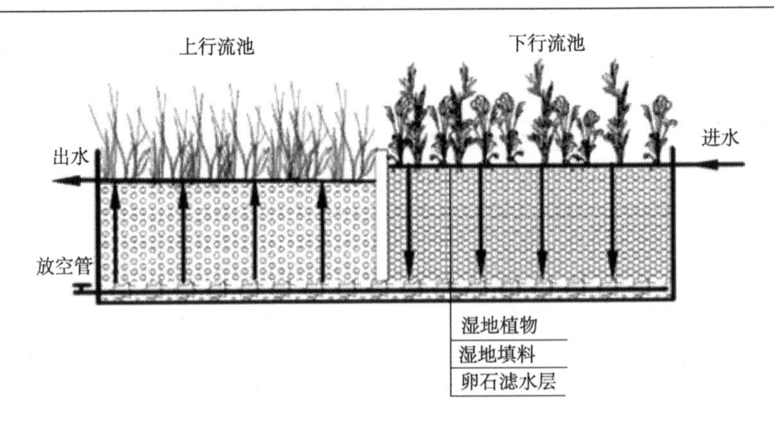


图 7-4　潜流式——复合垂直流湿地剖面图

（2）表面流型人工湿地（图 7-5）指水面在固体介质表面以上，污水从池体进水端水平流向出水端的人工湿地。表面流型人工湿地水流呈推流式前进，从池体入口以一定速度缓慢流过湿地表面，部分水或蒸发或渗入地下，出水由溢流堰流出。这种湿地靠近水表面部分为好氧层，较深部分及底部通常为厌氧层。表面流型潜流湿地绝大部分有机物的去除由附着在植物水下茎、杆上的生物膜来完成。

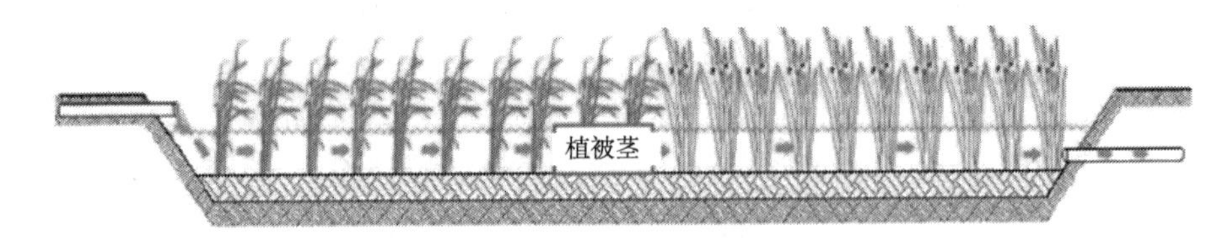


图 7-5　表面流湿地剖面图

图 7-6 和图 7-7 为潜流式人工湿地和表面流人工湿地实景图。

图 7-6　潜流式人工湿地实景图

图 7-7　表面流湿地实景图

雨水湿地工程包括地基、填料、集水管、布水管、排空管、植物等基本要素（图 7-8）。

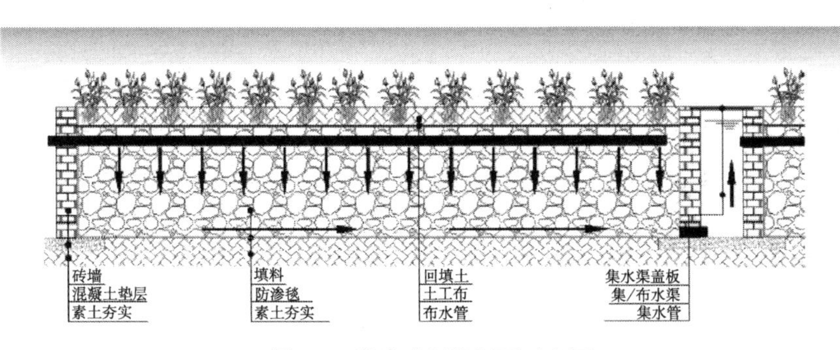


图 7-8　潜流式湿地剖面示意图

表面流型人工湿地同潜流型人工湿地的主要区别在于较少或不用人工填料填充，而代之以 30～46cm 的土层作为基质，水面位于基质层以上，水位一般为 0.3～0.5m。表 7-1 列出了各类型湿地的特征，包括水体流动、水力负荷去污效果等。

**表 7-1　不同类型雨水湿地特征一览表**

| 特征 | 表面流湿地 | 水平潜流湿地 | 垂直潜流湿地 |
| --- | --- | --- | --- |
| 水体流动 | 表面漫流 | 基质下水平流动 | 表面向基质底部纵向流动 |
| 水力负荷 | 较低 | 较高 | 较高 |
| 去污效果 | 一般 | 对 BOD、COD 等有机物和重金属去除效果好 | 对 N、P 去除效果好 |
| 系统控制 | 简单，受季节影响大 | 相对复杂 | 相对复杂 |
| 环境状况 | 夏季有恶臭、滋生蚊蝇现象 | 良好 | 夏季有恶臭、滋生蚊蝇现象 |
| 造价 | 100 元/$m^2$ | 600 元/$m^2$ | 600 元/$m^2$ |

### 7.1.2　雨水湿地的施工工序

雨水湿地应按图 7-9 所列工序施工。

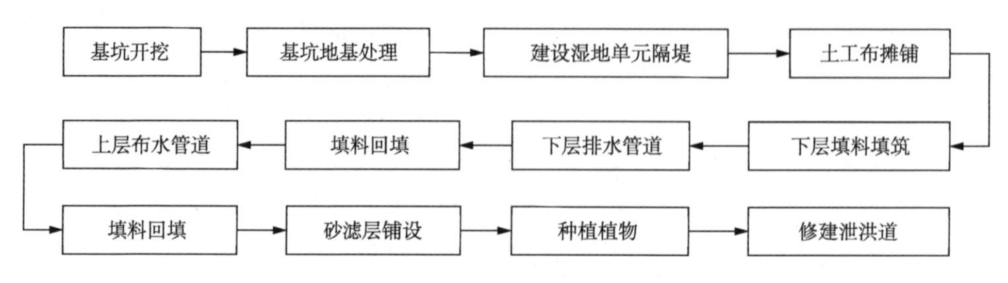


图 7-9　雨水湿地主体工程施工工序

雨水湿地具体施工内容及检查清单如表 7-2 所示。

**表 7-2　雨水潜流湿地施工内容及检查清单**

| 施工内容 | 施工子项 | 检查情况 | |
|---|---|---|---|
| 1.施工前准备 | 1.1 对雨水湿地设施定位放样（包括预处理、沉淀设施）。标出警示范围，防止压实现状土壤。同时，要核实该区域土壤在其他工程实施时是否被压实过，或开展过其他工程 | | |
| | 1.2 对施工材料的性能和尺寸进行检查 | 塑料薄膜符合要求 | 是○ 否○ |
| | | 土工布符合要求 | 是○ 否○ |
| | | 进水管、排水管、通气管、连接管、穿墙管符合要求 | 是○ 否○ |
| | | 输水泵符合要求 | 是○ 否○ |
| | | 粗砾石符合要求 | 是○ 否○ |
| | | 细砾石符合要求 | 是○ 否○ |
| | | 滤砂符合要求 | 是○ 否○ |
| | | 湿地植物（根系发达/块茎完好）符合要求 | 是○ 否○ |
| | 1.3 核查施工设备是否符合设施施工要求 | 符合要求 | 是○ 否○ |
| | 1.4 召开施工准备会议 | | |
| | 1.5 场地清理 | 地基平整 | 是○ 否○ |
| | | 无树根、杂草、废渣、垃圾等 | 是○ 否○ |

续表

| 施工内容 | 施工子项 | 检查情况 | |
|---|---|---|---|
| 2.地基工程 | 2.1 设施开挖尺寸和位置应符合设计要求 | | |
| | 2.2 检查已有管道位置 | | |
| | 2.3 应采取逐层开挖的方式 | | |
| | 2.4 开挖范围及深度内不得有地下水（说明：如出现地下水，则土方工程必须停止，并要求设计方修改方案） | | |
| | 2.5 地基平整、压实 | | |
| | 2.6 对土工布进行搭接，搭接部位要用沙石盖好，以保持稳定 | | |
| | 2.7 建设配套施工道路 | | |
| | 2.8 根据施工图设计对湿地单元进行分割，建设隔堤和边墙 | | |
| | 2.9 底部完全用土工布铺设 | | |
| 3.管道工程 | 3.1 安装底部管道及附属设备，排空管道要易于取样 | 底部碎石自然密实 | 是○ 否○ |
| | | 排空管道，保证排水充分 | 是○ 否○ |
| | | 通气管道要加盖 | 是○ 否○ |
| | | 通气管道和排水管道的密封衔接 | 是○ 否○ |
| | | 相关的阀门井、出水井等 | 是○ 否○ |
| | | 出水井要便于取样 | 是○ 否○ |
| | | 管道要密封，管孔没有碎片，并正确连接到阀门 | 是○ 否○ |
| | | 管道水平敷设或正坡敷设 | 是○ 否○ |
| | 3.2 安装上层管道 | 布水管道 | |
| | | 进水管道 | |
| | | 相关的阀门井、出水井等 | |
| | | 管道要密封，管孔没有碎片，并正确连接到阀门 | 是○ 否○ |
| | | 管道水平敷设或正坡敷设 | 是○ 否○ |
| | 3.3 管道开槽处不留碎片 | 正确确定槽口的尺寸和位置 | |
| | 3.4 穿墙管的防渗 | 不漏水 | 是○ 否○ |
| | 3.5 盖板可上锁 | | |
| | 3.6 塑料焊接处不能有漏缝 | | |
| | 3.7 上层用土工布完全覆盖 | | |
| 4.填料工程 | 4.1 分层进行不同粒径的填料填筑，填筑前必须进行填料实验 | 未损坏防渗膜 | 是○ 否○ |
| | | 未移动排水管 | 是○ 否○ |
| | | 无结块 | 是○ 否○ |

续表

| 施工内容 | 施工子项 | 检查情况 | |
|---|---|---|---|
| 4.填料工程 | 4.2 排水层表面需要保持水平 | 水平 | 是○ 否○ |
| | 4.3 过渡层表面需要保持水平 | 水平 | 是○ 否○ |
| | 4.4 滤砂要重复进行测试 | | |
| | 4.5 取走多余的滤砂 | | |
| | 4.6 滤砂层要尽可能地保持水平 | 水平 | 是○ 否○ |
| | 4.7 在砂面行走时要铺上木板 | | |
| 5.机电工程 | 5.1 安装电线、电缆（根据需要） | | |
| | 5.2 安装泵房（根据需要） | | |
| | 5.3 安装水位控制开关（根据需要） | | |
| 6.种植工程 | 6.1 种植前给植物浇水 | | |
| | 6.2 植物要均匀布置 | | |
| | 6.3 种植后给植物浇水 | | |
| 7.安全工程 | 7.1 泄洪道应符合设计的标高和尺寸 | 符合要求 | 是○ 否○ |
| | 7.2 泄洪道要铺设碎石 | | |
| 8.水土保持 | 8.1 进、排水口处采取碎石消能缓冲保护措施，防止冲刷侵蚀 | | |
| | 8.2 按照图纸，在湿塘入水口、出水口修筑防冲刷和护堤措施 | | |
| | 8.3 雨水湿地边坡坡度满足设计要求 | 符合要求 | 是○ 否○ |
| 9.后期工程 | 9.1 回填及拆除施工需要修建的道路、踏板等临时措施 | | |
| | 9.2 修建人工检修通道 | | |

### 7.1.3　雨水湿地的施工工法

1. 地基工程施工工法

雨水湿地地基工程施工工法同湿塘（图 7-10）。

2. 隔墙工程施工工法

每级单元池由混凝土隔墙分开，每级上下行单元池由底部开洞的花墙分割。在各单元隔墙、花墙浇筑时，要合理预留施工口，以供回填时材料设备进出。

3. 填料工程施工工法

填料应能为植物和微生物提供良好的生长环境，且应具有良好的渗透性，较

图 7-10　雨水湿地地基处理

常选用砾石、粗砂等材料，也可选用沸石、陶粒、钢渣、炉渣等填料。潜流湿地各结构分层填料的材料要求及厚度见表 7-3。

**表 7-3　潜流湿地各结构分层填料要求**

| 分层 | 厚度 | 材料 | 注意事项 |
|---|---|---|---|
| 排水层 | 200～350mm | 粒径 8～16mm，砾石 | 需洗净，不应带泥 |
| 过渡层 | 100mm | 粒径 4～8mm，砾石 | 需洗净，不应带泥 |
| 滤料层 | 500mm | 特殊级配 0.2～6mm，无泥粗砂 | 必须符合级配曲线范围 |
| 覆盖层 | 50mm（污水喷流范围内局部铺设） | 粒径 8～16mm，砾石 | 根据喷流距离铺设 |

填料不得含有草根、树叶、塑料袋等有机杂物及垃圾。

（1）填料填筑前须进行填料前实验。

填料前实验方法：在现场找一处 10m×10m 的位置，下挖 1.8m 深的池子，在池底铺设 PE 膜，四周上翻至池体顶部，并加以固定。根据施工填料要求，进行填料，料层厚度严格控制。在填料过程中池体四周及中间位置设置 5 处测量区，以透明玻璃插入填料底部，上至填料层顶部，便于测量各料面实际高度，并记录。通过向池内注水，达到设计注水高度后，再次测量各点料面高度。算出沉降差值，以便于填料预留量的计算。

（2）排水层和过渡层的填料进场前需要水洗，不得带泥。根据施工组织设计单元施工填料的先后，设计一处洗料和堆料场地，洗料可以采用装载机上料，高压水冲洗，电动筛和皮带机进行堆料。

（3）填料填筑（图 7-11）：安装好底部的排空管和通气管后，填料自下而上逐层铺设，上表层填料铺设完毕后安装布水和集水管道。

图 7-11　雨水湿地填料填筑

①基质回填过程中不得把外部泥土带入湿地工作面内，同时防止运料车斗内粉末倒入湿地工作面内。

②各级粒料应按设计要求严格分层装填。

③湿地单元粒料回填时应注意管道安全，避免管道损坏及细料从花管孔隙或管口进入管内，如出现管道损坏应立即停止回填，并将损坏管修好后才能继续填筑。

④回填施工要求采用后退施工，避免对结构及粒料的碾压。为保证填料时不对已经安装完成的管道造成破坏，靠近管道的填料采用人工回填，施工机械只把填料送入回填面附近即可。

⑤填料过程中，为防止破坏底层防渗结构，填料层至少要达到 600mm（包括 300mmPE 膜上的细粒土保护层）后才能在料面上使用机械施工，因此需要先在池内利用底层（300～500mm 厚）碎石铺设一条池内环形道路。

⑥分级填料最上层填料粒径较小，为防止堵塞上层布水管及集水管孔洞，故在布水管及积水管道两侧各 50cm 宽、深度为此填料层高的范围内布设 16～32mm 碎石。

⑦分层填料铺设时应严格按照设计高度找平，在填料过程前，在池体墙面上弹线画出料面应填筑高度（算上预留沉降量），在单元池内以一定间距（通常为15m×15m）设立标尺，以保证填料厚度的挖掘机粗找平控制；细找平控制高程时，主要采用人工两边按照画出的料面高程拉线，人工配合挖掘机和木刮杠顺线找平。填料的最上表层在管道布置完成后的高程找平是关键中的关键，必须专人负责。

填料工程主要施工工具有：推土机、手推车、平头铁锹、喷水用胶管、2m靠尺、小线或细铅丝、钢尺或木折尺。

4. 管道工程施工工法

管道在铺设前，应保证底部碎石自然密实，防止不均匀沉降带来的破坏。

湿地上层布水管和集水管，下层排空管和通气管，除接阀井的干管外，其他管道均为开孔花管。管道穿孔可通过冲击钻在每圈开4个直径15mm的孔，间距为100mm。上层布水管和集水管安装时应严格控制其开孔中心与管道中心方向和夹角，管道安装前均需在管端设置堵口，以免填料滑入其中，造成管道堵塞。开孔花管均为孔道布集水，管头密封。为防止泥沙等杂质进入堵塞管道开孔，应在穿孔管四周包裹60目尼龙纱窗网，并将开孔斜45°放置。

湿地中的管道相互连接，管道的施工标高应按照设计施工。管道连接通过PVC连接专用胶，阀门、三通的安装应严格按照操作规程。出水井内竖管不需采用硬连接，应能自由摆动，根据标高现场做相应调整，否则排空管道将无法把水排空，出水管道的无法收水及排出会造成湿地的水力关系与设计出现偏差。进水管应比湿地床高出0.5m。出水区末端的陶粒、沸石填料层的底部设置穿孔集水管，并设置转弯头和控制阀门以调节床内的水位。

管道穿墙处理：管道与湿地墙体嵌接部位缝隙应用M7.5水泥砂浆分两次嵌实，不得留孔隙，第一次为墙体中心段，内外壁各留20～30mm，待第一次的水泥砂浆初凝后，再进行第二次嵌实。上述步骤进行完毕，用水泥砂浆在墙外壁沿管外壁周围抹成突起的止水隔环，圆环厚度为20～30mm。穿墙处要按照相关操作规程，保证穿墙处不漏水。

在铺设无纺布后填料填筑前布设安装下层排空管和通气管，安装时圆孔与水平呈45°角。排空管在各个单元池首端安装竖向通气管，上端设置通风帽，其高度应符合设计要求，在管道安装完成后及时将通气帽安装上，避免施工过程中杂物进入。

回填管沟时，应用人工先在管子周围填土夯实，并应从管道两边同时进行，直到管顶以上0.5m。在不损坏管道的情况下，才能采用机械填土回填夯实。

溢流管管口设置的格栅网格尺度应以小于种植的水生植物形体、能阻止枯叶、垃圾等进入溢水管为宜，格栅材料应采用耐腐蚀材料或经防腐处理的材料，其强度视设计要求而定。

在已铺设的管道上禁止人员走动，铺设上层碎石填料时应避免局部压力过大破坏管道。

管道工程的主要施工工具有：手动钢锯、冲击钻、剪刀、卷尺、塑料绳。

5. 植被工程施工工法

雨水湿地植被施工工法同湿塘（图 7-12）。图 7-13 根据水位淹没线，列出了植被丰富的生境剖面。图 7-14 为奥林匹克公园湿地平面图。

图 7-12　雨水湿地植被种植

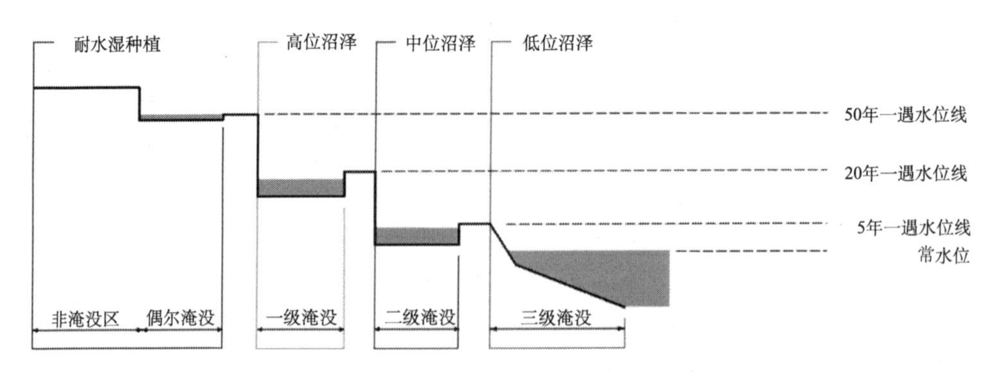


图 7-13　雨水湿地丰富植被生境剖面

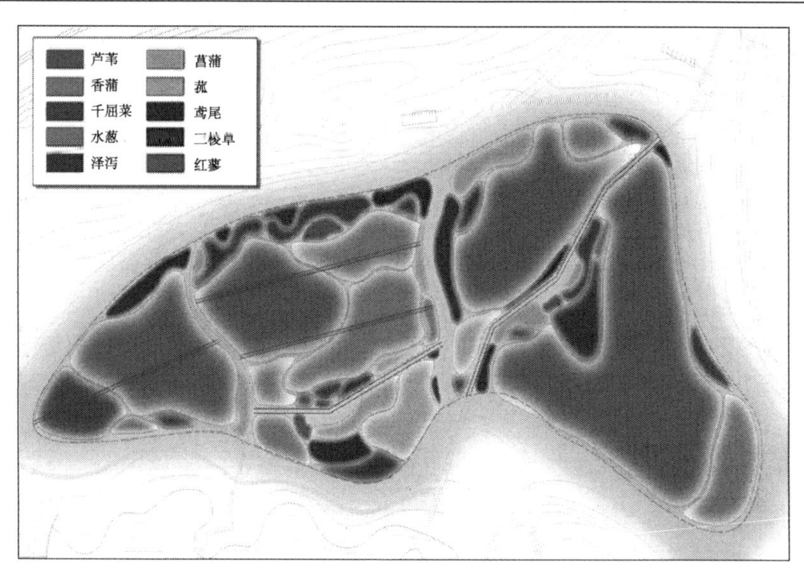


图 7-14　奥林匹克公园湿地植被平面图

## 7.2　生态驳岸施工技术

### 7.2.1　生态驳岸的基础知识

生态驳岸是指恢复后的自然驳岸或具有自然驳岸“可渗透性”的人工驳岸。它具有渗透性的自然河床与河岸基地、丰富的河流地貌，可以充分保证河岸与河流水体之间的水分交换和调节功能，同时具有一定的抗洪强度。生态驳岸是水系海绵城市工程中的重要设施。

生态驳岸除具有护堤、防洪的基本功能外，对河流水文过程、生物过程还有以下促进功能。

1）补枯、调节水位

生态驳岸采用自然材料，形成一种可渗透的界面。丰水期，河水向堤岸外的地下水层渗透储存，缓解洪灾；枯水期，地下水通过堤岸反渗入河，起着滞洪补枯、调节水位的作用。另外，生态驳岸上的大量植被也有涵蓄水分的作用。

2）增强水体的自净作用

生态河堤上修建的各种鱼巢、鱼道，可形成不同的流速带和水的紊流，使空气中的氧溶入水中，促进水体净化。

3）生态驳岸对于河流生物过程同样起到重大作用

生态驳岸把滨水区植被与堤内植被连成一体，构成一个完整的河流生态系统。生态驳岸的坡脚具有高空隙率、多鱼类巢穴、多生物生长带、多流速变化，为鱼类等水生动物和其他两栖类动物提供了栖息、繁衍和避难场所。生态河堤上繁茂的绿树草丛不仅为陆上昆虫、鸟类等提供了觅食、繁衍的好场所，而且进入水中的柳枝、根系还为鱼类产卵、幼鱼避难、觅食提供了场所，形成一个水陆复合型生物共生的生态系统。

生态驳岸分为以下几种（表 7-4）。

（1）非结构性河岸：指按照自然水岸的模式，运用自然界物质形成的坡度较缓的水系河岸，又可因人为干扰因素的强弱分为自然缓坡式河岸以及生物工程河岸。自然缓坡式河岸无需过多的人工处理，只需按土壤的自然安息角进行放坡，并逐层夯实，面层种植植被或铺设细砂、卵石，形成草坡、沙滩或卵石滩。生物工程河岸中生物工程技术要致力于在河岸植被形成之前，运用自然可降解的材料来保河岸，当岸坡的坡度超过自然安息角或土质不稳定时，需要对河岸进行人工防冲蚀和加固处理，可运用稻草、黄麻、椰壳纤维等自然界原生物质做垫子、纤维织物等，通过覆盖或层层堆叠等形式来阻止土壤的流失和边坡的侵蚀，并在岸坡上种植植被和树木。这些原生纤维材料会缓慢地降解并最终回归自然，此时岸坡的植被也已基本形成发达的根系保护河岸。其中原生纤维材料中又以椰壳纤维的性能最佳，具有良好的保水性以及耐久性，寿命可长达一年。

**表 7-4　驳岸类型**

<table>
<tr><th>类型</th><th>护岸性质</th><th>使用材料及做法（安全性）</th><th>景观效果</th><th>生态效果</th><th>游憩功能（适用性）</th><th>经济性</th><th>适用范围</th></tr>
<tr><td rowspan="2">非结构性河岸</td><td>自然河岸</td><td rowspan="2">运用泥土、植物及原生纤维物质等形成自然草坡、沙滩、卵石滩等</td><td rowspan="2">软质景观，层次性好，季相特征明显</td><td rowspan="2">对生态干扰最小，最仿自然形的河岸</td><td rowspan="2">适宜静态个体游憩和自然研究性游憩</td><td rowspan="2">工程最小，取材本土化，经济性好</td><td rowspan="2">坡度较缓，一般要求坡度在土壤安息角内，且水流平缓</td></tr>
<tr><td>生态工程河岸</td></tr>
<tr><td rowspan="2">结构性河岸</td><td>柔性河岸</td><td>格垄（木、金属、混凝土预制构件）、金属网垄、预制混凝土构件等</td><td>软硬景观相结合，质感、层次丰富</td><td>对生态系统干扰小，允许生态流的交换</td><td>适宜静态和动态、个体和群体游憩</td><td>有一定的工程量，但施工方便，周期短</td><td>适用于各种坡度，水流平缓或中等，一般护岸高度不超过 3m</td></tr>
<tr><td>刚性河岸</td><td>浆砌块石、卵石和现浇混凝土及钢筋混凝土等</td><td>硬质景观，效果差，绿化覆盖有助于改善形象</td><td>隔断了水、陆之间的生态流的交换，生态性差</td><td>适宜静态和动态游憩（陡直护岸会影响亲水可达性）</td><td>工程量大，人力、物力投入多且工程周期长，投资较大</td><td>水流急、岸坡高陡（3～5m 以上）且土质差的水岸</td></tr>
</table>

（2）结构性河岸：按照力学原则，运用木材、石材、金属、土工织物及混凝土等材料，结合植物种植形成的河岸，包括混凝土构件河岸、干砌块石河岸、金

属笼、土工织物垄河岸等。这种河岸将工程技术与生态绿化结合在一起，其中石材、混凝土等高硬度材料的使用可以抵抗较强的水流冲蚀，提高河岸的安全稳定功能，而这些护岸材料的空隙及缝隙又能够提供植物生长的养分，同时便于水陆间生态流交换过程的展开，为鱼、虾等水生动物提供了可靠的栖居地。这种结构性柔性河岸可以适用于不同坡度的岸坡，但当高度超过 3 米时需要进行分层式设计。

每种河岸都具有其自身的特点和适用范围，在实际工程中需要根据河岸的具体情况，进行经济、环境以及景观等诸多要素的综合性考虑，确定断面的形式以及组合方式，从而加强生物工程技术的应用，建设坚实、可持续以及美观的河岸，保障水生生物以及动植物完善的栖息地，并对地表流径起到净化的作用。

生态驳岸设计考虑不同河段流速变化及洪水主流顶冲部位，并考虑与景观设计方案协调，生态驳岸可以分为以泄流为主的河道河岸和以景观为主的湖区河岸。

在径流冲刷大的河道河岸设置刚性堤岸，在低洼地带形成的滞流区或人工湿地、浅滩和人工湖的河岸设计以蓄洪、造景为主的湿塘。在径流对河岸的冲刷不是很大的湖区河岸，要根据湖区的景观及生态恢复建设要求设置柔性堤岸。

### 7.2.2　生态驳岸的施工工法

#### 1. 河道施工测量

1）河道施工控制测量

考虑到河道底有水不方便埋点、设置测量仪器，采用在驳岸坡顶埋点、设置仪器建立河道驳岸控制基准线，测量方法简述如下：

在河道驳岸坡顶适当位置埋点、设置全站仪，照准河道底板纵向中心线上两点（分别安置测量棱镜）组成三角形，测量两边和夹角，解算此三角形求出测站至河道底纵向中心线的垂直距离，根据河道驳岸断面设计，采用极坐标法测量出坡面与混凝土挡土墙的交点，以同样方法测量出另一个交点，两交点的连线即为河道驳岸施工基准线。

2）河道驳岸坡面施工测量放线

在河道驳岸施工基准线上设置全站仪，根椐河道驳岸横断面设计施工图，采用方向投点法测量出左右两岸 0.5m 高程以上坡面点和坡面与混凝土挡土墙交点。沿河道纵向每间隔 25m 放样一组，凡渐变段的点必须放样，在这些间隔点上架设坡度架，施工时在坡度架之间挂线找平。河道驳岸坡面的高程控制测量均采用几何水准测量方法。坡度测点相对设计的限值误差，平面为±50mm，高程为±30mm。

#### 2. 河道岸线调整

河道岸线调整是基于河道施工图纸和现场地质、水文、气象等资料，对河道的平面和断面形态进行局部改造，为生态驳岸细部施工做好准备。

1）平面处理

河道径流量随季节变化而波动，即所谓的枯水季和洪水季。为了在枯水季保持河道蓄水量，在洪水季增强河道泄洪量，一方面，河道岸线要以“曲”为宜，通过岸线的折转，降低水流速度，减少水流对驳岸的冲击以及砂石的淤积。因此，在生态驳岸施工前，需要结合现状进行土方填挖调整岸线，岸线折转的角度以60°～90°的锐角为宜，泄洪岸线也应具有 150°～180°较为舒缓的曲线，减少高速径流对河岸的冲刷；另一方面，要在河道中增设蓄水区，蓄水区具有两方面的功能：①可以增加河道的蓄水量，施工中可以根据河道的泄洪能力，沿河岸一侧开挖蓄水池，蓄水池的间距与河岸宽度有关，施工中经验值为河岸宽度的 10～15倍，蓄水池总面积与河道平均深度的乘积宜为洪水期河道泄洪总量的 1.2～1.5 倍。②可以丰富河道及河岸景，蓄水池深度较浅，可结合驳岸设置挺水植物，结合浅滩设置湿地公园，河道中央可以设置岛屿景观，如图 7-15 所示。

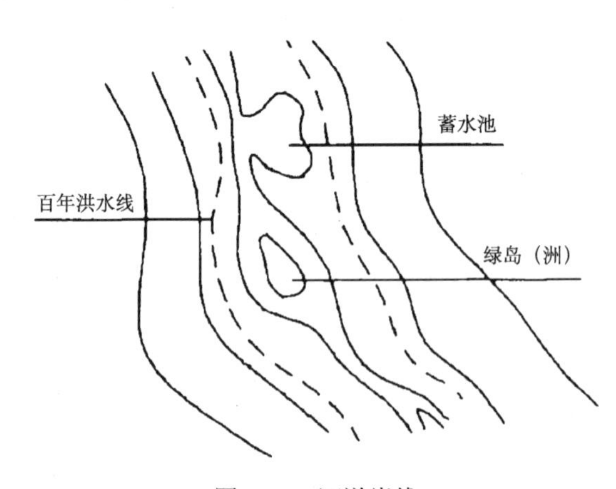


图 7-15　河道岸线

2）断面处理

河岸断面处理的关键是形成常年有水的河道和能够适应不同水位要求的河床，如图 7-16 所示。

通常河道断面处理三维三个层次。一是常水位线深度，该深度主要为鱼类、水生植物等提供基本的栖息场所和游行通道，驳岸施工常采用混凝土砌块，以一定规格的混凝土砌块，堆叠形成生态驳岸，每个混凝土砌块中都具有空隙，可以为水生生物提供栖息场所；二是丰水位线深度，一般为 20～25 年洪水位，可以设置芦苇、菖蒲等挺水植物或亲水游步道，在枯水季游客可以近距离接触水面或河床；三是警戒水位线，通常采用 50～100 年洪水位深度，该区段驳岸采用较坚固的钢筋混凝土形式，如图 7-17 所示。

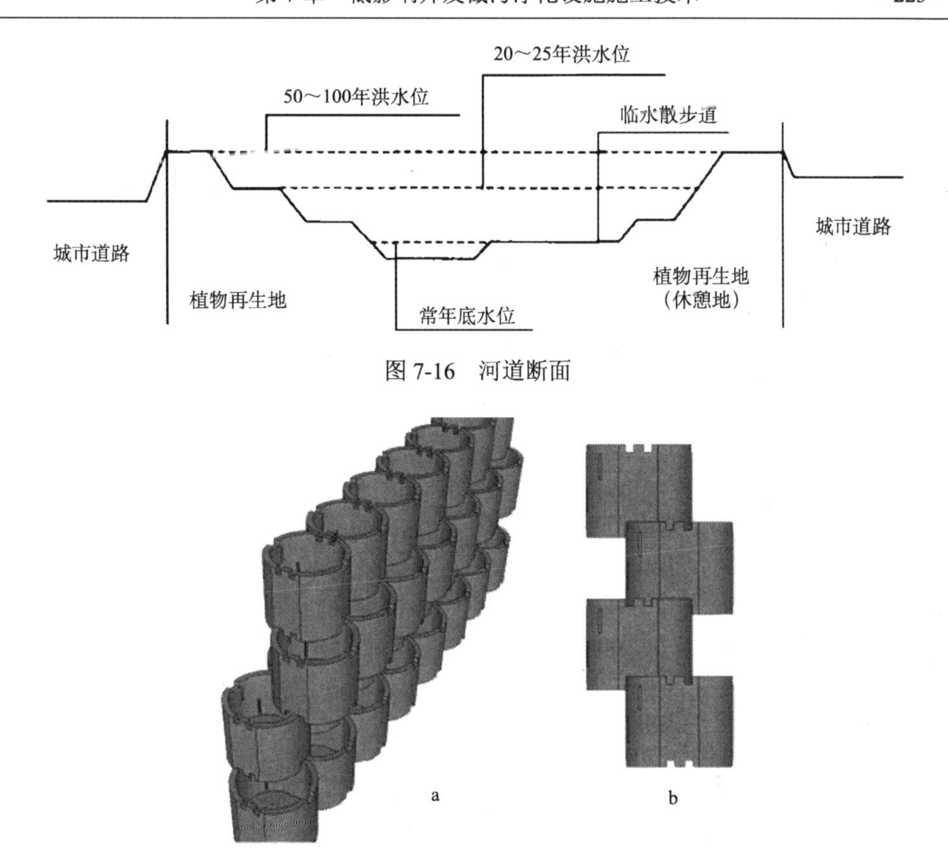


图 7-16 河道断面

图 7-17 河道混凝土断面形式

3. 驳岸护坡和防渗工法

护坡面是利用石块、草皮、石笼等天然材料或土工织布等人工材料，对水岸边裸露的土壤进行保护，其由面层、垫层和下垫面三部分组成。面层的稳定性取决于各组成单元的重量和尺寸、相互摩擦力、水岸压力、锚固结构的机械强度。施工中，护坡坡度通常控制在 1∶1～1∶2，才能满足面层的稳定性。垫层的厚度不少于 20cm，由碎石、砂石组成，或采用土工织布。土工织布的优点是费用低、厚度小、平面拉伸强度高，缺点是易损坏、寿命不确定、维修困难；粗粒材料优点是经久耐用、便于维修，缺点是级配与厚度较难控制，水下施工难度高。下垫面常采用大型块石、卵石等抗冲刷的材料，厚度在 50～60cm。

1）河道驳岸坡面基础开挖

（1）根据坡面测量放线的成果进行坡面土方开挖。

（2）当采用机械开挖时，分段由上至下进行，预留 200mm 开挖深度，待人工清基开挖。

（3）当开挖到设计高程，而基础地基仍然是松土达不到承载力时，应将松土挖除，按设计要求采用较好的土质回填至设计高程。

（4）当开挖遇到地基承载力小于 80kPa 的软弱地基时，可采用抛石挤淤进行地基处理。处理方案由设计到施工现场实地勘察后确定。

（5）基础开挖时应做到及时排水，对于渗漏水应分析其原因后采取有效方法封堵或引导，防止滑坡。

2）河道驳岸坡面地基回填

（1）地基回填之前，应进行清基处理，表层杂土、树根、杂草、垃圾等不良土质等必须清除，清除的弃土、杂物、废渣等，均应运到业主指定的弃场堆放。清基深度一般不小于 300mm。

（2）回填可利用原有驳岸坡面开挖土方，但不得含有腐殖土、淤泥质土以及各类垃圾。

（3）回填土料要控制好最佳含水率。在现场以目测、手测法为主，辅以简易试验，以鉴别回填土料的土质和天然含水量。

（4）回填应分层夯实，每层厚度不超过 300mm，压实度要求不小于 92%，路面结构下 2.5m 范围内压实度要求不小于 94%。

（5）回填应沿水平方向夯实，不应在斜坡面上下夯打。

（6）每一层填筑自检、抽检后，凡取样不合格的部位，应补压（夯）或做局部处理，经复验合格后方可继续下道工序。

3）混凝土护脚制模及混凝土浇筑

混凝土护脚内侧模和底模采用水泥砂浆反模。粉刷反模之前采用人工开挖方法将护脚开挖成形，当土体难以开挖成形时可适当打入钢筋挂网粉水泥砂浆支护。护脚底必须经夯实达到设计压实度以后方可粉水泥砂浆底模。护脚混凝土上口应制安模板使之形成企口，以便安放多孔植生砼预制块，防止其向下滑移。混凝土浇筑方法，可采用搭设溜槽的方法。

4）驳岸防渗工艺

防渗工艺是为了避免园林水体通过地下渗透而流失。干旱地区的施工，驳岸和河底均需要做好防渗处理。生态驳岸防渗处理工艺有两种：一是土料防渗，即在水流较小的河段，此处用黏土、灰土、三合土、四合土等材料进行防渗。这种做法就地取材，技术简单，但不适用于抗冻及水流丰润的地段。二是土工膜料防渗，土工膜是不透水的有机材料，具有质量轻、造价低、覆盖广等特点。其构造如图 7-18 所示，上层为 30cm 厚级配砾石和 20cm 厚砂砾组合，能够承接河道渗透水；中层为土工膜（聚氯乙烯）；下层为夯实土壤。

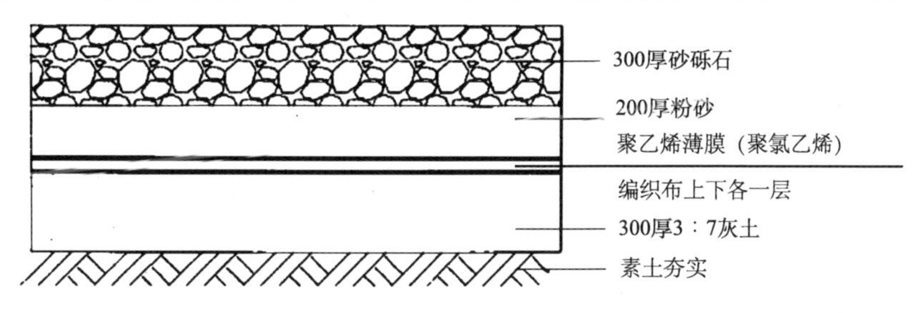


图 7-18 土工膜驳岸防渗工法（单位：mm）

5）双向反滤土工布铺设

（1）双向反滤土工布的材质必须符合设计要求：单位面积质量为 800g/m$^2$，断裂强力大于 40kN/m，渗透系数大于 0.025cm/s。

（2）夯实平整坡面应消除一切可能损伤土工织物的带尖棱硬物，填平坑凹，修好坡面。

（3）按坡度实际尺寸裁剪、拼幅，应避免织物受到损伤。

（4）铺设时，应力求平顺，松紧适度，不得绷拉过紧。织物应与土面密贴，不留空隙。

（5）相邻织物块拼接可用搭接或缝接。一般可用搭接，平地搭接宽度可取 30cm，不平整地或软土应不小于 50cm。

（6）坡面铺设一般应自下而上进行。坡顶、坡脚应以锚固沟或其他可靠方法固定，防止其滑动。

（7）铺设工人应穿软底鞋，以免损伤织物。织物铺好以后，应避免日光直接照射。随铺随覆盖，或采用保护措施。

（8）与驳岸顶结构物连接处，不得留空隙，应结合良好。

（9）本标段工程河道驳岸坡面双向反滤土工布之上铺设多孔植生砼预制块，为防止预制块棱角损伤双向反滤土工布，建议在土工布之上薄薄地覆盖一层原土，注意使用细土均匀地铺设，铺设厚度以预制块不损伤土工布为原则。

（10）每次铺设双向反滤土工布的范围以能及时铺贴多孔植生砼预制块为原则，不得铺设好土工布以后长时间不覆盖，而导致土工布移位或变形。

### 4. 天然草皮驳岸施工工法

天然草皮是良好的生态驳岸。由于草根不能长期浸泡在水中，草皮护岸宜设置在常水位线以上，施工中常用的草皮植物有：狗牙根、黑麦草、百喜草等。草皮护岸主要的作用有两个：①草皮根部对土壤的束缚力；②草皮的长度、劲度、叶片表面积及粗糙度等对水流的阻滞作用。根据工程经验，普通草皮能够阻滞 2m/s 的水流冲击。现代施工中，将草皮附着在土工布上或种植在混凝土砌块中，能够阻滞 4m/s 的水流冲击。草皮护岸形式如图 7-19 所示。

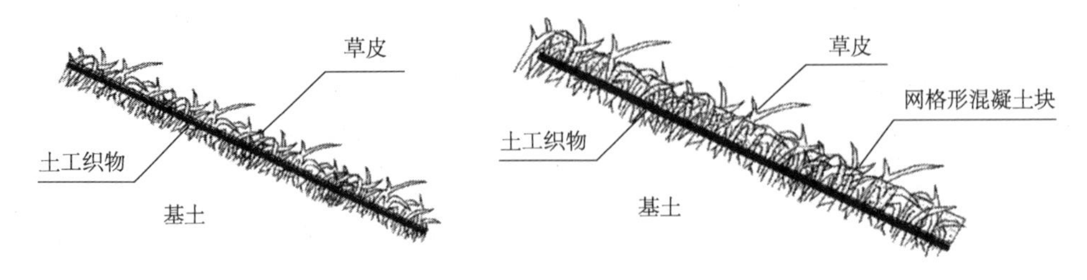


图 7-19　草皮护岸形式

5. 挺水植物驳岸施工工法

挺水植物是指茎秆、叶片直立于水面之上的水生植物。在施工中，常在阶梯式驳岸的不同高程设置盆栽挺水植物。挺水植物的茎和叶能够阻滞水流，使泥沙沉积。研究表明，挺水植物能够吸收其 2m 范围内 70%以上的波浪能量。但在实践中，水流对挺水植物根部的冲击可能影响挺水植物的稳定性。因此，在施工中通常利用石块沿岸边垒砌成下凹区域，以阻碍水流对挺水植物根部的冲击。挺水植物护岸形式如图 7-20 所示。

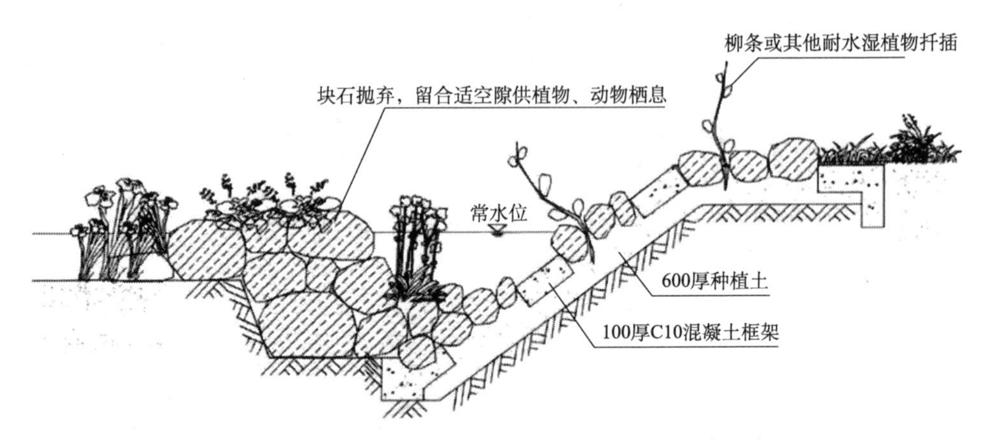


图 7-20　挺水植物护岸形式（单位：mm）

6. 木材驳岸施工工法

木材驳岸施工中也可以就地取材，将树桩、树干、枝条等材料捆扎，这在森林公园或风景区中较为常见。施工时，将树桩两侧用铆钉加固，再将沙土和砾石等覆盖在树桩上，这种驳岸构造简单，取材方便，又能够发挥树桩根系对土壤的保持作用，如图 7-21 所示。

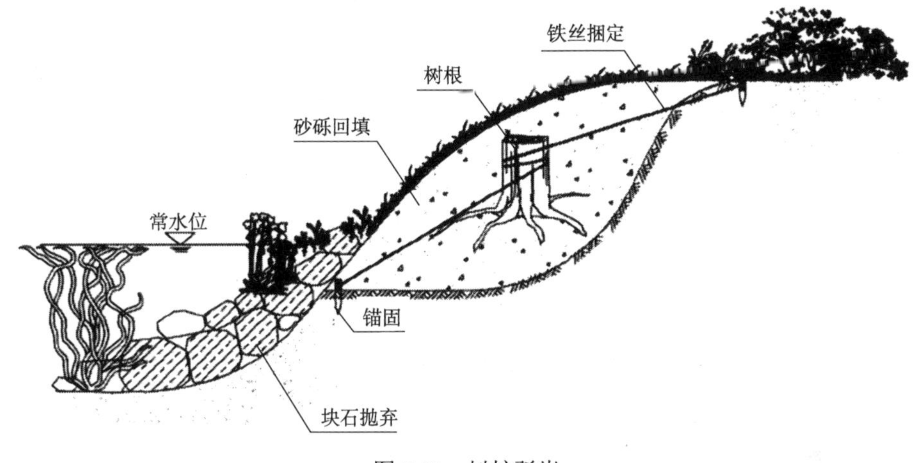


图 7-21　树桩驳岸

“柴枕法”是施工中常见的生态驳岸处理形式，将乔木的枝条或灌木的荆条，甚至草本植物的茎秆等与岩土搅合并捆扎，沉入江河。该施工工艺既能够稳定土基，又能够增强排水，使用年限在 30 年左右。施工中，用麻绳将枝条捆扎成长 1m、直径为 30cm 的柴束，与河岸正交叠放，每层下面设置 15cm 厚的沙土，并用铆钉锚固，如图 7-22 所示。

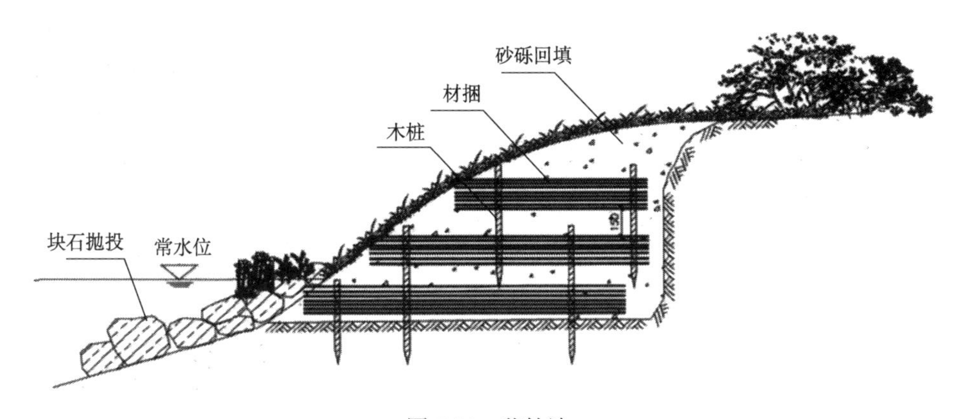


图 7-22　柴枕法

7. 橡胶轮胎驳岸施工工法

近年来，驳岸施工中除了运用生态有机材料外，还可进行废物利用，橡胶轮胎驳岸即是一种创新。橡胶轮胎驳岸是将废弃的橡胶轮胎堆叠起来，内填砾石和沙土，增强橡胶轮胎的稳定性，同时用铆钉将将橡胶轮胎与岸壁稳固，通常还会在橡胶轮胎背面设置砾石过滤层。橡胶轮胎的内部空间可以为水生植物提供生长基质，为鱼类提供栖息场所；橡胶轮胎之间的空隙及其背面的砾石层能够增强驳岸的通透性，如图 7-23 所示。

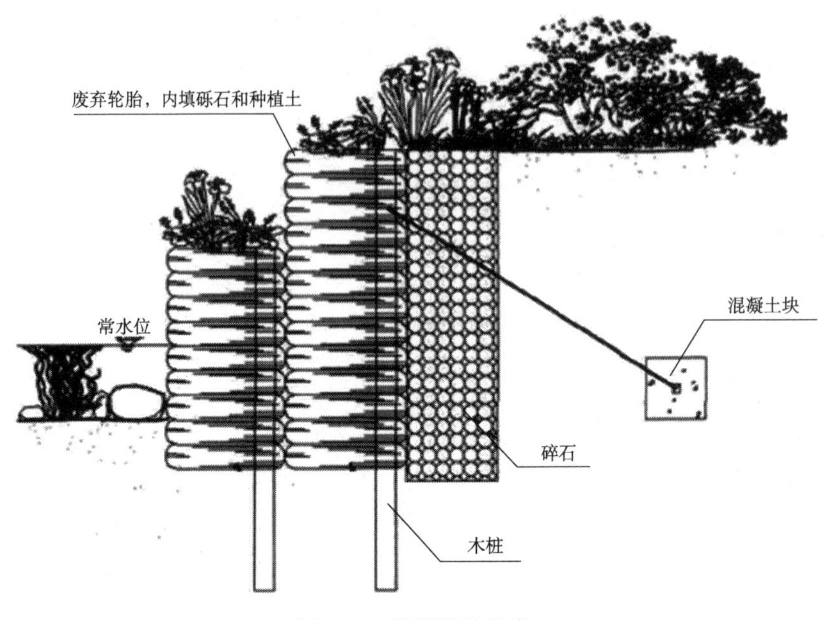


图 7-23　橡胶轮胎驳岸

8. 松木柳条驳岸施工工法

粗松木柳条组合式驳岸是一种过渡与永久相结合的园林驳岸形式。在初期阶

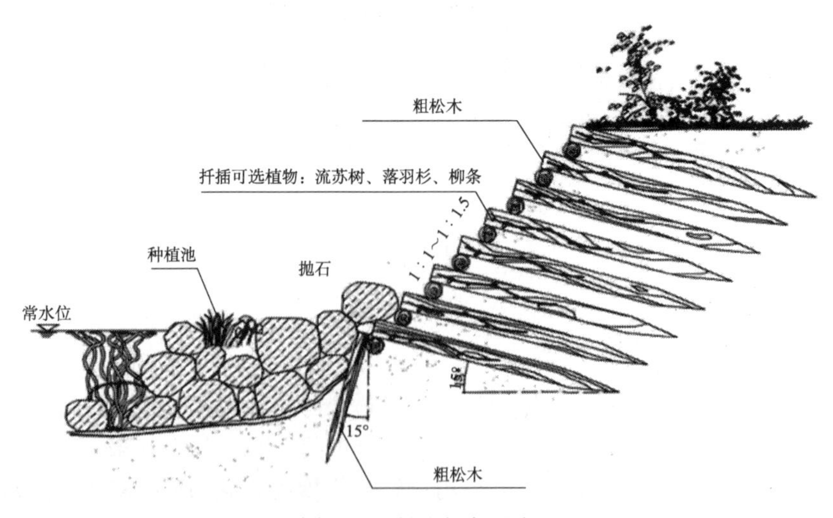


图 7-24　松木柳条驳岸

段，粗松木起着稳定驳岸的作用，同时松木前按一定级配的抛石可以生长水生植物与动物、微生物；随着时间的推移，粗松木将会腐烂而失去稳定驳岸的功能，而这时扦插在粗松木间的柳枝已经成长为灌木或小乔木，替代了松木成为稳固驳岸的主力军。该种驳岸形式适用于流水冲刷程度低、土质比较松软的地段，如图7-24所示。

### 9. 石笼驳岸施工工法

施工工序：施工前准备→测量放线→坡面修整→基础开挖→砼垫层→石笼组装绑扎→石笼就位组装→石笼装填封盖→回填。

（1）基础开挖后，进行20cm厚C20砼垫层施工，待砼强度达到设计要求后方可进行石笼施工。

（2）石笼施工。

①组装双绞格网石笼网箱。石笼钢丝符合设计要求，网片从工厂运至施工现场后在现场加工成网箱，为加强网面与边端钢丝的连接强度，采用翻边机将网面钢丝缠绕在边端钢丝上≥2圈，绞合采用间隔10～15cm单圈-双圈交替绞合。

②填充石料施工。采用人工和机械配填装，网箱运至施工现场后进行填石料施工，填充石料选用坚硬、无锋利棱角且不易风化的粒径在10～30cm的石料。同时均匀地向同层的各箱格内投料，严禁将单格网箱一次性投满，在块石装填到1/3和2/3位置时采用校核钢丝加固，格宾石笼分三层装填，并且往各个方向的格宾石笼单位逐级递推，两相邻格宾石笼单元填石高度不超过33cm。填充石料顶面宜适当高出网箱，且密实，空隙处宜以小碎石填塞。迎水面及顶面的填充石料，表面以人工砌垒整平，石料间应相互搭接。

③箱体封盖施工。封盖在顶部石料砌垒平整的基础上进行，先使用封盖夹固定每端相邻结点后，再加以绑扎，封盖与网箱边框相交线，每间隔25cm绑扎一道。

### 10. 植物砼生态墙施工工法

1）植物砼生态墙预制块

（1）植物砼生态墙预制块的原材料、成品规格和铺设分块布置应符合设计要求。

（2）植物砼生态墙预制块技术指标要求如下：

①采用C20无砂混凝土，粗集料碎石粒径为10～20mm。

②植物砼生态墙预制块空隙率>15%，抗压强度>18MPa。

③植物砼生态墙预制块表层椰子纤维厚度为10mm。

（3）检查已铺设好的土工布的坡面坡度是否符合设计要求，在符合设计要求的坡面上，架设坡度尺和拉线作为多孔植生砼预制块铺设的基准面。

（4）护脚混凝土达到到一定强度以后方可进行多孔植生砼预制块的铺设。铺设从护脚混凝土开始逐层向上，铺设之前在护脚混凝土顶测设高程，作为第一层砼预制块水平缝找平的依据，铺设过程中做到接缝平直、坡面平整。

（5）用专用金属部件直接连接相邻多孔植生砼预制块。

（6）表面喷土，种植植被。表面覆土厚度在设计洪水位以下部位不超过 5cm，设计洪水位以上部位不得超过 15cm，并轻度拍打使其密实。使用当地挖掘的带有根系的土壤回填，按设计要求种植。

2）现浇植物砼生态墙

施工程序：施工准备→C20 混凝土框构件制作→现浇后部绿化砼浇注→中部营养材料配制及安装→现浇前部绿化混凝土→填充脱碱剂即盐碱改良材料→客土及草籽回填或直接铺种草坪。

（1）施工前准备工作如下。

在进行全面施工前，需要做好各项技术准备、材料及设备准备、人员组织准备、植物种植准备、植物养护等准备工作。

技术准备：做好施工方案的审查工作，施工任务确定后，提前与建设单位、监理单位联系，掌握施工方案、编制情况，做好图纸会审工作，使每个现场管理人员能及时领会到设计方案的意图，以便贯彻落实，组织好施工管理。

材料及设备准备：认真做好材料采购的准备工作，根据绿化型混凝土材料规格及技术含量要求，落实材料的供应。做好材料送检、复测工作。保养好计划进场的机械设备，工具等，随时以良好的性能进场。表 7-5 所列为机械准备所需设备。

**表 7-5　机械设备配备包括生态混凝土护坡生产所需设备表**

| 种类（名称） | 数量 | 型号 | 出厂日期 | 备注 |
|---|---|---|---|---|
| 搅拌机 | 台 | | | |
| 砂浆搅拌机 | 台 | | | |
| 电焊机 | 台 | | | |
| 汽油浇水机 | 台 | | | |
| 劳动车 | 辆 | | | |
| 水准仪 | 台 | | | |
| 经纬仪 | 台 | | | |
| 发电机 | 台 | | | |

人员组织准备：为了确保绿化混凝土护坡工程保质保量的完成，根据工程数量，参照工程概预算定额及国家、地方劳动定额和施工经验、技术等级、整体实力与素质并根据工程的实际情况，结合工期要求，计算出工程需要的劳动人数。

管理人员根据组织机构设置编定，技术人员根据施工点、工程量、施工段的划分确定。

植物种植准备：方案一、将脱碱剂即盐碱改良材料与草籽、花籽拌和后填充到绿化混凝土表层缝隙内；方案二、直接铺种草坪。

植物养护准备：考虑到当地气候条件的特殊性，早晚需加盖薄膜，防止温差过大。每天由专人负责养护，观察并记录植物生长情况。

材料的选择：为确保施工符合设计要求，根据绿化混凝土的特殊性，选择特定的材料并送检，不合格不得使用。

（2）现浇后部绿化混凝土。将级配好原料通过搅拌灌入制作好的构件里。

（3）中部营养袋制作。用一定厚度的牛皮纸将配置好的营养土及脱碱剂即盐碱改良材料灌满，然后放置在构件的中间部位。现浇前部绿化混凝土：将级配好的原料通过搅拌灌入制作好的构件里，填至离沿面 2cm 处，待达到一定强度后采用吹填或水沉法将配置好的营养土及脱碱剂即盐碱改良材料填充进去。填充时要填均匀。

（4）营养土及客土回填。配制填充的营养材料：按比例加入一定量的草籽、花籽，填充营养材料：可采用吹填、水沉或振捣方式向绿化混凝土孔隙内充填复合营养改性材料。回填的可耕作客土既是绿化混凝土的组成部分之一，也可提高绿化混凝土植草发芽率。回填土应无碎石等杂物、杂质，无块状。回填土的含水率应不小于 15%，过干时，可在回填后的土表面少量洒水。回填土切勿过厚，以免草在回填土层过度分蘖，使草与混凝土分离。

（5）绿化种植。

①草籽播种法。在回填营养土内加入适合本地生长的早熟禾及狗牙根，$12g/m^2$。在草籽出牙前，养护 3～4d 保湿，为考虑当地温差，早晚要加盖薄膜，中午高温时，加盖空隙为 50%的遮阳网，使草籽及早发芽、定根、成坪。

②考虑本地的特点，如无法采用草籽播种法，将添加生根剂的草坪直接铺设在绿化混凝土上，为提高成活率，早晚加盖薄膜，中午覆盖遮阳网。

## 7.3　植被缓冲带施工技术

### 7.3.1　植被缓冲带的基础知识

植被缓冲带为靠近水源的坡度较缓的植物分布带，经植被拦截及土壤下渗作用减缓地表径流流速，通过降低水流速率去除缓冲带沉积物，能够起到避免水源地周围水土流失，减轻水源地受泥沙冲击或水质遭受影响的作用。

植被缓冲带适合于在缓冲带及细沟侵蚀的干扰区进行泥沙分流。植被缓冲带坡度一般为2%～6%，宽度不宜小于2m。具体结构见图7-25。

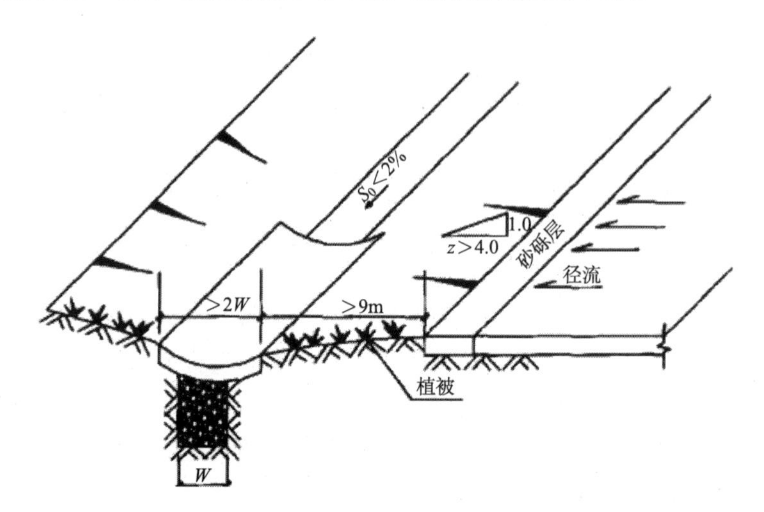


图7-25　植被缓冲带典型构造示意图（单位：m）

植被缓冲带适用于道路等不透水面周边，可作为生物滞留设施等低影响开发设施的预处理，也可作为城市水系的滨水绿化带。

### 7.3.2　植被缓冲带的施工工法

植被是植被缓冲带的重要组成部分，也是核心功能部分，起到控制径流量、净化水质的重要作用。植被缓冲带应种植茂密的草本植被（至少8～30cm高度的植物种植），草本植被覆盖率要超过90%，未覆盖的10%可以种植木本植被。

植被缓冲带应沿着整个干扰区的下坡边缘的全程进行布设，最小宽度为7.6m（7.6m是相对于38m宽的干扰区的宽度），超过38m宽的干扰区，每1.5m应额外布设0.3m宽的缓冲带。植被应优先选用本地物种，适当搭配外来物种。严禁使用带有严重病虫害的植物材料，非检疫对象的病虫害危害程度或危害痕迹不得超过树体的5%～10%。自外省市及国外引进的植物材料应有植物检疫证。种植布局可参照图7-26。

区域3作为植被缓冲带的最外围，主要控制径流，同时对污染物进行截留和削减，适合种植乔木、灌木及一些草坪植物。

区域2在区域3的基础上进一步对污染物进行截留和削减，同时提供动物栖息地，创造和谐的生态环境。

区域1主要稳定堤岸，起到遮阴效果，同时能降低水温，适合种植一些湿生及沼泽植物和一些地被植物。

集中水流会造成水土流失，因此需要在水流入流处采取措施，防止集中水流

图 7-26　植被缓冲带示例图

冲刷，形成薄层水流，保持水土。主要措施如下：

（1）设计时同一坡度（即使坡度不大）的坡面不宜延伸过长，应该有起伏变化，以阻碍缓冲径流速度；缓冲带坡度不宜过陡。

（2）利用渗排水管等措施将雨水引到滨水地段的排放点。

（3）一旦出现裸露，及时补植。裸露地面很容易受雨水冲蚀，而植被则不易被水冲刷。这是由于：一方面，植被本身阻挡了雨水对地表的直接冲击，吸收部分雨水并减缓了径流的流速；另一方面，植物根系深入地表将表层土壤颗粒稳固住，使之不易被地表径流冲走。

（4）如果植被缓冲带有淤泥覆盖、形成小水流，或者没有起到效果，则应安装其他周边沉积物控制设施，并考虑现场条件，尽快完成水土流失区域的修复和稳定。

植被布置、运输、施工应符合《园林绿化工程施工及验收规范》（CJJ 82—2012）的规定。

### 1. 栽植前处理

对该地区的土壤理化性质进行化验分析，采取相应的土壤改良、施肥和置换客土等措施，绿化栽植土壤有效土层厚度应符合设计要求。

绿化栽植前场地清理应符合下列规定：

（1）有各种管线的区域、建（构）筑物周边的绿化用地，应在其完工并验收合格后进行。

（2）应将现场内的渣土、工程废料、宿根性杂草、树根及其有害污染物清除干净。

（3）对清理的废弃构筑物、工程渣土、不符合栽植土理化标准的原状土等应做好测量记录、签字确认。

（4）场地标高及清理程度应符合设计和栽植要求。

（5）填垫范围内不应有坑洼、积水。
（6）对软泥和不透水层应进行处理。

### 2. 栽植基础

栽植基础严禁使用含有害成分的土壤，有效土层下不得有不透水层。

### 3. 栽植土

植物栽植土应包括客土、原土利用、栽植基质等，栽植土应符合下列规定：
（1）土壤 pH 应符合本地区栽植土标准或按 pH 5.6～8.0 进行选择。
（2）土壤全盐含量应为 0.1%～0.3%。
（3）土壤容重应为 1.0～1.35g/$cm^3$。
（4）土壤有机质含量不应小于 1.5%。
（5）土壤块径不应大于 5cm。
（6）栽植土应见证取样，经有检测资质的单位检测并在栽植前取得符合要求的测试结果。

栽植土回填及地形造型应符合下列规定：
（1）地形造型的测量放线工作应做好记录、签字确认。
（2）造型胎土、栽植土应符合设计要求并有检测报告。
（3）回填土壤应分层适度夯实或自然沉降达到基本稳定，严禁用机械反复碾压。
（4）回填土及地形造型的范围、厚度、标高及坡度均应符合设计要求。
（5）地形造型应自然顺畅。
（6）地形造型尺寸和高程允许偏差应符合表 7-6 的规定。

**表 7-6　地形造型尺寸和高程允许偏差**

<table>
<tr><th>项次</th><th colspan="2">项目</th><th>尺寸要求</th><th>允许偏差/cm</th></tr>
<tr><td>1</td><td colspan="2">边界线位置</td><td>设计要求</td><td>±50</td></tr>
<tr><td>2</td><td colspan="2">等高线位置</td><td>设计要求</td><td>±10</td></tr>
<tr><td rowspan="4">3</td><td rowspan="4">地形相对标高/cm</td><td>≤100</td><td rowspan="4">回填土方自然沉降以后</td><td>±5</td></tr>
<tr><td>101～200</td><td>±10</td></tr>
<tr><td>201～300</td><td>±15</td></tr>
<tr><td>301～500</td><td>±20</td></tr>
</table>

栽植土施肥应按下列方式进行：

（1）商品肥料应有产品合格证明，或已经过试验证明符合要求。

（2）有机肥应充分腐熟方可使用。

（3）施用无机肥料应测定绿地土壤有效养分含量，并宜采用缓释性无机肥。

栽植土表层整理应按下列方式进行：

（1）栽植土表层不得有明显低洼和积水处，花坛、花境栽植地 30cm 深的表土层必须疏松。

（2）栽植土的表层应整洁，所含石砾中粒径大于 3cm 的不得超过 10%，粒径小于 2.5cm 的不得超过 20%，杂草等杂物不应超过 10%；

栽植土表层与道路（挡土墙或侧石）接壤处，栽植土应低于侧石 3～5cm；栽植土与边口线基本平直。

栽植土表层整地后应平整略有坡度，当无设计要求时，其坡度宜为 0.3%～0.5%。

#### 4. 栽植穴、槽的挖掘

栽植穴、槽挖掘前，应向有关单位了解地下管线和隐蔽物埋设情况。

树木与地下管线外缘及树木与其他设施的最小水平距离，应符合相应的绿化规划与设计规范的规定。

栽植穴、槽的定点放线应符合下列规定：

（1）栽植穴、槽定点放线应符合设计图纸要求，位置应准确，标记明显。

（2）栽植穴定点时应标明中心点位置，栽植槽应标明边线。

（3）定点标志应标明树种名称（或代号）、规格。

（4）树木定点遇有障碍物时，应与设计单位取得联系，进行适当调整。

栽植穴、槽的直径应大于土球或裸根苗根系展幅 40～60cm，穴深宜为穴径的 3/4～4/5。穴、槽应垂直下挖，上口下底应相等。

栽植穴、槽挖出的表层土和底土应分别堆放，底部应施基肥并回填表土或改良土。

栽植穴、槽底部遇有不透水层及重黏土层时，应进行疏松或采取排水措施。土壤干燥时应于栽植前灌水浸穴、槽。

当土壤密实度大于 $1.35g/cm^3$ 或渗透系数小于 $10^{-4}cm/s$ 时，应采取扩大树穴，疏松土壤等措施。

#### 5. 苗木运输和假植

（1）苗木装运前应仔细核对苗木的品种、规格、数量、质量。外地苗木应事先办理苗木检疫手续。

（2）苗木运输量应根据现场栽植量确定，苗木运到现场后应及时栽植，确保当天栽植完毕。

（3）运输吊装苗木的机具和车辆的工作吨位，必须满足苗木吊装、运输的需要，并应制订相应的安全操作措施。

（4）裸根苗木运输时，应进行覆盖，保持根部湿润。装车、运输、卸车时不得损伤苗木。

（5）带土球苗木装车和运输时排列顺序应合理，捆绑稳固，卸车时应轻取轻放，不得损伤苗木及散球。

（6）苗木运到现场，当天不能栽植的应及时进行假植。苗木假植应符合下列规定：裸根苗可在栽植现场附近选择适合地点，根据根幅大小，挖假植沟假植。假植时间较长时，根系应用湿土埋严，不得透风，根系不得失水；带土球苗木的假植，可将苗木码放整齐，土球四周培土，喷水保持土球湿润。

### 6. 植被修剪

苗木栽植前的修剪应根据各地自然条件，推广以抗蒸腾剂为主体的免修剪栽植技术或采取以疏枝为主，适度轻剪，保持树体地上、地下部位生长平衡，应符合下列规定：

（1）苗木修剪整形应符合设计要求，当无要求时，修剪整形应保持原树形。

（2）苗木应无损伤断枝、枯枝、严重病虫枝等。

（3）落叶树木的枝条应从基部剪除，不留木橛，剪口平滑，不得劈裂。

（4）修剪直径 2cm 以上大枝及粗根时，截口应削平应涂防腐剂。

（5）非栽植季节栽植落叶树木，应根据不同树种的特性保持树型，宜适当增加修剪量，可剪去枝条的 1/3～1/2。

落叶乔木修剪应按下列方式进行：

（1）具有中央领导干、主轴明显的落叶乔木应保持原有主尖和树形，适当疏枝，对保留的主侧枝应在健壮芽上部短截，可剪去枝条的 1/5～1/3。

（2）无明显中央领导干、枝条茂密的落叶乔木，可对主枝的侧枝进行短截或疏枝并保持原树形。

（3）行道树乔木定干高度宜 2.8～3.5m，第一分枝点以下枝条应全部剪除，同一条道路上相邻树木分枝高度应基本统一。

常绿乔木修剪应按下列方式进行：

（1）常绿阔叶乔木具有圆头形树冠的，可适量疏枝；枝叶集生树干顶部的苗木，可不修剪；具有轮生侧枝，作行道树时，可剪除基部 2～3 层轮生侧枝。

（2）松树类苗木宜以疏枝为主，应剪去每轮中过多主枝，剪除重叠枝、下垂枝、内膛斜生枝、枯枝及机械损伤枝；修剪枝条时基部应留 1～2cm 木橛。

（3）柏类苗木不宜修剪，具有双头或竞争枝、病虫枝、枯死枝应及时剪除。

灌木及藤本类修剪应符合下列规定：

（1）有明显主干型灌木，修剪时应保持原有树型，主枝分布均匀，主枝短截长度宜不超过 1/2。

（2）丛枝型灌木预留枝条宜大于 30cm，多干型灌木不宜疏枝。

（3）绿篱、色块、造型苗木在种植后应按设计高度整形修剪。

（4）藤本类苗木应剪除枯死枝、病虫枝、过长枝。

## 7.4　雨水土壤渗滤施工技术

### 7.4.1　雨水土壤渗滤的基础知识

雨水土壤渗滤系统应用土壤学、植物学、微生物学等基本原理，用于过滤和入渗雨水的生物过滤系统，核心是通过土壤-植被-微生物生态系统净化功能来完成物理、化学、物理化学以及生物等净化过程，有三个功能，即雨水收集、净化和回用。

土壤渗滤的作用机理包括土壤颗粒的过滤作用、表面吸附作用、离子交换、植物根系和土壤中生物对污染物的吸收分解等。土壤中的微生物群落可以有效去除 COD、BOD 和悬浮物，而其回用排放面积的大小取决于土壤的渗透性。测定建设区域土壤的渗透率，对场地进行平整是建设雨水土壤渗滤系统的两项前提条件。

人工土壤的渗透系数可达到 $10^{-5}$～$10^{-3}$m/s 数量级，还要有良好的通透性。土壤垂直渗滤净化效果与渗透深度密切相关，人工土 1m 深 COD 去除率可达 70%～80%，天然土 1m 深可达 60%左右，即地表 1～1.5m 厚土壤层可去除大部分有机污染物。随深度的增加，净化作用可进一步提高，但增加幅度有限。土壤水平渗滤效果与渗滤长度相关，当进水 COD 浓度在 100～200mg/L，水平渗滤的出水 COD 去除率可达 50%以上，人工土 15m 长度出水的去除率高达 80%～90%，出水水质清澈，COD 浓度可小于 20mg/L。土壤渗透率还影响着系统的大小和造价，土壤的渗透率越小，系统的体积就越大。

覆盖土层种植花草后，可以形成良好的景观。人工土壤渗滤系统里面的浅表植物层可以通过植物的根系来吸收污水中含有的大量的化学污染物，特别是氮元素。人工土壤渗滤系统里的土壤本身带有黏土层，水在下渗的过程中磷元素会被截留在这一层。在表层和黏土层之间，必须有富氧砂砾层，砂砾层能有效帮助去除污染物。

人工土壤渗滤系统的使用寿命受悬浮物含量的影响，可通过预处理尽量降低总悬浮物含量，以延长沙丘的使用周期。

传统的人工土壤渗滤系统土层由干净的卵石、碎石等构成，其结构如图 7-27

所示。带孔的渗透管铺设在碎石层。人工土壤渗滤系统应该尽量远离天然水源地，例如河流、湖泊等。一旦建立起人工土壤渗滤系统以后，其他的结构设施，比如游泳池、建筑、行车道等都不应该在其下游位置或临近位置建设，以防污染净化水效果[46]。

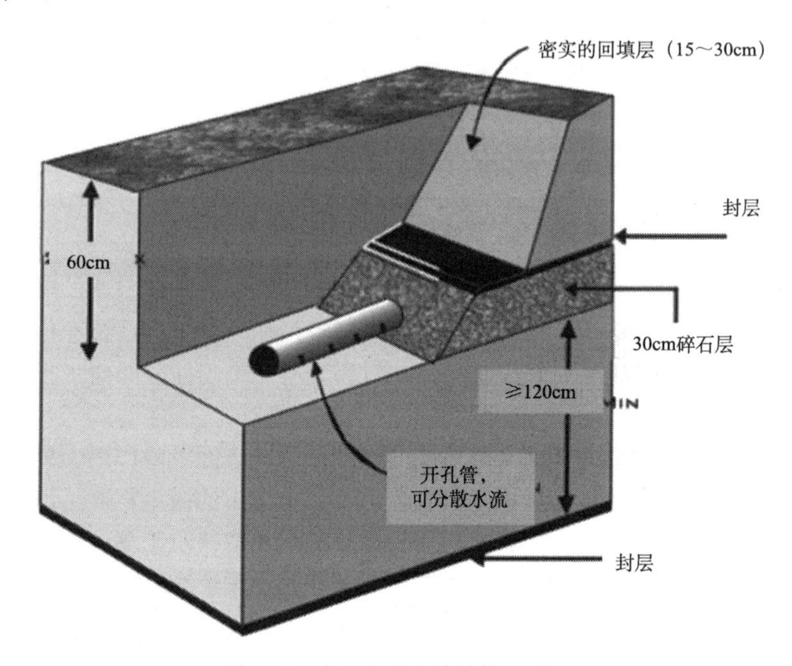


图 7-27　人工土壤渗滤结构示意图

传统的人工土壤水平渗滤系统是由预沉池（septic tank）之后接一个沉淀池（absorption field）组成的。沉淀池一般是由厚而肥沃的砂壤土结构层构成，其进水口前段表层土壤是渗透系数高、吸附能力强的土层，之后会经过配水箱（D box），这时水槽的边坡会超过 1.5%，并应该配合沉淀箱（drop boxes）来使用。传统的人工土壤水平渗滤系统有两种类型：一是所有的净化池都是一个高程（当边坡斜率不大于 1%时），二是所有净化池的高程依次降低（当边坡斜率超过 1.5%时）。

当传统人工土壤渗滤系统受到高地下水位、洪水、浅基岩等的干扰和限制时，会考虑使用其他类型的人工土壤渗滤系统，这里包括浅型土壤渗滤系统、水平面型土壤渗滤系统、低压管道系统、人工沙丘系统等。

雨水土壤水平渗滤主要有植被浅沟、植被缓冲带、高位花坛等技术。人工土壤渗滤包括垂直渗滤（图 7-28）和水平渗滤（图 7-29）。

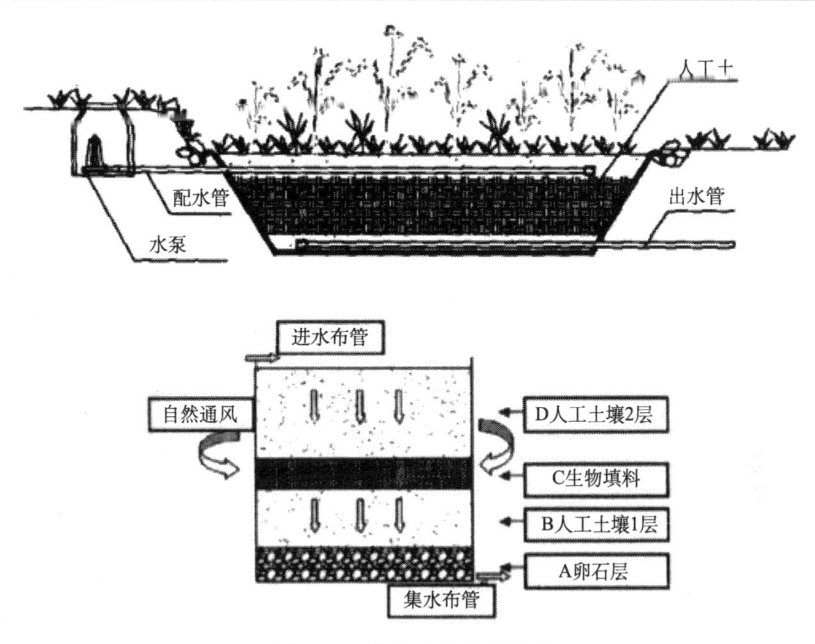


图 7-28　土壤垂直渗滤构造

图片来源：《城市雨水利用技术与管理》[40]

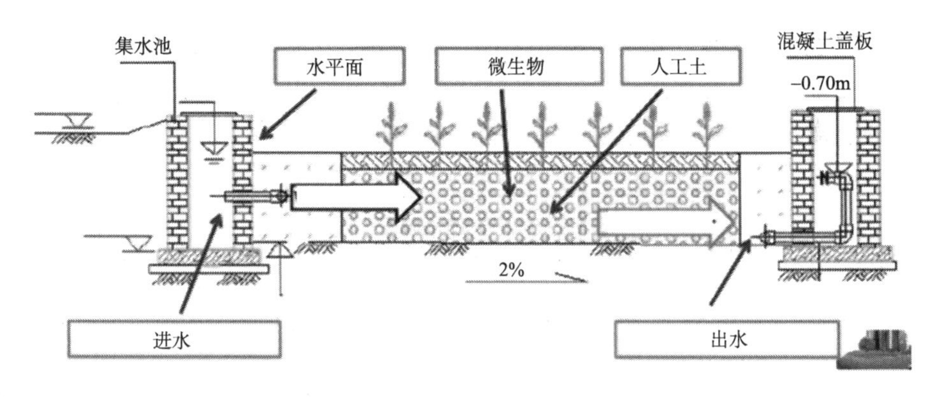


图 7-29　土壤水平渗滤构造

### 7.4.2　雨水土壤渗滤的施工工法

1. 渗滤基床施工工法

施工前，应将基槽上的积水排出、疏干，将树根坑、井穴、坟坑等进行技术处理，并整平。换土沟槽底部不得超挖，靠近构槽底部 20cm 采用人工开挖。开挖完成后槽底不得扰动。换土沟槽边坡支护方式应符合设计要求，沟槽顶堆土距沟槽边缘不应小于 0.8m，堆土高度不应大于设计堆置高度且不应大于 1.5m。

渗透基床的最大坡度斜率是10%，基底上应该耙出耙痕，然后再填充碎石层。碎石层的深度最少为150mm。

上下两段渗透孔管道之间的距离为1.8m，渗透管外延到渗透基床的距离应该为0.9m。每一个人工土壤渗透系统的中心位置都应该安装一个竖向检查管。每一个人工土壤渗透系统中应该有两个竖向清洁管，它们应该坐落于场地的对角线上，以确定场地的范围。

防渗膜铺贴应贴紧基坑底和基坑壁，适度张紧，不应有皱折。防渗膜与溢流井应连接良好，密闭，连接处不渗水。防渗膜接缝应采用焊接或专用胶黏剂黏合，不应有渗透现象。施工中应保护好防渗膜，如有破损，应及时修补。

### 2. 渗滤系统施工工法

渗滤体由石英砂、少量矿石和活性炭及营养物质等材料组成，不得含有草根、树叶、塑料袋等有机杂物及垃圾，矿石泥砂量不得超过 3%，材料配合比应符合设计要求。采用生物填料的原料、材料比重、有效堆积生物膜表面面积、堆积密度应符合设计要求。

天然沙土因具有通透性强、渗透速率高等优点，在国内外常常被选作渗滤介质，然而沙性土壤也存在着许多不足之处，如土壤的生物活性弱、污染物去除能力差等。黏性土壤在截留污染物方面有一定的优势，但它的入渗性能差，不宜直接作为渗滤介质。为了满足雨水处理的要求，既要考虑到对污染物去除的要求，又要兼顾渗滤性能，因此，需要人工配制理想的渗滤层代替天然土层作为削减污染负荷的渗滤介质。

1）自然渗滤层材料要求

（1）沸石。天然沸石的孔隙度高、比表面积大，具有吸附、离子交换和催化等性能，常作为经济的废水处理材料，用来去除废水中的$NH_4^+$、重金属及放射性物质等无机成分。在以天然河沙为主要滤料的人工快渗系统中添加沸石，系统内的粒径差异可以有效解决堵塞问题，而且可以创造好氧、厌氧交替的环境，从而有利于N 的去除。沸石对$Cu^{2+}$、$Ni^{2+}$、$Co^{2+}$的离子交换能力分别为8.3mg/g、6.6mg/g和4.5mg/g。

（2）石英砂。石英砂是最广泛使用的滤料，价格低廉，性能优越，常被应用于土壤改良，其较大的颗粒粒径能提高土壤的渗透性，减少地表径流量。石英砂表面形貌复杂，电荷大多集中分布在颗粒表面的鞍部、凸起和凹陷部位。石英砂具有一定的吸附特性，其附着机理涉及电效应、范德瓦耳斯力、化学作用等。若配合混凝、沉淀等预处理方法，石英砂过滤机理便由筛滤作用转变为迁移附着作用。

（3）木料。木屑质轻疏松，孔隙度大，可增加土壤的通透性和保水性能，并能在土壤微生物的作用下分解、转化为腐殖质，增加土壤的团聚性和保肥性，在国内外均被广泛应用。大量研究表明，木屑等农林废弃物对重金属的去除有显著的效果，离子交换和氢键结合是木屑等有机材料吸附去除重金属离子的主要作用原理。

2）废料改良渗滤层材料要求

（1）煤灰渣。煤灰渣的物质组成相当复杂，其中余炭具有活性炭的吸附作用。原状土投加煤灰渣之后，可改善其物化条件和微生物栖息条件，强化污染物的降解作用，从而达到提高人工土渗滤系统处理效果的目的。天然土壤中添加煤灰渣后，一方面，土壤中的微生物利用其吸附的有机污染物和 N、P 物质作为自身的营养进行生长代谢，提高了系统对有机物的处理效果；另一方面，由于煤灰渣中含有一定比例的 Fe 和 C，它们产生的微电解作用可能对有机污染物质的去除有一定的贡献。

（2）蟹壳。蟹壳表面粗糙并伴有许多凸起，有利于对污染物的截留。几丁质为生物多聚物，大量存在于动物及昆虫的甲壳中。几丁质对部分 PAHs 有吸附作用。能量色散 X 射线光谱分析（EDX）显示，蟹壳由 Ca、C、N、S、O 和 P 元素构成，其中碳酸钙和几丁质起到了去除重金属的主要作用。

3）人工材料改良渗滤层材料要求

（1）纤维膜。纤维制品可作为雨水预处理过程中的处理介质使用。与传统的沙质滤料相比，纤维滤料的比表面积及过水流速分别为其 2 倍及 5 倍。絮凝剂的配合使用使溶解态的有机物、重金属及 SS 均得以较好地去除。

（2）活性炭。活性炭因具有巨大的比表面积而具有良好的吸附性能，能有效去除水中臭味、溶解态有机物、微污染物等。芳香族化合物、卤代烃等及大部分较大的有机物分子能牢固地吸附在活性炭表面或孔隙中，并对腐殖质、合成有机物和低分子量有机物有明显的去除效果。

（3）氢氧化铁颗粒。近年来，利用商业产品氢氧化铁颗粒（GHF）作为吸附剂处理污水发展迅速。GHF 由 100%正方针铁矿（$\beta$-FeOOH）构成，已有研究证明其可有效去除污水中的砷、磷和其他金属。

（4）零价铁。零价铁（FeO）是一种新型人造材料，常用于地下水的处理。相比零价铁，纳米零价铁（nZVI）由于具有更大的比表面积和独特的核壳结构，在污染物去除上具有更优的效果。

人工合成材料对污染物的处理具有快速、高效、处理范围广等优势，使其在一定程度上优于天然材料及废弃材料。相比于雨水处理，应用于废水处理的人工填料种类则较丰富，已有的研究包括以水热法改良处理的杨树纤维、离子交换树脂、生物炭、纳米级黏土矿物、碳基纳米粒子等。

表 7-7 列出了常见的几种渗滤层材料在可去除污染物、去除机理方面的对比表。表 7-8 列出了垂直渗滤和水平渗滤在渗滤体和土壤厚度等方面的区别。

表 7-7　城市雨水径流渗滤处理设施渗滤层材料对比

| 对比项目 | 天然材料（沸石、石英砂、木料等） | 废弃材料（煤灰渣、蟹壳等） | 人工材料（纤维膜、活性炭、零价铁等） |
| --- | --- | --- | --- |
| 可去除污染物 | TN、TSS、径流污染典型重金属 | TN、TP、TSS、径流污染典型重金属、部分有机污染物 | TN、TP、TSS、色度、径流污染典型重金属、部分有机污染物、芳香族化合物、卤代烃、致病菌 |
| 去除机理 | 物理化学吸附、截留、离子交换 | 物理化学吸附、截留、表面沉淀、螯合作用、离子交换 | 物理化学吸附、截留、共沉淀、离子交换、氧化 |
| 优势 | 提高系统水力负荷，减少系统阻塞，为微生物生长提供场所或碳源，造价低、环境友好、易获取 | 为微生物生长提供碳源，改善土壤条件，造价低、易获取 | 处理快速，对单一污染物处理能力强，对复合污染处理有一定效果，应用范围广 |
| 劣势 | 对某些污染物去除能力有限，对复合污染处理能力弱，单独使用渗滤层较厚 | 自身有害物质溶出，对某些污染物去除能力有限，对复合污染处理能力弱 | 造价较高，应用条件及环境影响不确定 |

表 7-8　城市雨水径流渗滤处理设施渗滤层材料对比

| 渗滤方式 | 技术对象 | 渗滤体类型 | 土壤厚度/m |
| --- | --- | --- | --- |
| 垂直渗滤 | 垂直土壤渗滤床 | 人工土 | 1.2～1.6 |
|  | 垂直土壤渗滤床 | 人工土或天然土 | 1.2～1.6 |
| 水平渗滤 | 高位花坛 | 人工土或天然土 | 0.4～0.8 |
|  | 植草沟或植被缓冲带 | 人工土或天然土 | 0.2～0.4 |

所有的人工土壤渗滤系统必须保证距离构筑物不少于 5m 距离，比如道路、挡墙等；距离建筑物 6m 以上的距离；距离饮用水源地、自然湖泊河流 30m 以上的距离；距离饮用井口 60m 以上的距离。

渗滤体没有隔离层的情况下，土壤表面层最少 1.2m 深；如有隔离层，隔离层一般最少 50mm 深，土壤表面层则减少至 0.6m 深。结构底部至少低于地表 0.6m，结构底部距离地下水高水位垂直距离必须大于 1.2m。

渗滤体铺装填料时，应均匀轻撒填料，严禁由高向低把承托料倾泻至下一层承托料之上。渗滤体应分层填筑，碾压密实，碾压时应保护好渗管、排水管及防渗膜等不受破坏。

渗透石子层必须洁净并且产生碎屑量小于其体积的 3%（直径 0.08mm），渗透石子层的石子直径应该在 20～65mm。渗透石子应该铺满整个渗透区域，并且铺设在有渗透孔的管道周围 5cm 范围以内。

在碎石层和回填层之间必须使用透水土工布层。

工程结束后的地表必须要有超过标高的土丘，以防止土壤下沉。

### 3. 配水系统施工工法

穿孔管道标准管道孔径应该为 10cm。硬质 PVC 管或者其他的管材，渗透孔应该是圆形、直径 1.2cm 左右、每隔 30cm 一个，均匀分布在水管的四点以及八点方向上。

应该采用直径在 1.8～5cm 的石子。其中直径越小越好，可以减少过滤表面反滤。同时最好石子的直径尽量均等，让石子间的空隙加大，留出更多的蓄水空间。石子的硬度也有要求，其硬度应该超过莫氏硬度（Mohs hardness scale）的 3 倍以上。一般用硬币划石子表面，没有剥落碎屑的石子硬度基本就能达标。直径不在此范围内的石子，或者硬度不能达标的石子都不符合要求。

石子间的空隙应该经常清理，灰尘体积不应该超过 5%的蓄水空间。在应用人工土壤渗滤系统以前，应该对石子空隙率进行测试。具体的测试方法是在容器中装入 25cm 高度的石子，加入水并且冲洗，之后去掉大石子并且等待石子粉尘沉淀。25cm 高度的石子应该产生小于 0.6cm 的粉尘沉淀。

大孔隙率的介质层中间需要使用透水土工布，净化池中还会使用一些人工合成材料。此外，大块的布料、轮胎也可以成为石子的替代品。

不管是水平渗滤还是垂直渗滤，配水的均匀性都对处理效果有直接影响，施工要点有：

（1）渗排水管/沟应该同人工土壤渗滤系统平行放置。渗透孔管道必须水平或者以最大坡度 0.3%来安装，渗透孔的位置分布在管道的四点和八点方向上。此外，还应该在管道的正下方，每隔 3m 有直径 13mm 的孔洞，以确保所有的水能排尽。带渗透孔的管道最长为 20m。

（2）通过渗排水管/沟的挡土墙和底部位置来决定该排水沟的面积和位置。

（3）渗排水管/沟宽度应该在 0.9～1.5m。

（4）当同时使用两个地面渗排水管/沟时，二者之间的间距至少应该是系统中碎石层深度的 3 倍，或者 3m 以上距离。

（5）用于监测的竖向管道应该被安装在系统内，除了地基，不应该破坏其他系统部分。此竖向管道直径最少为 100mm，并且在穿过碎石层的一段钻孔，上通地表。

（6）用于清理的竖向管的直径应该最少为 100mm，外通地面，并且有保护措施，并安装在渗排水管/沟的末端。

（7）所有少于 1.2m 的硬管的管壁都应该有最薄为 50mm 的聚苯乙烯或聚氨酯涂层。

# 第 8 章　低影响开发设施植被选用及施工技术

植被是低影响开发设施的重要组成部分，设施能否发挥正常作用，同植被类别、施工技术都有重大关系。低影响开发设施植被选择有别于一般的园林景观，适宜选择耐旱、耐涝、有净化能力、维护费用低、美观的乡土植物，根据这些原则，本章列举不同设施的常用植被。乔木、灌木一般栽植在低影响开发设施边缘，本章从定点放线、挖穴、栽植、修剪上规范施工技术；草本植被是低影响开发设施中的常用植被，施工工法简单，但关键点是杜绝任何杂草和入侵植物物种，以免影响草本植被的正常生长；湿生植被主要用于湿地、湿塘等设施，选用几种常见湿生植被，从形态特征、生长习性、耐水深度、种植方法规范施工技术，施工关键点是栽植深度，注意压土，避免不漂起为宜。

## 8.1　植被在低影响开发设施中的重要性

植被是海绵城市建设的基本要素之一，主要有如下作用：

（1）净化作用。植物根系与土壤之间的相互作用可吸收、净化雨水径流中携带的污染物，净化水环境，是解决雨水面源污染的关键环节之一。植被能实现净化作用，关键也在于正确地选择和配置，如果不合理，就难以充分发挥植被的雨水净化效果。

（2）渗透作用。低影响开发设施中除了土壤作为“吸水海绵”，植被的树干和树叶也能分散和促进雨水渗透，根系能穿过石块和土壤，增加土壤松散度，提高土壤渗透性，是解决水体存蓄循环的关键一环。

（3）景观作用。低影响开发设施中的植物可以用来造景，通过植物叶色、花色、枝干丰富的色彩，形成不同类型和不同感受的空间形式，植被是保证海绵城市景观与功能的有效途径。

（4）生境作用。植物可以为生物多样性提供生境，改善空气质量、缓解热岛效应、调节微气候、提高生物多样性。植被选择和配置如果不合理，或生存环境不适当，就难以充分发挥植被的作用。

（5）防侵蚀作用。低影响开发设施不可出现裸露地表，需要通过植物或树皮等覆盖物进行覆盖，植物根系固定土壤，可以防止裸露土壤水土流失。

低影响开发设施植被优先选择多年生地被植物。地被植物是指能覆盖地面的低矮植物，包括草本以及木本植物中的矮小丛木、偃伏性或半蔓性的灌木以及藤木等。通常低影响开发区域不宜种植大型乔木，有条件的种植小型乔木，或在低影响开发设施周围种植乔木，不同物种搭配选择，形成景观错落感，避免单调，提高群落稳定性、美学及生态价值。

## 8.2　低影响开发设施的植被选择

以下低影响开发设施无需考虑种植植被：透水铺装、开敞式蓄水池、雨水罐、雨水土壤渗滤、初期雨水弃流设施。以下低影响开发设施顶板覆土后可通过地面恢复或种植原生植被，无需额外考虑选择植被种类：渗井、渗透管/渠。低影响开发设施在选择植被的时候，应该考虑选择本土植物，同周围景观统一，避免景观突兀；考虑具有净化效应的植物。

下沉式绿地植被选择：一般不选择乔木及灌木，需选择耐旱耐涝地被植被，如黄菖蒲、千屈菜、泽泻等。下沉式绿地植被选择时，需协同考虑景观。

生物滞留设施包括简易型生物滞留设施或复杂型生物滞留设施，简易型生物滞留设施植被选择同下沉式绿地。复杂型生物滞留设施一般不选择乔木，宜选择耐旱耐涝地被植物，如二月蓝、灯心草、黄菖蒲等。下沉式绿地同生物滞留设施宜分散布置，防止植被选择时仅采用地被植物和灌木显得层次单调，可同周边景观高大植物形成层次搭配。

生态树池为生物滞留设施的一种，但由于生态树池内设有穿孔排水管，其在植被配置时不同于其他生物滞留设施。生态树池除了配置地被植物外，也可配置一般的行道乔木，如香樟、水杉、池杉、落羽杉、墨西哥落羽杉、柿子树、五角枫等。

雨水湿地、渗透塘植被选择：不同种植区的水淹情况有所不同，一般可将种植区分为蓄水区、缓冲区和边缘区，三个分区水淹状况依次递减，植物在这三个分区中的配植要充分考虑到不同植物的耐水、耐旱特性；为了提高对雨水中污染物的去除能力，需要选择根系发达、净化能力强的植物；蓄水区应配置湿生植物，为了景观上有层次感，可通过挺水植物、沉水植物和浮水植物交叉布置来增加景观的层次感，还需考虑到容易养护管理且生长趋势容易控制。挺水植物可选择荷花、千屈菜、菖蒲、黄菖蒲、水葱、再力花、梭鱼草、花叶芦竹、香蒲、泽泻、旱伞草、芦苇等，沉水植物可选择苦草、金鱼藻、狐尾藻、黑藻等，浮水植物可选择睡莲、凤眼莲、大薸、荇菜、水鳖、田字草等。

雨水湿塘植被选择类似于雨水湿地和渗透塘，主要选择湿生植物，同时如果雨水湿塘水深较深，考虑安全问题，可在周围布置耐涝灌木，形成安全绿篱。

生态驳岸和植被缓冲带作为陆地和水体的连接带，在植被选择时需要考虑干湿过渡植被。植被缓冲带的最外围，主要控制径流，同时对污染物进行截留和削

**表 8-1 低影响开发设施植被名录推荐**

| 序号 | 中文名称 | 拉丁学名 | 科名 | 生态习性 | | | | | | 生物学特性及观赏特性 | 适用范围 |
|---|---|---|---|---|---|---|---|---|---|---|---|
| | | | | 耐水湿 | 喜湿润 | 喜中湿 | 耐干旱 | 耐寒 | 耐阴性 | | |
| 乔木、灌木 | | | | | | | | | | | |
| 1 | 云杉 | *Picea asperata* | 松科 | | ● | | ● | ● | 稍耐阴 | 小枝淡黄褐色，常有短柔毛，有白粉，针叶灰绿色或蓝绿色，球果圆柱形 | 下沉式绿地 |
| 2 | 红皮云杉 | *Picea koraiensis* | 松科 | | ● | | ● | ● | 稍耐阴 | 小枝细，淡红色至淡黄褐色，无白粉，球果较小 | 下沉式绿地 |
| 3 | 圆柏 | *Sabina chinensis* | 柏科 | ● | ● | | ● | ● | 喜光，稍耐阴 | 树冠圆锥形变广圆形，树皮深灰色，纵裂，成条片开裂，幼树常为针叶，果球形，褐色，被白粉 | 下沉式绿地，屋顶绿化 |
| 4 | 悬铃木 | *Platanus acerifolia* | 悬铃木科 | | ● | | ● | ● | 喜光 | 树皮灰绿色，薄片状剥落，叶近三角形，3～5 掌状裂，果球常 2 个一串 | 下沉式绿地，植被缓冲带 |
| 5 | 榆树（白榆） | *Ulmus pumila* | 榆科 | | ● | | ● | ● | 喜光 | 树皮纵裂，粗糙，叶卵状长椭圆形，叶缘多为单锯齿，春季叶前开花，翅果近圆形，无毛 | 下沉式绿地，植被缓冲带 |
| 6 | 垂枝榆 | *Ulmus pumila* cv. Tenue | 榆科 | | ● | | ● | ● | 喜光 | 树冠伞形，树皮暗灰褐色不规则纵裂，小枝蜷曲下垂，翅果 | 下沉式绿地 |
| 7 | 金叶榆 | *Ulmus pumila* 'Jinye' | 榆科 | | ● | | ● | ● | 喜光 | 叶片金黄色，叶卵圆形 | 下沉式绿地，屋顶绿化 |
| 8 | 春榆 | *Ulmus davidiana* Planch. var. *japonica* | 榆科 | | ● | | ● | ● | 喜光 | 树皮暗灰色，沟裂，小枝有不规则木栓翅，叶倒卵形或椭圆状倒卵形，翅果倒卵形，无毛 | 下沉式绿地 |
| 9 | 大果榆 | *Ulmus macrocarpa* | 榆科 | | ● | | ● | ● | 喜光 | 枝常具木栓翅，小枝淡黄褐色，翅果大，全部具黄褐色长毛，秋叶红褐色 | 下沉式绿地 |

续表

| 序号 | 中文名称 | 拉丁学名 | 科名 | 生态习性 | | | | | | 生物学特性及观赏特性 | 适用范围 |
|---|---|---|---|---|---|---|---|---|---|---|---|
| | | | | 耐水湿 | 喜湿润 | 喜中湿 | 耐干旱 | 耐寒 | 耐阴性 | | |
| 乔木、灌木 | | | | | | | | | | | |
| 10 | 欧洲白榆（大叶榆） | *Ulmus laevis* | 榆科 | | ● | | ● | ● | 喜光 | 树皮灰褐色或黑褐色，浅纵裂，叶粗糙，翅果椭圆形 | 下沉式绿地 |
| 11 | 桑树 | *Morus alba* | 桑科 | ● | ● | | ● | ● | 喜光 | 嫩枝及叶含乳汁，叶表面光滑，背面脉液有簇毛，秋叶黄色，聚花果圆筒形，由红变紫色，果可食用 | 下沉式绿地，植被缓冲带 |
| 12 | 构树 | *Broussonetia papyrifera* | 桑科 | ● | ● | | ● | ● | 喜光 | 树皮浅灰色，聚花果球形，熟时橘红色，易招苍蝇 | 下沉式绿地，生态驳岸，植被缓冲带 |
| 13 | 栓皮栎 | *Quercus variabilis* | 壳斗科 | | ● | | ● | ● | 喜光 | 树干通直，树冠雄伟，浓荫如盖，叶背密被灰白色星状毛，秋叶橙褐色 | 下沉式绿地 |
| 14 | 沼生栎 | *Quercus palustris* | 壳斗科 | ● | ● | | | | 喜光 | 树冠圆锥形，枝条顶稍下垂，叶椭圆形，树形端庄，秋叶常艳红 | 生态驳岸，雨水湿地 |
| 15 | 白桦 | *Betula platyphylla* | 桦木科 | ● | | | ● | ● | 喜光 | 树皮白色，多层枝状剥离，小枝红褐色，叶菱状三角形，时序单生，下垂，圆柱形 | 下沉式绿地，生态驳岸 |
| 16 | 旱柳 | *Salix matsudana* | 杨柳科 | ● | ● | | ● | ● | 喜光 | 树高冠大，适应作行道树、庭荫树 | 下沉式绿地，生态驳岸 |
| 17 | 龙爪柳 | *Salix matsudana* cv. *tortuosa* | 杨柳科 | ● | ● | | ● | | 喜光 | 枝条自然扭曲，常见栽培观赏，但生长势较弱，易衰老 | 下沉式绿地，生态驳岸 |
| 18 | 馒头柳 | *Salix matsudana* cv. *Umbraculifer* | 杨柳科 | ● | ● | | ● | ● | 喜光 | 分枝密，端稍整齐，树冠半圆形 | 下沉式绿地，生态驳岸 |
| 19 | 绦柳 | *Salix matsudana* f. *pendula* | 杨柳科 | ● | ● | | ● | ● | 喜光 | 枝条细长下垂，小枝较短，黄色，叶坡针形，无毛 | 下沉式绿地，生态驳岸 |

续表

| 序号 | 中文名称 | 拉丁学名 | 科名 | 生态习性 | | | | | | 生物学特性及观赏特性 | 适用范围 |
|---|---|---|---|---|---|---|---|---|---|---|---|
| | | | | 耐水湿 | 喜湿润 | 喜中湿 | 耐干旱 | 耐寒 | 耐阴性 | | |
| 乔木、灌木 | | | | | | | | | | | |
| 20 | 河柳 | *Salix chaenomeloides* | 杨柳科 | ● | | ● | | ● | 喜光 | 小枝红褐色或褐色，无毛，叶长椭圆形至长圆状披针形，背面苍白色，嫩叶常发红紫色 | 下沉式绿地，生态驳岸 |
| 21 | 金丝垂柳 | *Salix x aureo-pendula* | 杨柳科 | ● | ● | | ● | ● | 喜光 | 生长季节枝条为黄绿色，落叶后至早春则为黄色，经霜冻后颜色尤为鲜艳 | 下沉式绿地，生态驳岸 |
| 22 | 君迁子 | *Diospyros lotus* | 柿树科 | ● | ● | | ● | ● | 喜光 | 树皮方块状裂，叶椭圆形，花单性异味，浆果近球形，由黄变蓝黑色，外被蜡层 | 下沉式绿地 |
| 23 | 海棠果 | *Malus prunifolia* | 蔷薇科 | | ● | | ● | ● | 喜光 | 小枝幼时有柔毛，叶卵形至椭圆形，花蕾浅粉红色，果红色，可宿存枝上至冬天 | 下沉式绿地，屋顶绿化 |
| 24 | 西府海棠 | *Malus micromalus* | 蔷薇科 | ● | ● | | ● | ● | 喜光 | 树态峭立，小枝紫褐色或暗褐色，叶较狭长，花粉红色，单瓣，果红色 | 下沉式绿地，屋顶绿化 |
| 25 | 白梨 | *Pyrus bretschneideri* | 蔷薇科 | ● | ● | | ● | ● | 喜光 | 树冠开展，小枝粗壮，紫褐色，花白色，果黄色 | 下沉式绿地 |
| 26 | 杜梨 | *Pyrus betulifolia* | 蔷薇科 | ● | ● | | ● | ● | 喜光，稍耐阴 | 小枝有时棘刺状，叶菱状长卵形，花白色，果小，褐色 | 下沉式绿地，生态驳岸 |
| 27 | 刺槐 | *Robinia pseudoacacia* | 蝶形花科 | | ● | | ● | | 喜光 | 树皮灰褐色至黑褐色，浅裂至深纵裂，羽状复叶互生，椭圆形，花白色，芳香，荚果扁平，条状 | 下沉式绿地，植被缓冲带 |
| 28 | 丝棉木 | *Euonymus maackii* | 卫矛科 | ● | ● | | ● | ● | 喜光，稍耐阴 | 小枝细长，绿色光滑，叶菱状椭圆形、卵状椭圆形至披针状长椭圆形，腋生聚伞花序，蒴果，假种皮橘红色 | 下沉式绿地，生态驳岸，植被缓冲带 |

续表

| 序号 | 中文名称 | 拉丁学名 | 科名 | 生态习性 | | | | | | 生物学特性及观赏特性 | 适用范围 |
|---|---|---|---|---|---|---|---|---|---|---|---|
| | | | | 耐水湿 | 喜湿润 | 喜中湿 | 耐干旱 | 耐寒 | 耐阴性 | | |
| 乔木、灌木 | | | | | | | | | | | |
| 29 | 栾树 | *Koelreuteria paniculata* | 无患子科 | ● | ● | | ● | ● | 喜光 | 一至二回羽状复叶互生，花金黄色，顶生圆锥花序，蒴果三角状卵形，果皮膜质膨大 | 下沉式绿地 |
| 30 | 复羽叶栾树 | *Koelreuteria bipinnata* | 无患子科 | ● | ● | | ● | | 喜光 | 二回羽状复叶互生，小叶全缘，花黄色，蒴果膨大，秋日红色美丽 | 下沉式绿地 |
| 31 | 盐肤木 | *Rhus chinensis* | 漆树科 | | ● | | ● | | 喜光 | 枝芽密生黄色绒毛，圆锥花序顶生，核果扁球形，红色，有毛，秋叶变红色 | 下沉式绿地 |
| 32 | 白蜡 | *Fraxinus chinensis* | 木犀科 | ● | ● | | ● | ● | 喜光 | 树冠卵圆形，树干较光滑，小叶通常 7 枚，卵状长椭圆形，花单性异味，无花瓣，翅果倒披针形 | 下沉式绿地，生态驳岸，植被缓冲带 |
| 33 | 大叶白蜡（花曲柳） | *Fraxinus rhynchophylla* | 木犀科 | ● | ● | | ● | ● | 喜光 | 树皮灰褐色，灰褐色，叶卵形至椭圆形倒卵形，顶生小叶常特大，花无花冠，圆锥花序生于当年生枝上 | 下沉式绿地，生态驳岸 |
| 34 | 洋白蜡 | *Fraxinus pennsylvanica* | 木犀科 | ● | ● | | ● | ● | 喜光 | 树皮纵裂，叶色常绿而有光泽，发叶迟，落叶早，叶前开花，果翅较狭 | 下沉式绿地，生态驳岸 |
| 35 | 砂地柏（叉子圆柏） | *Sabina vulgaris* | 柏科 | | ● | | ● | ● | 喜光 | 分枝密，斜上伸展，树皮灰褐色，球果熟前蓝绿色，熟时褐色或蓝褐色，被白粉 | 下沉式绿地，屋顶绿化 |
| 36 | 多花胡枝子 | *Lespedeza floribunda* | 蝶形花科 | ● | | | ● | ● | 喜光 | 三出复叶互生，叶背面有柔白毛，花小，紫红色 | 下沉式绿地，生物滞留设施 |
| 37 | 甘蒙柽柳 | *Tamarix austromongolica* | 柽柳科 | ● | | | ● | ● | 喜光 | 树干和老枝栗红色，枝直立，叶细小，色翠绿，总状花序，侧生，蒴果长圆锥形 | 下沉式绿地，生物滞留设施，生态驳岸，雨水湿地 |

续表

| 序号 | 中文名称 | 拉丁学名 | 科名 | 生态习性 | | | | | | 生物学特性及观赏特性 | 适用范围 |
|---|---|---|---|---|---|---|---|---|---|---|---|
| | | | | 耐水湿 | 喜湿润 | 喜中湿 | 耐干旱 | 耐寒 | 耐阴性 | | |
| 乔木、灌木 | | | | | | | | | | | |
| 38 | 柽柳 | *Tamarix chinensis* | 柽柳科 | ● | | | ● | ● | 喜光 | 树皮红褐色，小枝细长下垂，枝叶细小柔软，叶细小，互生，花粉红色 | 下沉式绿地，生物滞留设施，生态驳岸，植被缓冲带，雨水湿地 |
| 39 | 红瑞木 | *Cornus alba* | 山茱萸科 | ● | | ● | ● | | 喜光，耐半阴 | 老干暗红色，枝桠血红色，叶对生，椭圆形，聚伞花序顶生，花乳白色，果实乳白或蓝白色 | 下沉式绿地，生物滞留设施，屋顶绿化 |
| 40 | 多花栒子（水栒子） | *Cotoneaster multiflorus* | 蔷薇科 | | ● | | ● | ● | 喜光，稍耐阴 | 小枝细长拱形，叶卵形，花白色小而密集，果红色长挂不落 | 下沉式绿地，生物滞留设施，屋顶绿化 |
| 41 | 郁李 | *Cerasus japonica* | 蔷薇科 | ● | ● | | ● | ● | 喜光 | 枝细密，无毛，叶卵形或卵状长椭圆形，花粉红色或近白色，春天与叶同放，果深红色 | 下沉式绿地，生物滞留设施，屋顶绿化 |
| 42 | 海州常山 | *Clerodendrum trichotomum* | 马鞭草科 | ● | ● | | ● | | 喜光，稍耐阴 | 老枝灰白色，单叶互生，有臭味，卵形至广卵形，花冠白色或带粉红色，花萼紫红色，核果蓝紫色 | 下沉式绿地，生态驳岸 |
| 43 | 金银木 | *Lonicera maackii* | 忍冬科 | | ● | | ● | ● | 喜光，耐半阴 | 小枝髓黑褐色，后变中空，叶卵状椭圆形或卵状披针形，蓇成对腋生，花冠二唇形，白色，后变黄色，浆果熟时红色 | 下沉式绿地，屋顶绿化 |
| 44 | 溲疏 | *Deutzia crenata* | 虎耳草科 | | ● | | ● | ● | 喜光，稍耐阴 | 树皮薄片剥落，叶长卵状椭圆形，花白色或外面带粉红色，总状花序有时基部分枝而成圆锥花序 | 下沉式绿地，屋顶绿化 |

续表

| 序号 | 中文名称 | 拉丁学名 | 科名 | 生态习性 | | | | | | 生物学特性及观赏特性 | 适用范围 |
|---|---|---|---|---|---|---|---|---|---|---|---|
| | | | | 耐水湿 | 喜湿润 | 喜中湿 | 耐干旱 | 耐寒 | 耐阴性 | | |
| 草本，攀缘 | | | | | | | | | | | |
| 1 | 二月兰 | *Orychophragmus violaceus* | 十字花科 | | ● | | ● | ● | 喜光，耐阴 | 茎直立，基部或上部稍有分支，叶形变化大，基生叶和下部茎生叶大头羽状分裂，有钝齿，花紫色、浅红色或褪成白色，花期 3～4 月 | 下沉式绿地 |
| 2 | 红蓼 | *Polygonum orientale* | 蓼科 | ● | ● | ● | ● | | 喜光 | 茎直立，粗壮，叶宽卵形、宽椭圆形或卵状披针形，总状花序呈穗状，顶生或腋生，淡红色或白色，花期 6～9 月 | 下沉式绿地，生物滞留设施，雨水湿地，湿塘 |
| 3 | 水蓼 | *Polygonum hydropiper* | 蓼科 | ● | ● | ● | | | 耐阴 | 茎红紫色，叶互生，披针形成椭圆状披针形，穗状花序腋生或顶生，花白色或淡红色，花期 7～8 月 | 雨水湿地，湿塘，植被缓冲带 |
| 4 | 白花草木犀 | *Melilotus albus Medic ex Desr* | 蝶形花科 | | ● | | ● | ● | 喜光 | 茎直立，多分枝，三出复叶，有锯齿，花小，白色，总状花序，花期 5～7 月 | 下沉式绿地 |
| 5 | 牵牛 | *Pharbitis nil* | 旋花科 | ● | | | ● | | 喜光，耐半阴 | 茎缠绕，叶宽卵形或近圆形，深或浅 3 裂，偶 5 裂，花腋生，蓝紫色或紫红色，花期 5～7 月 | 下沉式绿地，生物滞留设施 |
| 6 | 耧斗菜 | *Aquilegia viridiflora* | 毛茛科 | | ● | ● | | ● | 耐阴 | 茎常在上部分枝，除被柔毛外还密被腺毛，基生叶少数，二回三出复叶，花通常深蓝色或白色，花期 6～7 月 | 植草沟，下沉式绿地，生物滞留设施，生态驳岸，植被缓冲带，屋顶绿化 |
| 7 | 佛甲草 | *Sedum lineare* | 景天科 | | ● | | ● | ● | 喜光 | 茎肉质，3 叶轮生，叶线形，花序聚伞状，顶生，疏生花，花黄色，花期 4～5 月 | 植草沟，下沉式绿地，屋顶绿化 |

续表

| 序号 | 中文名称 | 拉丁学名 | 科名 | 生态习性 | | | | | | 生物学特性及观赏特性 | 适用范围 |
|---|---|---|---|---|---|---|---|---|---|---|---|
| | | | | 耐水湿 | 喜湿润 | 喜中湿 | 耐干旱 | 耐寒 | 耐阴性 | | |
| 草本，攀缘 | | | | | | | | | | | |
| 8 | 垂盆草 | *Sedum sarmentosum* | 景天科 | ● | | | ● | ● | 耐半阴 | 茎肉质，直立，3 叶轮生，倒披针形至长圆形，聚伞花序疏松，花淡黄色，花期 5～6 月 | 植草沟，下沉式绿地，生物滞留设施，屋顶绿化，干塘 |
| 9 | 芙蓉葵 | *Hibiscus moscheutos* | 锦葵科 | ● | ● | | | ● | 喜光 | 茎亚冠木状，光滑被白粉，单叶互生，叶背及柄生灰色星状毛，叶形多变，花大，单生于叶腋，有白、粉、红、紫等色，花期 6～9 月 | 下沉式绿地，生物滞留设施，生态驳岸，植被缓冲带 |
| 10 | 蓍草 | *Achillea wilsoniana* | 菊科 | | ● | | ● | ● | 喜光，耐半阴 | 茎直立，下部无毛，中部以上被较密的长柔毛，叶互生，无柄，叶片多破碎，完整者展平后呈条状披针形，羽状深裂，花色多样，白色、红色为主，花期 5～11 月 | 下沉式绿地，生物滞留设施，屋顶绿化 |
| 11 | 荷兰菊 | *Aster novi-belgii* | 菊科 | | ● | | ● | ● | 喜光 | 茎丛生，多分枝，有地下走茎，叶呈线状披针形，光滑，幼嫩时微呈紫色，伞状花序顶生，花蓝紫色，花期 10 月 | 下沉式绿地，生物滞留设施 |
| 12 | 大花金鸡菊 | *Coreopsis grandiflora* | 菊科 | ● | | | ● | ● | 喜光，耐半阴 | 茎直立，叶基部成对簇生，头状花序在茎端单生，舌状花黄色，花期 5～9 月 | 植草沟，下沉式绿地，生物滞留设施，屋顶绿化 |
| 13 | 蛇鞭菊 | *Liatris spicata* | 菊科 | ● | ● | ● | ● | ● | 喜光 | 茎基部膨大呈扁球形，基生叶线形，花茎挺立，花红紫色，花期夏、秋季 | 植草沟，下沉式绿地，生物滞留设施 |
| 14 | 紫松果菊 | *Echinacea purpurea* | 菊科 | | ● | | ● | | 喜光 | 茎直立，基生叶，头状花序单生或几朵聚生枝顶，舌状花瓣，玫瑰红色，管状花橙黄色，花期 5～9 月 | 下沉式绿地，生物滞留设施 |

续表

| 序号 | 中文名称 | 拉丁学名 | 科名 | 生态习性 | | | | | | 生物学特性及观赏特性 | 适用范围 |
|---|---|---|---|---|---|---|---|---|---|---|---|
| | | | | 耐水湿 | 喜湿润 | 喜中湿 | 耐干旱 | 耐寒 | 耐阴性 | | |
| 草本，攀缘 | | | | | | | | | | | |
| 15 | 紫菀 | *Aster tataricus* | 菊科 | ● | ● | | | ● | 喜光 | 茎直立，基生叶丛生，长椭圆形，头状花序排成伞房状，舌状花蓝紫色，筒状花黄色，花期 7～8 月 | 下沉式绿地，生物滞留设施 |
| 16 | 向日葵 | *Helianthus annuus* | 菊科 | | | ● | ● | ● | 喜光 | 茎直立，粗壮，雌花舌状，金黄色，花序中部为两性管状花，棕色或紫色，花期 7～8 月 | 下沉式绿地 |
| 17 | 堆心菊 | *Heleniun bigelovii* L. | 菊科 | | ● | | ● | ● | 喜光 | 叶阔披针形，头状花序生于茎顶，舌状花柠檬黄色，花瓣阔，先端有缺刻，管状花黄绿色，花期 7～10 月 | 下沉式绿地 |
| 18 | 蒲公英 | *Taraxacum mongolicum* | 菊科 | ● | | | ● | ● | 喜光，耐阴 | 株矮，叶片贴近地面，花梗直立，花黄色，瘦果，倒披针形至倒卵形，花期 4～9 月 | 植草沟，下沉式绿地，生物滞留设施，植被缓冲带 |
| 19 | 万寿菊 | *Tagetes erecta* | 菊科 | | ● | | ● | ● | 喜光，耐半阴 | 茎直立，粗壮，具纵细条棱，叶羽状分裂，花鲜花或橘红色，瘦果线形，花期 7～9 月 | 下沉式绿地，生物滞留设施 |
| 20 | 桔梗 | *Platycodon grandiflorus* | 桔梗科 | | ● | | | | 喜光 | 茎通常无毛，偶密被短毛，不分枝，极少上部分枝，叶互生、轮生或对生，花大单一，顶生或数花成疏，总状花序，通常蓝色，也有白色和浅雪青色，花期 6～9 月 | 植草沟，下沉式绿地，生物滞留设施 |

续表

| 序号 | 中文名称 | 拉丁学名 | 科名 | 生态习性 | | | | | | 生物学特性及观赏特性 | 适用范围 |
|---|---|---|---|---|---|---|---|---|---|---|---|
| | | | | 耐水湿 | 喜湿润 | 喜中湿 | 耐干旱 | 耐寒 | 耐阴性 | | |
| 草本，攀缘 | | | | | | | | | | | |
| 21 | 穗花婆婆纳 | *Veronica spicata* | 玄参科 | | ● | | ● | ● | 喜光，耐半阴 | 茎直立或上升，下部常密生伸直的白色长毛，上部至花序各部密生黏质腺毛，叶对生，披针形至卵圆形，花蓝色或粉色，总状花序，花期6～8月 | 下沉式绿地，生物滞留设施，屋顶绿化 |
| 22 | 薄荷 | *Mentha haplocalyx* | 唇形科 | ● | ● | ● | | | 喜光 | 茎直立，叶片长圆状披针形，轮伞花序腋生，轮廓球形，花冠淡紫色，花期7～9月 | 下沉式绿地，生物滞留设施，生态驳岸，植被缓冲带 |
| 23 | 美国薄荷 | *Monarda didyma* | 唇形科 | | ● | ● | | ● | 喜光，耐半阴 | 茎直立，四棱形，叶质薄，对生，叶芳香，花朵密集于茎顶，淡紫红色，花期6～9月 | 下沉式绿地，生物滞留设施，生态驳岸，植被缓冲带，屋顶绿化 |
| 24 | 大花萱草 | *Hemerocallis middendorfii* | 百合科 | | ● | | ● | ● | 喜光，耐半阴 | 肉质根茎较短，叶基生，二列状，叶片线形，花大，花冠漏斗状或钟状至钟状，裂片外弯，花期7～8月 | 下沉式绿地，生物滞留设施，生态驳岸，植被缓冲带，屋顶绿化，干塘 |
| 25 | 卷丹 | *Lilium tigrinum* | 百合科 | | ● | | | | 喜光 | 鳞茎近宽球形，鳞片宽卵形，叶散生，矩圆状披针形或披针形，花橙色，花期7～8月 | 下沉式绿地，生物滞留设施 |
| 26 | 马蔺 | *Iris lactea* | 鸢尾科 | ● | ● | ● | ● | ● | 喜光，稍耐阴 | 茎粗壮，叶基生，狭线形，花浅蓝色至蓝紫色，花期4～5月 | 植草沟，下沉式绿地，生物滞留设施，生态驳岸，植被缓冲带，屋顶绿化，干塘 |
| 27 | 德国鸢尾 | *Iris germanica* | 鸢尾科 | | ● | | | ● | 喜光，耐阴 | 根状茎，叶直立或略弯曲，淡绿色、灰绿色或深绿色，常具白粉，剑形，花多为淡紫色、蓝紫色、深紫色或白色，花期5～6月 | 植草沟，下沉式绿地，生物滞留设施，生态驳岸，植被缓冲带 |

续表

| 序号 | 中文名称 | 拉丁学名 | 科名 | 生态习性 | | | | | | 生物学特性及观赏特性 | 适用范围 |
|---|---|---|---|---|---|---|---|---|---|---|---|
| | | | | 耐水湿 | 喜湿润 | 喜中湿 | 耐干旱 | 耐寒 | 耐阴性 | | |
| 草本，攀缘 | | | | | | | | | | | |
| 28 | 鸢尾 | *Iris tectorum* | 鸢尾科 | | ● | | | ● | 喜光 | 根状茎粗壮，斜伸，叶基生，黄绿色，花蓝紫色，花期 4～5 月 | 植草沟，下沉式绿地，生物滞留设施，生态驳岸，植被缓冲带 |
| 29 | 旱伞草 | *Cyperus alternifolius* | 莎草科 | ● | | ● | | | 喜光 | 多年湿生、挺水植物，高 40～160cm。银旱伞草草径和叶有白色线条，呈现白绿相间 | 下沉式绿地，生物滞留设施，生态驳岸，植被缓冲带，湿塘，雨水湿地，渗透塘 |
| 30 | 灯心草 | *Juncus effusus* | 灯心草科 | ● | ● | | | | 喜光 | 多年生草本，高 40～100cm。根茎横走，密生须根，秆丛生直立，圆筒形，实心，茎基部具棕色，退化呈鳞片状鞘叶，穗状花序，顶生，花期 5～6 月 | 下沉式绿地，生物滞留设施，生态驳岸，植被缓冲带　雨水湿地，湿塘，渗透塘，干塘 |
| 31 | 细叶芒 | *Miscanthus sinensis* | 禾本科 | ● | | | ● | | 喜光，耐半阴 | 多年生草本，叶直立、纤细，顶端呈弓形，顶生圆锥花序，花色由最初的粉红色渐变为红色，秋季转为银白色，花期 9～10 月 | 下沉式绿地，生物滞留设施，生态驳岸，植被缓冲带，湿塘，雨水湿地，渗透塘，屋顶绿化，干塘 |
| 32 | 东方狼尾草 | *Pennisetum orientale* | 禾本科 | ● | | ● | ● | ● | 喜光 | 茎直立，丛生，叶片线形，先端长渐尖，穗状圆锥花序，紫色刚毛，花期 7～10 月 | 下沉式绿地，生物滞留设施，生态驳岸，植被缓冲带，屋顶绿化，干塘 |
| 33 | 拂子茅 | *Calamagrostis epigeios* | 禾本科 | ● | | ● | ● | ● | 喜光 | 根状茎，叶片条形粗糙，圆锥花序密而狭，初花期淡粉色，而后变成淡紫色，花期 8～10 月 | 下沉式绿地，生物滞留设施，生态驳岸，植被缓冲带，湿塘，雨水湿地，渗透塘，屋顶绿化 |
| 34 | 荻 | *Triarrhena sacchariflora* | 禾本科 | ● | ● | ● | ● | ● | 喜光 | 匍匐根状茎，杆直立，叶片扁平上，宽线形，圆锥花序疏展成伞房状，花果期 8～10 月 | 下沉式绿地，生物滞留设施，生态驳岸，植被缓冲带，雨水湿地，湿塘 |

续表

| 序号 | 中文名称 | 拉丁学名 | 科名 | 生态习性 | | | | | | 生物学特性及观赏特性 | 适用范围 |
|---|---|---|---|---|---|---|---|---|---|---|---|
| | | | | 耐水湿 | 喜湿润 | 喜中湿 | 耐干旱 | 耐寒 | 耐阴性 | | |
| 草本，攀缘 | | | | | | | | | | | |
| 35 | 早熟禾 | *Poa annua* | 禾本科 | | ● | | ● | ● | 喜光，耐阴 | 秆直立或倾斜，质软，叶片扁平或对折，圆锥花序宽卵形 | 植草沟，下沉式绿地，生物滞留设施，干塘 |
| 36 | 高羊茅 | *Festuca elata* | 禾本科 | | ● | | ● | ● | 喜光，耐半阴 | 秆成疏丛或单生，直立，叶片线状披针形，圆锥花序疏松开展 | 植草沟，下沉式绿地，生物滞留设施，屋顶绿化，干塘 |
| 37 | 荚果蕨 | *Matteuccia struthiopteris* | 球子蕨科 | | ● | ● | | ● | 耐阴 | 根状茎短而粗壮，直立，被棕色披针形的鳞片，膜质，叶簇生 | 植草沟，下沉式绿地，生物滞留设施 |
| 38 | 蒲苇 | *Cortaderia selloana* | 禾本科 | ● | ● | ● | ● | ● | 喜光 | 茎丛生，叶多聚生于基部，极狭，圆锥花序大，直立于叶丛之上，银白色至粉红色，花期9～10月 | 下沉式绿地，生物滞留设施，生态驳岸，植被缓冲带，湿塘，雨水湿地，渗透塘 |
| 39 | 匍枝委陵菜 | *Potentilla flagellaris* | 蔷薇科 | ● | ● | | ● | ● | 喜光，耐半阴 | 多分支，匍匐茎发达，掌状复叶，菱状倒卵形，花黄色，瘦果，花期5～9月 | 植草沟，下沉式绿地，生物滞留设施，屋顶绿化 |
| 40 | 紫藤 | *Wisteria sinensis* | 蝶形花科 | ● | ● | | ● | ● | 喜光，稍耐阴 | 茎左旋性，羽状复叶互生，花蝶形，堇紫色，芳香，成下垂总状花序，荚果长条形，密生黄色绒毛 | 下沉式绿地，生态驳岸，屋顶绿化 |
| 41 | 石蒜 | *Lycoris radiata* | 石蒜科 | | ● | | ● | ● | 耐半阴 | 鳞茎广椭圆形，表面由2～3层黑棕色干枯膜质鳞片包被，叶线形，伞形花序顶生，花鲜红色，花期7～9月 | 植被沟，下沉式绿地，生物滞留设施，生态驳岸，植被缓冲带 |
| 42 | 葱兰 | *Zephyranthes candida* | 石蒜科 | ● | ● | | | | 喜光，耐半阴 | 鳞茎卵形，叶狭线形，肥厚，亮绿色，花白色，花期夏秋季 | 植被沟，下沉式绿地，生物滞留设施，生态驳岸，植被缓冲带 |

续表

| 序号 | 中文名称 | 拉丁学名 | 科名 | 生态习性 | | | | | | 生物学特性及观赏特性 | 适用范围 |
|---|---|---|---|---|---|---|---|---|---|---|---|
| | | | | 耐水湿 | 喜湿润 | 喜中湿 | 耐干旱 | 耐寒 | 耐阴性 | | |
| 草本，攀缘 | | | | | | | | | | | |
| 43 | 紫花地丁 | *Viola yedoensis* | 堇菜科 | | ● | | ● | ● | 喜光 | 根茎短，垂直，叶多数，基生，莲座状，花紫堇色淡紫色，稀呈白色，花期4～9月 | 植草沟，下沉式绿地，生物滞留设施，干塘，植被缓冲带 |
| 44 | 白三叶草 | *Trifolium repens* | 蝶形花科 | | ● | | ● | | 喜光 | 茎匍匐蔓生，上部稍上升，掌状三出复叶，花序球形，顶生，花冠白色、乳黄色或淡红色，花果期5～10月 | 植草沟，下沉式绿地，生物滞留设施 |
| 湿生 | | | | | | | | | | | |
| 1 | 千屈菜 | *Lythrum salicaria* | 千屈菜科 | ● | ● | ● | ● | ● | 喜光 | 挺水植物，茎直立，多分枝，叶对生或三叶轮生，披针形或阔叶披针形，花组成小聚伞花序，簇生，因花梗及总梗极短，因此花枝全形似一大型穗状花序，花红紫色或淡紫色，花期7～8月。耐水深度5～10cm | 植草沟，下沉式绿地，生物滞留设施，生态驳岸，植被缓冲带，雨水湿地，湿塘，渗透塘，干塘，屋顶绿化 |
| 2 | 香蒲 | *Typha orientalis* | 香蒲科 | ● | ● | ● | | ● | 喜光 | 挺水植物，根状茎，顶生穗状花序棍棒状，花果期5～8月。耐水深度20～30cm | 雨水湿地，湿塘，渗透塘，干塘 |
| 3 | 小香蒲 | *Typha minima* | 香蒲科 | ● | ● | ● | | ● | 喜光 | 沼生或水生草本植物，根状茎直立，细弱，矮小，雌雄花序远离，花期5～8月。耐水深度0～15cm | 生物滞留设施，下沉式绿地，雨水湿地，湿塘，渗透塘 |
| 4 | 菖蒲 | *Acorus calamus* | 香蒲科 | ● | ● | ● | ● | | 喜半阴 | 根状茎横走、粗壮、稍扁，直径0.5～2cm，有多数不定根；叶基生，叶片剑状线形 | 生物滞留设施，下沉式绿地，雨水湿地，湿塘，渗透塘 |

续表

| 序号 | 中文名称 | 拉丁学名 | 科名 | 生态习性 | | | | | | 生物学特性及观赏特性 | 适用范围 |
|---|---|---|---|---|---|---|---|---|---|---|---|
| | | | | 耐水湿 | 喜湿润 | 喜中湿 | 耐干旱 | 耐寒 | 耐阴性 | | |
| 湿生 | | | | | | | | | | | |
| 5 | 芦苇 | *Phragmites australis* | 禾本科 | ● | ● | ● | | ● | 喜光 | 挺水植物，茎秆直立，叶、叶鞘、茎、根状茎和不定根都具有通气组织。耐水深度 0～60cm | 雨水湿地，湿塘，渗透塘，干塘 |
| 6 | 花叶芦竹 | *Arundo donax* var. *versicolor* | 禾本科 | ● | ● | ● | | ● | 喜光 | 挺水植物，宿根，地下根状茎粗而多结，花序呈圆锥型，花期 9～12 月。耐水深度 0～80cm | 雨水湿地，湿塘，渗透塘 |
| 7 | 草芦 | *Phalaris arundinacea* | 禾本科 | ● | ● | ● | | ● | 喜光 | 挺水植物，根系发达，有根茎，秆直立丛生，叶丛高 1m 左右，抽穗后可达 1.5m；总状花序。耐水深度 15cm | 雨水湿地，湿塘，渗透塘 |
| 8 | 三白草 | *Saururus chinensis* | 三白草科 | ● | ● | ● | | ● | 耐阴 | 挺水植物，根茎呈圆柱形，稍弯曲，有分枝 | 雨水湿地，湿塘，渗透塘 |
| 9 | 薹草 | *Carex* spp. | 莎草科 | ● | ● | ● | | | 喜光 | 具根状茎。其秆三棱柱形。叶线形，宽 1～3mm。花单性，无花被。雄花具 1 鳞片和 3 雄蕊；雌花位鳞片内，包在一枚先出叶形成的果囊中 | 雨水湿地，湿塘，渗透塘，干塘 |
| 10 | 再力花 | *Thalia dealbata* | 竹芋科 | ● | ● | ● | | | 喜光 | 挺水植物，叶卵状披针形，复总状花序，花小。耐水深度 10cm | 雨水湿地，湿塘，渗透塘 |
| 11 | 雨久花 | *Monochoria korsakowii* | 雨久花科 | ● | ● | | | | 喜光，耐半阴 | 挺水植物，根状茎粗壮，总状花序顶生，花被片椭圆形，蓝色，花期 9～10 月。耐水深度 10～20cm | 雨水湿地，湿塘，渗透塘 |
| 12 | 黑三棱 | *Sparganium stoloniferum* | 黑三棱科 | ● | ● | ● | | ● | 喜光 | 挺水植物，根状茎粗壮，花序呈圆锥形，花期 5～10 月。耐水深度 0～20cm | 雨水湿地，湿塘，渗透塘 |

续表

| 序号 | 中文名称 | 拉丁学名 | 科名 | 生态习性 | | | | | | 生物学特性及观赏特性 | 适用范围 |
|---|---|---|---|---|---|---|---|---|---|---|---|
| | | | | 耐水湿 | 喜湿润 | 喜中湿 | 耐干旱 | 耐寒 | 耐阴性 | | |
| 湿生 | | | | | | | | | | | |
| 13 | 黄菖蒲 | *Iris pseudacorus* | 鸢尾科 | ● | ● | ● | ● | ● | 喜光，耐半阴 | 湿生或挺水植物，根茎短粗，叶子茂密，基生，绿色，长剑形，花黄色，花期5～6月。耐水深度10～20cm | 植草沟，下沉式绿地，生物滞留设施，雨水湿地，湿塘，干塘 |
| 14 | 水葱 | *Scirpus validus* | 莎草科 | ● | ● | ● | | | 喜光 | 挺水植物，匍匐根状茎粗壮，叶片线形，花淡黄褐色，花期6～8月。耐水深度5～10cm | 雨水湿地，湿塘，渗透塘 |
| 15 | 花菖蒲 | *Iris ensata* var. *hortensis* | 鸢尾科 | ● | ● | ● | | ● | 喜光，耐半阴 | 挺水植物，根状茎短而粗，叶基生，线形，花艳丽，花期6～7月 | 雨水湿地，湿塘，渗透塘 |
| 16 | 萍蓬草 | *Nuphar pumilum* | 睡莲科 | ● | ● | ● | | | 喜光 | 浮叶植物，根状茎肥厚块状，浮水叶纸质或近革质，圆形至卵形，花黄色，花期5～7月。耐水深度30～60cm | 雨水湿地，湿塘，渗透塘 |
| 17 | 荷花 | *Nelumbo nucifera* | 睡莲科 | ● | ● | | | ● | 喜光 | 浮叶植物，地下茎长而肥厚，花瓣单生于花梗顶端，花期6～9月。耐水深度60～80cm | 雨水湿地，湿塘，渗透塘 |
| 18 | 毛茛 | *Ranunculus japonicus* Thunb. | 毛茛科 | | ● | ● | | ● | 喜光 | 沉水植物，茎直立，叶片圆心形或五角形，裂片披针形，聚伞花序有多数花，花期4～9月 | 雨水湿地，湿塘 |
| 19 | 睡莲 | *Nymphaea tetragona* | 睡莲科 | ● | ● | | | ● | 喜光 | 浮叶植物，根状茎肥厚，叶浮于水面，花单生，浮于或挺出水面，花期6～8月。耐水深度以30cm，最小不低于12cm，耐水深度不超过80cm | 雨水湿地，湿塘，渗透塘 |
| 20 | 藨草 | *Scirpus triqueter* | 莎草科 | ● | ● | ● | | | 喜光 | 挺水植物，莲座状叶丛榄绿色，小花序扁平，花期6～9月。耐水深度0～40cm | 雨水湿地，湿塘，渗透塘 |

续表

| 序号 | 中文名称 | 拉丁学名 | 科名 | 生态习性 | | | | | | 生物学特性及观赏特性 | 适用范围 |
|---|---|---|---|---|---|---|---|---|---|---|---|
| | | | | 耐水湿 | 喜湿润 | 喜中湿 | 耐干旱 | 耐寒 | 耐阴性 | | |
| 湿生 | | | | | | | | | | | |
| 21 | 菰 | *Zizania latifolia* | 禾本科 | ● | ● | ● | | | 喜光 | 挺水植物，具根状茎，形成蘖枝丛，秆直立，粗壮，基部有不定根，叶片扁平，长披针形，圆锥花序大，花果期秋、冬季 | 雨水湿地，湿塘，渗透塘 |
| 22 | 大薸 | *Pistia stratiotes* | 天南星科 | ● | ● | | | | 喜光 | 浮叶植物，根须发达呈羽状，垂悬于水中，花序生叶腋间，椭圆形，黄褐色，花期6～7月。耐水深度<100cm | 雨水湿地，湿塘，渗透塘，干塘 |

减，适合种植耐旱的乔木、灌木及一些草坪植物；植被缓冲带从外围到内围，需要从耐旱植被逐步过渡到耐旱耐涝植被至耐湿水生植物及沼泽植物。

植草沟的植被选择：植草沟在植被选择时除了考虑植被渗透、净化、景观功能外，还要考虑植被不影响植草沟的输水功能，因此一般选择抗雨水冲刷的植物，一般选择高度在 75～150mm 的草本植物。植物过高可能会由于雨水冲刷而引起倒伏，选择较高的草本植物时要注意及时修剪；选择根系发达的植物，有助于污染物的净化及土壤加固，防止水土流失；所选植物需要承受周期性的雨涝以及长时间的干旱；植物的种植密度应稍大，植被越厚，阻力越大，对雨水径流的延缓程度也就越大。植被浅沟内的植物种类可以较为单一，常见种类有结缕草、野牛草、草地早熟禾等。

屋顶绿化的植被选择：屋顶绿化需要选择抗风能力强的植物，尽量减少对植物的浇灌和维护管理，尽量选择抗旱能力强、不需经常修剪、抗性强的植物，如景天科植物、垂盆草、佛甲草、紫花地丁、草地早熟禾等。

表 8-1 列出了各类低影响开发设施推荐的植被名录。

## 8.3　低影响开发设施常用植被的施工要点

### 8.3.1　乔木、灌木的施工要点

低影响开发设施中的乔木、灌木通常栽植在设施边缘，一方面使景观搭配错落有致，另一方面也起到安全防护作用。乔木、灌木由于栽植在边缘，因此要选择耐旱耐湿物种。

乔木、灌木的施工工序包括定点放线、挖穴、栽植、修剪。

#### 1. 定点放线

定点放线的施工技术详见本书第 2 章施工前的进场准备。

#### 2. 挖穴

挖穴位置根据定点放线时的白灰点为中心向四周扩展挖掘。树穴大小根据树种根系特点或土球大小、土壤情况来决定，一般要比树种的土球大，直径应加宽 40～100cm，深度加深 20～40cm。

挖穴时应将表土和心土分别堆放，并不断修直穴壁达到规定深度。使穴上口沿与底边垂直大小一致，不得上大下小。遇到坚实的土壤时应适当加大穴径，并挖松穴底；土质太差时应对土壤进行过筛处理或全部换土。

一般种植在低影响开发设施边缘的乔、灌木耐旱也耐湿，碰到个别树种不耐

湿但又有景观需求的情况下，可对树穴作如下处理：种植穴要比一般情况下挖得再深一些，穴底可垫一层厚度 5cm 以上的透水材料；透水层之上再填一层壤土，厚度可在 8～20cm。

3. 栽植

乔木、灌木运到现场后，应立即栽植。栽植时，先在树穴内填上混有基肥的表土打底。落叶乔木、灌木栽植深度在土壤下沉后原栽植线与地面平齐，常绿乔木、灌木土球略高于地面 5cm。

### 8.3.2 草本植物的施工要点

植被种植可采用种子播种法和栽植法。

种子播种法一般用于结籽量大而且种子容易采集的草种，如羊茅、结缕草、早熟禾等。种子有单播和 2～3 种混播的。单播时，一般用量为 10～20g/m$^2$；混播是在依靠基本种子形成草坪以前的期间内，混种一些覆盖性快的其他种子，如早熟禾 85%～90%与翦股颖 10%～15%。播种时间暖季型草种为春播，可在春末夏初播种；冷季型草种为秋播，北方最适合的播种时间是 9 月上旬。

与种子播种法相比，栽植法能节省大量草源，一般 1m$^2$ 的草块可以栽成 5～10m$^2$ 或更多一些，最佳种植时间是生长季中期。

植被种植时，需安装保护隔板，种植时间宜选择植被在一年内无需灌溉即可成活的时期。需在建植后 8h 内进行彻底浇水养护，充分保持土壤湿度，这是保持植被成活的主要条件。可采用每天或隔天灌溉的养护方式，直至幼苗长至 3～6cm 或建植稳定后。

场地应无任何杂草和入侵植物物种。如果现场存在杂草和入侵植物物种，则可以采用以下方法去除：

（1）人工拔除。该方法的主要缺点是费工费时，还会破坏新建植草沟的幼小植被。

（2）生物拮抗抑制杂草。它是指通过加大播种量，或混播先锋草种，或对目标草种的强化施肥（生长促进剂）来实现。

（3）合理修剪抑制杂草。大多数目标物种耐强修剪，而大多数的杂草，尤其是阔叶杂草再生能力差，不耐修剪。通过合理的修剪不仅可以促进植物生长，还可以抑制杂草的生长。

（4）除草剂（表 8-2）。针对不同的杂草种类，正确地选择不同的除草剂；正确使用除草剂的剂量，不宜过多，单位面积上除草剂量过多，会影响水质和产生药害；不宜过少，否则除草效果不佳。

**表 8-2　园林常用除草剂**

| 除草剂 | 除草时间 | 适用的植草沟植被种类 | 除去的杂草种类 |
|---|---|---|---|
| 莠去津 | 芽前 | 结缕草、狗牙根 | 稗草、狗尾草、藜、苋、苍耳、马齿苋、蓼 |
| 氟草胺 | 芽前 | 早熟禾、高羊茅、黑麦草、狗牙根、结缕草、钝叶草、地毯草、细羊茅 | 稗草、狗尾草、牛筋草、一年生早熟禾、蒺藜草、扁蓄、马齿苋、藜、苋 |
| 地散磷 | 芽前 | 早熟禾、翦股颖、细羊茅、高羊茅、黑麦草、狗牙草、结缕草、钝叶草、假俭草、地毯草、小糠草 | 狗尾草、稗草、一年生早熟禾、荠菜、宝盖草、藜 |
| 敌草索 | 芽前 | 早熟禾、高羊茅、黑麦草、狗牙根、结缕草、纯叶草、假俭草、地毯草 | 一年生早熟禾、狗尾草、大戟、牛筋草 |
| 灭草灵 | 芽后 | 多年生黑麦草 | 一年生早熟禾、马唐、繁缕、稗、狗尾草、马齿苋 |
| 恶草灵 | 芽前 | 高羊茅、狗牙根、结缕草 | 牛筋草、马唐、一年生早熟禾、稗、碎米荠、马齿苋、荠菜、婆婆纳、酢浆草 |
| 施田补 | 芽前 | 草地早熟禾、多年生黑麦草、羊茅、狗牙根、地毯草、钝叶草、结缕草 | 马唐、稗、一年生早熟禾、酢浆草、车轴草、狗尾草、宝盖草 |
| 环草隆 | 芽前 | 草地早熟禾、高羊茅、细羊茅、多年生黑麦草 | 马唐、稗、看麦娘 |
| 西马津 | 芽前 | 狗牙根、结缕草、野生草、地毯草 | 阔叶杂草、一年生早熟禾、马唐、宝盖草、稗、狗尾草 |
| 骠马 | 芽后 | 草地早熟禾、细羊茅、高羊茅、黑麦草 | 马唐、牛筋草、稗草、狗尾草、藜 |
| 大惠利 | 芽前 | 多年生禾本科地被 | 稗草、马唐、狗尾草、看麦娘、雀稗、藜、繁缕、马齿苋、苣荬菜 |
| 地乐胺 | 芽前 | 多年生禾本科地被 | 稗草、牛筋草、马唐、狗尾草、藜、苋、马齿苋 |
| 麦草畏 | 芽后 | 划地早熟禾、高羊茅、黑麦草、狗牙根、结缕草、假俭草、地毯草 | 蒲公英、蓟、繁缕、菊苣、委陵菜、车轴草、春白菊、酸模、宝盖草、扁蓄、藜、苋 |
| 2,4-D | 芽后 | 草地早熟禾、细羊茅、高羊茅、黑麦草、狗牙根、结缕草、假俭草 | 马齿苋、酢浆草、菊苣、委陵菜、蒲公英、酸模、藜、苋、车前、马齿苋、蓟 |
| 二甲四氯 | 芽后 | 草地早熟禾、高羊茅、黑麦草、狗牙根、结缕草、假俭草 | 繁缕、菊苣、委陵菜、车轴草、春白菊、宝盖草、藜、苋、荠菜、蓟、酢浆草、马齿苋、蒲公英 |
| 绿色定 | 芽后 | 草地早熟禾、高羊茅、黑麦草 | 阔叶杂草 |
| 使它隆 | 芽后 | 草地早熟禾、高羊茅、黑麦草、狗牙根、地毯草 | 猪殃殃、卷茎蓼、马齿苋、龙葵、繁缕、田旋花、蓼、苋 |
| 克阔乐 | 芽后 | 草地早熟禾、高羊茅、黑麦草、结缕草 | 飞蓬、藜、苋、酸模、蓟、蓼 |
| 苯达松 | 芽后 | 草地早熟禾、高羊茅、黑麦草、狗牙根、结缕草、地毯草 | 龙葵、野菊、苋、蓟、马齿苋、苍耳、鸭跖草、莎草、藜、繁缕 |
| 溴苯腈 | 芽后 | 草地早熟禾、高羊茅、黑麦草、狗牙根、结缕草、地毯草、假俭草、紫羊茅 | 蓼、藜、苋、龙葵、苍耳、田旋花、蓟、蒲公英、鸭跖草 |

### 8.3.3 湿生植物的施工要点

湿生植物要选在多晴少雨的季节进行种植。大部分湿生植物在 11 月至翌年 5 月份挖起移栽。湿生植物在生长季节也可移栽，但要摘除一定量的叶片，不要失水时间过长。生长期中的湿生植物如需长途运输，则宜存放在装有水的容器中。

种植湿生植物一般 0.5～1.0m$^2$ 种植一蔸。栽植深度以不漂起为原则，压泥 5～10cm 厚。在种植时一定要用泥土压紧压好，以免风浪冲刷而使栽植的根茎漂出水面。根茎芽和节必须埋入泥内，防止抽芽后不入泥而在水中生长。

1. 荷花（*Nelumbo nucifera*）

1）形态特征

多年生挺水植物，地下部分具肥大多节的根状茎，横生水底泥中。叶盾状圆形，全缘或稍呈波状。花单生于花梗顶端，一般挺出立叶之上，大型径 10～25cm，具清香；萼片 4～5 枚，绿色，花后掉落；花瓣多数。群体花期 6～9 月，单花花期通常 3～6d（图 8-1）。

2）生长习性

喜光和温暖，耐寒性强，池底不冻即可越冬。喜湿怕干，但水过深淹没立叶，则生长不良。喜富含腐殖质及微酸性壤土和黏质壤土。

3）耐水深度

20～80cm。

4）种植方法

常用分株繁殖和播种繁殖，宜采用分株繁殖。

分株繁殖。清明节前后选用主藕 2～3 节或用子藕作为种藕，每段必须带顶芽和保留尾节，否则水进入藕中，会使种藕腐烂。栽植时用水指保护顶芽，将种藕顺序平铺或 20°～30°斜栽在泥中，深度为 10～15cm。若不能及时栽种，应将种藕放于背风、背阴处，并在上面覆盖稻草以保持湿润。

播种繁殖。播种时间：莲子无休眠期，只要水温能保持在 16℃以上，四季均可播种。莲子在温度、光照适宜的条件下，从播种到开花春季需要 50～60d，秋季需要 60～80d。播种繁殖时应选用充分成熟的莲子，莲子外壳坚硬密实，浸种前必须进行人工破口，莲子的一头有小突尖，另一头有小凹点。把有小凹点的那一端挫伤一小口，露出种皮，注意不要破坏种胚，也不要去壳。然后放入温水中浸种催芽，水温 20～30℃比较适合，一般 1 周左右即可发芽，2 周后长出细根和 2～3 片幼嫩的小荷叶，待叶如钱状，根系形成便可单株分栽。

栽植株行距（0.7～1.5m）×（1.5～2.0m）。栽植的关键环节是从种下到立叶长出的一段时间，无论是用莲子种植还是种藕种植，都需要格外的小心与呵护。

栽植后不要立即灌水，待 3～5d 泥面出现龟裂时再浇灌少量水，刚开始不宜有过深的水，一般以 10～15cm 深为宜。入夏后逐渐加到 50～60cm，水深最多不超过 150cm。长藕期间不宜浅不宜深，故立秋后应适当降低水位。

图 8-1　荷花

2. 菖蒲（*Acorus calamus*）

1）形态特征

有香气；根状茎横走、粗壮、稍扁，直径 0.5～2cm，有多数不定；叶基生，叶片剑状线形，长 50～150cm，或更长，中部宽 1～3cm；花茎基生出，扁三棱形，长 20～50cm，叶状佛焰苞长 20～40cm，肉穗花序直立或斜向上生长，圆柱形，黄绿色；浆果红色，长圆形，有种子 1～4 粒（图 8-2）。

2）生长习性

最适宜生长温度为 18～23℃，10℃以下生长缓慢，具有一定抗寒性。耐旱，喜半阴，适宜酸性环境。

3）耐水深度

8cm。

4）种植方法

繁殖以分株繁殖方法为宜。在早春（清明前后）或生长期内用铁锹将植株连根挖出，洗干净，去除老根、茎及枯叶，再用快刀将地下茎切成若干块状，每块保留好嫩叶、3～4 个新芽、新生根，进行繁殖。

栽植时按株行距 25cm×50cm 在设施边坡低洼地浅水挖穴直栽，每穴放入种苗 1 株。根据施工图布置的需要，也可采用带形、长方形、几何形等栽植方式栽植。栽植不可过深，以根茎顶芽与栽植面平齐为宜。成片栽植时，可沿栽植边际线，与等高线平行开沟。栽植后，沿栽植边线筑围堰灌水，水深 1～3cm。

种植菖蒲时要控制温度，注意分株时保留新芽、新根，不然发芽率极低。

图 8-2　菖蒲

3. 芦苇（*Phragmites australis*）

1）形态特征

茎杆直立，株高 1～3m，茎杆直径 2～10mm；叶鞘圆形，叶舌有毛，叶片扁平，叶长 15～45cm，宽 1～3.5cm；圆锥形花序长 10～40cm，微垂头，分枝斜上或微伸展，为白绿色或褐色；地下有发达的匍匐根状茎（图 8-3）。

2）生长习性

适应力强，喜温暖，耐寒抗旱。生长在浅水中或低湿地中，气候适应性强，适宜 pH3.7～8.0，为最常见的人工湿地植物。根系发达，可深入地下 60～70cm，具有优越的传氧性能，有利于 COD 的降解，适应性、抗逆性强。

3）耐水深度

0～60cm。

4）种植方法

常用的种植方法有分根移栽法、压青苇子法、带根青苇移栽法。

分根移栽法。发芽后，在苇地用铁锨挖长宽 20～25cm、带有 3～5 个幼苗的苗墩，按株行距 30cm×40cm 在设施边坡低洼地浅水挖穴，每穴放入一丛苗墩直接栽植。

压青苇子法。在雨季（连雨天最好）把健壮的植株用镰刀自地面割下，削去 33～40cm 左右的嫩尖，平放在预先浇好的泥土上，在每隔 2～3 个节处压上 6～8cm 厚的泥土，一般 15 天左右发芽。发芽前要灌浅水。

带根青苇移栽法。当芦苇生长到 0.5～0.6m 时，将苇根挖出，截取 30～40cm 长的粗壮根段，作根茎繁殖。按株行距或按行距 30cm 开沟，将根茎斜埋沟内，上部露出 5～7cm，填土略加镇压，然后灌水略高于栽植面。

种植芦苇时要注意灌水，保持湿润。

图 8-3　芦苇

4. 芦竹（*Arundo donax*）

1）形态特征

具发达根状茎。叶鞘长于节间，无毛或颈部具长柔毛；叶舌截平，先端具短纤毛；叶片扁平，上面与边缘微粗糙，基部白色，抱茎（图 8-4）。

2）生长习性

喜光，较耐寒，京津地区可防寒越冬。生于河岸道旁、砂质土壤上，也可在微酸、微碱的土壤中生长。抗性强，不易患病。

3）耐水深度

0～80cm。

4）种植方法

常用分株、扦插，宜用分株繁殖方法。

分株繁殖。宜 2～3 年分株更新 1 次。早春用快锹沿植株四周切成有 3～5 个芽的新株丛，并将茎短截 1/2 分栽。

图 8-4　芦竹

扦插繁殖。春季将芦竹茎剪成 20～30cm 一节插穗，每个插穗都要有间节，扦入湿润的泥土中 10～15cm，保持土壤湿润。30d 左右间节处会萌发白色嫩根，然后定植。

栽植时按株行距 60cm×80cm 挖穴栽植，穴径、穴深 45cm。反季节栽植时，每 3～5 秆成丛挖起，带土球，茎秆需短截 1/2。

5. 香蒲（*Typha orientalis*）

1）形态特征

植株高 1.4～2m；根状茎白色，长而横生，节部处生许多须根，茎圆柱形直立；叶扁平带状，长达 1m 多，宽 2～3cm，光滑无毛；花单性，成狭长的肉穗花序；果序圆柱状，褐色，坚果细小（图 8-5）。

2）生长习性

对土壤要求不严，以含丰富有机质的塘泥最好，较耐寒。宽叶香蒲适宜 pH3.0～8.5；窄叶香蒲适宜 pH3.7～8.5，耐苦咸水。

3）耐水深度

20～40cm。

4）种植方法

常用分株繁殖和播种繁殖，宜采用分株繁殖。

分株繁殖。春季萌芽前将地下根茎取出，切成 10cm 左右一段，带 2～3 枚芽，将根茎栽于土中后，茎芽在土中水平生长到 30cm 多时，顶芽变曲向上生长抽生新叶，向下生长出根系，形成新株。

播种繁殖。多于春季进行，可按条形、长方形、品字形播种繁殖，播后不覆土，注意保持苗床湿润。

浅水位可采用直栽法，深水位采用立柱栽植或拉线栽植。栽植时株行距 30cm×30cm。种植后注意浅水养护，避免淹水过深和失水干旱。越冬期间能耐零下 9℃低温，当气温升高到 35℃以上时，植株生长缓慢。

图 8-5　香蒲

6. 水葱（*Scirpus validus*）

1）形态特征

具粗壮的根状茎，茎杆直立，秆圆柱形，高 1～2m；叶线形，长 1.5～11cm；长侧枝聚伞花序，假侧生；小穗单生或 2～3 个簇生于枝顶，呈卵形或圆柱形，淡黄褐色；密生多束花，花红棕色，等长于果实；小坚果倒卵形，长约 2mm（图 8-6）。

2）生长习性

阳性，夏宜半阴，喜湿润凉爽通风。最佳生长温度为 15～30℃，10℃以下停止生长。耐寒耐阴，北方大部分地区可露地越冬。性强健，不择土壤。

3）耐水深度

20～50cm。

4）种植方法

繁殖方法以分株繁殖为宜。盆栽 2 年，地栽不宜超过 3 年。春季将株丛掘出，用利刀将根状茎切割成直径 20cm 左右、每墩带有 10 余个芽的新株丛。

栽植时按 30cm×30cm 株行距挖穴栽植，也可挖宽 40cm、深 45cm 的栽植沟，栽植后株密度为 15～20 芽/丛，8～12 丛/$m^2$。浅水位可直栽，深水位育苗袋栽。栽植穴底或沟底施入有机肥，每穴放入种苗 1 株。覆土后灌透水，生长季节栽植时应短截茎叶。

图 8-6　水葱

7. 萍蓬草（*Nuphar pumilum*）

1）形态特征

根状茎 2～3cm。叶纸质，宽卵形或卵形，少数椭圆形。叶柄长 20～50cm，有柔毛。花直径 3～4cm，萼片黄色，外面中央绿色，矩圆形或椭圆形，花瓣窄楔形，花期 5～7 月；浆果卵形，长约 3cm；种子矩圆形，长 5mm，褐色，果期 7～9 月（图 8-7）。

2）生长习性

适宜 pH 为 6.5～7.0，适宜生长温度为 15～32℃，待降至 12℃以下停止生长，耐低温。长江以南越冬不需防寒，可在露地水池越冬；在北方冬季需保护越冬，休眠期温度保持在 0～5℃即可。

3）耐水深度

30～60cm。

4）种植方法

常用繁殖方法有种子直播法、地下茎繁殖和分株繁殖。

栽植方法有直栽和客土袋栽。

直栽。直栽时将根茎直接栽种于土层中即可，生长期施工的，一般施工后 10d 即可恢复生长，25d 左右即可开花。

客土袋栽。施工区域底土层过于稀松或底土层过浅不适宜直栽、水位过深且变化较大时，可采用客土袋栽。客土袋栽以无纺布袋或植生袋作为载体，以肥沃的壤土或塘泥作基质，将萍蓬草根茎基部扎于袋内，露出顶芽，投放于水域中。客土袋栽的萍蓬草根系能穿透袋体扎根于底土层中，栽植后的成活率较直栽要高。

栽植株距为 15～20cm。

图 8-7　萍蓬草

8. 芡实（*Euryale ferox*）

1）形态特征

一年生，全株具刺。叶基生，幼叶箭形，老盾状圆形，直径可达 130cm，叶皱缩，叶背紫红色，叶柄有刺。单花顶生，花蓝紫色，萼片 4 片，披针形，花期 7～9 月（图 8-8）。

2）生长习性

喜温暖、阳光充足，适应性强。深水、浅水皆可，种子成熟即脱落沉入水底，可安全越冬。

3）耐水深度

<100cm。

4）种植方法

采用种子播种繁殖方法。每年 3～4 月浸种，将水贮种子置于容器中催芽，水温白天保持在 20～25℃，夜间则在 15℃以上。经 10 多天，待萌芽后按穴径、穴深 40cm 挖穴，穴中施入少量基肥。每穴放入种苗 1 株，扶正后用泥盖严，缓慢灌水至栽植面 10cm 左右。育苗时不能断水，水深随芡苗生长可逐渐增长至 15cm 左右。芡苗心叶不能被泥埋没。小苗长出 3～4 片真叶时进行定植。

定植时水域灌水 15cm 左右，移苗时带子起苗，就地洗净根上附泥，幼苗以 35～50cm 的株行距移栽。栽植后逐渐加深水位，使芡苗定植后能适应深水的环境。

图 8-8　芡实

9. 睡莲（*Nymphaea tetragona*）

1）形态特征

多年生，地下部分具块状根茎，生于泥中。叶丛生并浮于水面，圆形或卵圆形，边呈波状，全缘或有齿，基部深裂心形戟形。花大，单生，浮于水面或挺水。花瓣多数，花色丰富。花期夏秋季，单花花期 3～4d（图 8-9）。

2）生长习性

喜强光，耐酸性水（pH 可低至 5.0），水深适应性强。能吸收水中的汞、铅、苯酚等有毒物质。

3）耐水深度

以 30cm 为宜，最小不低于 12cm，不超过 80cm。

4）种植方法

常用分株繁殖和播种繁殖。

分株繁殖。3 月下旬至 4 月上旬发芽，气候转暖、芽已萌发时将老株洗去附泥，将具有新芽的根茎切成 6～8cm 的小段（每段上至少有 2 个以上充实的芽），栽于盆中。

播种繁殖。种子装入盛水的瓶中，密封瓶口，投入池水中贮藏。翌春捞出，将种子倒入盛水的三角瓶中，置于 25～30℃温箱内催芽，每天换水，一般 2 周左右即可发芽。待幼苗长出幼根，4 月份气温升至 17℃时即可定植。

适宜地下茎浅栽。栽植水域底部要求有肥沃的泥土，若泥土不够肥沃，可放入碎骨头、碎头发、鸡鸭毛、鱼刺、草木灰等含磷、钾多的腐熟肥料作为基肥，上部留出 20～25cm 的注水空间。将切好的根茎顶芽朝上埋在土表下，再稍稍覆土，覆土深度以顶芽与土面齐平为宜。刚栽植时注水不宜太深，以 2～3cm 为宜，以利于提高水温。随植株的长大而逐渐加深水位。

图 8-9　睡莲

10. 荇菜（*Nymphoides peltatum*）

1）形态特征

多年生，根状茎圆柱形，多分枝。叶心形或椭圆形，基部深裂至叶柄处，全缘或近波状，叶背带紫色，近革质。花数朵簇生，花冠 5 深裂，杏黄色，外缘芒状，花期 6～9 月（图 8-10）。

2）生长习性

喜光，耐寒性差，越冬温度不宜低于 4℃。适微碱性浅水或不流动水域，繁殖成坪快，抗病性强。

3）耐水深度

30～80cm。

4）种植方法

以切茎分段繁殖。原地栽植不宜超过 2 年即应进行分株繁殖。3～4 月将根茎从泥中挖出，用利刀切成数段，每段具 3～5 节。

栽植时将施工区域水基本抽去，挖穴将种苗栽入泥中。

图 8-10　荇菜

11. 凤眼莲（*Eichhornia crassipes*）

1）形态特征

多年生，株高 30～50cm。根茎极短，白色羽状须根。叶子倒卵状、圆形，叶柄膨大有气囊。花紫色，花期 8～10 月（图 8-11）。

2）生长习性

喜温暖湿润、阳光充足的环境，适应性强，耐寒性较差。繁殖能力强，除氮效果佳，需严格控制种植范围，冬季休眠。

3）耐水深度

30cm。

4）种植方法

多分株繁殖，应每年进行分株更新。分株在春夏季进行，分株时只要将新的植株自母株切下另行栽植即可。

图 8-11　凤眼莲

栽植需在水温稳定在 18℃以上时进行。对土壤要求不严，以腐殖质土和塘泥为佳，将幼芽直接投放于用浮框或浮漂圈定的栽植区域内，以避免植株在水体中随意漂动。

12. 大薸（*Pistia stratiotes*）

1）形态特征

多年生。叶漂浮水面，无柄，倒卵状楔形，簇生于短茎上，呈莲座状，有短茸毛，叶脉下陷，叶背灰绿色，叶肉组织疏松，中间有通气腔。花小，白色（图 8-12）。

2）生长习性

喜光和高温，不耐寒。繁殖能力强，除氮效果佳，需严格控制种植范围，冬季休眠。

3）耐水深度

＜100cm。

4）种植方法

多以分株繁殖。匍匐茎的先端长出的幼苗，可直接进行分栽。

栽植时选择背风向、平静的池塘，清除水面上的青苔等杂草，用竹片或浮漂圈好投放区域，将幼苗投放其内，以防风浪冲散。

图 8-12　大薸

# 参 考 文 献

[1] University of Arkansas Community Design Center. Low Impact Development:A Design Manual for Urban Areas, 2011.

[2] 董淑秋, 韩志刚. 基于“生态海绵城市”构建的雨水利用规划研究. 城市发展研究, 2011, 18 (12): 37-41.

[3] 陈宏亮. 基于低影响开发的城市道路雨水系统衔接关系研究. 北京: 北京建筑大学, 2013.

[4] 中华人民共和国交通部. 城镇道路工程施工与质量验收规范: CJJ 1—2016. 2016.

[5] 中华人民共和国住房和城乡建设部. 园林绿化工程施工及验收规范: CJJ82—2012. 2012.

[6] 周胜. 园林绿化工程施工快速入门. 北京: 中国电力出版社, 2015.

[7] 中华人民共和国住房和城乡建设部. 海绵城市建设技术指南——低影响开发雨水系统构建(试行). 北京: 中国建筑工业出版社, 2014.

[8] 华蓝设计 (集团) 有限公司, 南宁市城乡建设委员会, 广西工程建设标准化协会. 海绵城市工程设计图集——低影响开发雨水控制及利用. 桂林: 广西师范大学出版社, 2016.

[9] 李春娇, 田建林, 张柏等. 园林植物种植设计施工手册. 北京: 中国林业出版社, 2012.

[10] Baker C D, Polito K. A guide for modernization and development of state aided public housing. Construction Management Unit,2016: 8.

[11] 田建林, 张柏. 园林景观地形铺装路桥设计施工手册. 北京: 中国林业出版社, 2012.

[12] 河北省住房和城乡建设厅. 海绵城市设施施工及工程质量验收规范: DB13 (J) /T211—2016. 北京: 中国建材工业出版社, 2016.

[13] Ministry of Environmental Protection of New Jersey. New Jersey Stormwater Best Management Practices Manual, 2016.

[14] New York State. New York State Stormwater Management Design Manual, 2015.

[15] 刘佳妮. 雨水花园的植物选择. 北方园艺, 2010, (17): 129-132.

[16] 刘斯荣, 刘春丽. 雨水花园中植物的选择与设计. 湖北工业大学学报, 2016, (3): 133-136.

[17] Wark C G, Wark W W. Green roof specifications and standards—establishing an emerging technology. The Construction Specifier, 2003, 56 (8) .

[18] Green Building Council. Intensive Green Roofs (Roof Gardens) And Extensive Green Roofs Technical Specification. Technical Specification, 2010.

[19] Luckett K. 绿色屋顶的建造与维护 (影印版) . 哈尔滨: 哈尔滨工业大学出版社, 2014.

[20] 北京市建设委员会, 北京市质量技术监督局. 种植屋面防水施工技术规程: DB11/366—2006. 北京城建科技促进会, 2006.

[21] 孙健, 李亚齐, 胡春, 等. 日本屋顶绿化建设对我国的启示. 广东农业科学, 2012,39 (11): 65-68.

[22] 中华人民共和国住房和城乡建设部. 种植屋面工程技术规程: JGJ 155—2013. 2013.

[23] 中华人民共和国住房和城乡建设部, 中华人民共和国质量监督检验检疫总局建筑边坡工程技术规范: GB50330—2013. 北京: 中国标准出版社.

[24] 曹传生, 刘慧民, 王南. 屋顶花园雨水利用系统设计与实践. 农业工程学报, 2013, 29 (9): 76-85.

[25] 中华人民共和国建设部, 中华人民共和国国家质量监督检验检疫总局. 喷灌工程技术规范: GB 50085—2007. 北京: 中国计划出版社, 2007.

[26] 中国工程建设标准化协会. 园林绿地灌溉工程技术规程: CECS243—2008. 北京: 中国计划出版社, 2008.

[27] 中华人民共和国住房和城乡建设部, 中华人民共和国国家质量监督检验检疫总局. 微灌工程技术规范: GB/T 50485—2009. 北京: 中国计划出版社, 2009.

[28] 中国工程建设标准化协会. 硅砂雨水利用工程技术规程: CECS 381—2014. 北京: 中国计划出版社, 2014.

[29] World Intellectual Property Organization. Rainwater Harvesting Tank. WO 2009/039449 A1.

[30] Australian Capital Territory. Rainwater Tanks Guidelines for Residential Properties in Canberra. 2010.

[31] Hardy M, Coombes P J, Kuczera G. An investigation of estate level impacts of spatially distributed rainwater tanks. Proceedings of the 2004 International Conference on Water Sensitive Urban Design, 2004.

[32] Rainwater Tanks - Mosquito Protection and First Flush Devices. Queensland Government Department of Infrastructure and Planning, 2009.

[33] Rain Harvesting. How to create the complete rain harvesting system. www. Rainharvesting.com.au.

[34] University of Arizona Cooperative Extension Water Wise Program. Examples of First Flush Diverters. www.ag.arizona.edu/cochise/waterwise.

[35] Wet Pond. Virginia dep stormwater design specification No.14. Version 1.9, March 1, 2011.

[36] 中华人民共和国建设部, 中华人民共和国国家质量监督检验检疫总局. 建筑地基基础工程施工质量验收规范: GB 50202—2002. 2002.

[37] 中华人民共和国住房和城乡建设部, 中华人民共和国国家质量监督检验检疫总局. 建筑边坡工程技术规范: GB 50330—2013. 2013.

[38] 田建林, 由远晖. 园林工程施工禁忌. 北京: 中国建筑工业出版社, 2011.

[39] Mustafa A. Constructed wetland for wastewater treatment and reuse: A case study of developing country. International Journal of Environmental Science & Development, 2013, 4 (1):20-24.

[40] 车伍, 李俊奇. 城市雨水利用技术与管理. 北京: 中国建筑工业出版社, 2006.

[41] 中华人民共和国住房和城乡建设部, 中华人民共和国国家质量监督检验检疫总局. 给水排水管道工程施工及验收规范: GB 50268—2008. 北京: 中国标准出版社, 2008.

[42] 郭凤, 陈建刚, 杨军, 等. 植草沟对北京市道路地表径流的调控效应. 水土保持通报,2015,35 (3):176-181.

[43] VDOT BMP Design Manual of Practice. Virginia Department of Transportation, 2013.

[44] Pennsylvania Stormwater Best Management Practices Manual, Infiltration Trench. 2006.

[45] 彼得·布林，盖里·沃尔，邹珊. 生态型景观—人工湿地在水敏型城市中的应用——墨尔本皇家公园人工湿地与雨水收集回用系统. 中国园林, 2014,30 (4):34-38.

[46] Wardynski B J, Winston R J, Hunt W F. Internal water storage enhances exfiltration and thermal load reduction from permeable pavement in the North Carolina Mountains. Journal of Environmental Engineering, 2013, 139 (2):187-195.

附录　建设工程竣工验收报告

# 建设工程竣工验收报告

河北省建设厅制

# 填报说明

1. 竣工验收报告由建设单位填写。

2. 竣工验收报告一式五份，字迹要清晰工整。建设单位、施工单位、城建档案管理部门、质量监督机构、建设主管部门或其他有关专业工程主管部门各存一份。

3. 报告内容必须真实可靠，如发现虚假情况，不予备案。

4. 报告须经建设、设计、施工图审查机构、施工、工程监理单位法定代表人或其委托代理人签字，并加盖单位公章后方为有效。

# 竣 工 项 目 审 查

<table>
<tr><td>工程名称</td><td></td><td>工程地址</td><td colspan="3"></td></tr>
<tr><td>建设单位</td><td></td><td>结构形式</td><td></td><td>建筑面积</td><td></td></tr>
<tr><td>勘察单位</td><td></td><td>层数</td><td></td><td></td><td></td></tr>
<tr><td>设计单位</td><td></td><td>工程规模</td><td></td><td></td><td></td></tr>
<tr><td>施工图审查机构</td><td></td><td>开工日期</td><td colspan="3"></td></tr>
<tr><td>监理单位</td><td></td><td>竣工日期</td><td colspan="3"></td></tr>
<tr><td>施工单位</td><td></td><td>施工图审<br>查批准号</td><td></td><td>施工许<br>可证号</td><td></td></tr>
<tr><td colspan="3">审查项目及内容</td><td colspan="3">审查情况</td></tr>
<tr><td colspan="3">一、完成项目设计情况<br>1.</td><td colspan="3"></td></tr>
<tr><td colspan="3">二、完成合同约定情况<br>1. 总包合同约定<br>2. 分包合同约定<br>3. 专业承包合同约定</td><td colspan="3"></td></tr>
<tr><td colspan="3">三、技术档案和施工管理资料<br>1. 建设前期、施工图设计审查等技术档案<br>2. 监理技术档案和管理资料<br>3. 施工技术档案和管理资料</td><td colspan="3"></td></tr>
</table>

<table>
<tr><td>四、试验报告<br>1. 主要建筑材料<br>2. 构配件<br>3. 设备</td><td></td></tr>
<tr><td>五、质量合格文件<br>1. 勘察单位<br>2. 设计单位<br>3. 施工图审查机构<br>4. 施工单位<br>5. 监理单位</td><td></td></tr>
<tr><td>六、工程质量保修书<br>1. 总分包单位<br>2. 专业承包单位</td><td></td></tr>
<tr><td colspan="2">审查结论：<br><br><br>建设单位项目负责人：<br>年　　月　　日</td></tr>
</table>

# 单位工程质量评定（一）

<table>
<tr><td>分部工程评定</td><td>质量保证资料</td><td>观感质量评价（好、一般、差）</td></tr>
<tr><td>共　分部<br>其中符合要求　　分部</td><td>共核查　　项<br>其中符合要求　项<br>经鉴定符合要求　项</td><td></td></tr>
<tr><td colspan="3">单位工程评定：<br><br>（公章）<br><br>建设单位负责人：<br><br>年　月　日</td></tr>
<tr><td colspan="3">存在问题：</td></tr>
</table>

# 单位工程质量评定（二）

<table>
<tr><td>各专业工程名称</td><td>评定<br>等级</td><td>质量保证资料</td><td>观感质量评价（好、一般、差）</td></tr>
<tr><td>道路工程</td><td></td><td rowspan="5">共核查　　项<br>其中符合要求　项</td><td rowspan="5"></td></tr>
<tr><td>排水工程</td><td></td></tr>
<tr><td>园林工程</td><td></td></tr>
<tr><td>水利工程</td><td></td></tr>
<tr><td>水系治理工程</td><td></td></tr>
<tr><td colspan="4">单位工程评定：<br><br>（公章）<br>建设单位负责人：<br><br>年　　月　　日</td></tr>
<tr><td colspan="4">存在问题：</td></tr>
<tr><td rowspan="5">执行标准</td><td>道路工程</td><td colspan="2" rowspan="5"></td></tr>
<tr><td>排水工程</td></tr>
<tr><td>园林工程</td></tr>
<tr><td>水利工程</td></tr>
<tr><td>水系治理工程</td></tr>
</table>

# 竣工验收情况

## 一、验收机构

### 1. 验收领导小组

| 组长 | |
|---|---|
| 副组长 | |
| 成员 | |

### 2. 各专业验收组

| 验收专业组 | 组长 | 成员 |
|---|---|---|
| 道路工程 | | |
| 排水工程 | | |
| 园林工程 | | |
| 水利工程 | | |
| 水系治理工程 | | |

注：建设、监理、设计、施工及施工图审查机构等单位的专业人员均必须参加相应的验收专业组。

| 竣工验收结论： |
|---|
| |

续表

| | | |
|---|---|---|
| 勘察单位<br>法定代表人：<br>项目负责人：<br><br>（公章）<br>年　月　日 | 设计单位<br>法定代表人：<br>设计负责人：<br><br>（公章）<br>年　月　日 | 施工单位<br>法定代表人：<br>技术负责人：<br><br>（公章）<br>年　月　日 |
| 施工图审查机构<br>法定代表人：<br>审查负责人：<br><br>（公章）<br>年　月　日 | 监理单位<br>法定代表人：<br>总监理工程师：<br><br>（公章）<br>年　月　日 | 建设单位<br>法定代表人：<br>项目负责人：<br><br>（公章）<br>年　月　日 |

## 二、建设工程竣工验收备案表

# 建设工程竣工验收备案表

编号：

<table>
<tr><td>工程名称</td><td colspan="3"></td></tr>
<tr><td>建设单位</td><td></td><td>申报人</td><td></td></tr>
<tr><td>施工单位</td><td colspan="3"></td></tr>
<tr><td>设计单位</td><td colspan="3"></td></tr>
<tr><td>施工图审查机构</td><td colspan="3"></td></tr>
<tr><td>监理单位</td><td colspan="3"></td></tr>
<tr><td>建设工程规划许可证号</td><td></td><td>施工许可证号</td><td></td></tr>
<tr><td>所需文件审核情况（并将资料原件附后）</td><td colspan="3"></td></tr>
<tr><td>文件名称</td><td>编号</td><td colspan="2">核发单位、日期</td></tr>
<tr><td>竣工验收报告</td><td></td><td colspan="2"></td></tr>
<tr><td>规划条件核实认可文件</td><td></td><td colspan="2"></td></tr>
<tr><td>消防验收意见书</td><td></td><td colspan="2"></td></tr>
<tr><td>环保验收合格证</td><td></td><td colspan="2"></td></tr>
<tr><td>工程档案验收许可书</td><td></td><td colspan="2"></td></tr>
<tr><td>工程质量保修书</td><td></td><td colspan="2"></td></tr>
<tr><td>住宅使用说明书</td><td></td><td colspan="2"></td></tr>
<tr><td>施工、监理单位出具的已按合同拨付工程款的证明</td><td></td><td colspan="2"></td></tr>
<tr><td>质量监督报告</td><td colspan="3"></td></tr>
<tr><td>备案情况</td><td colspan="3">已备案<br>经办人（签字）：　　　　　　　　（公章）</td></tr>
</table>

三、建设工程竣工验收备案证明书

# 建设工程竣工验收备案证明书

根据国务院《建设工程质量管理条例》和《河北省建设工程竣工验收及备案管理办法》规定，___________工程，建设单位于____年____月____日组织设计、施工、工程监理等有关单位竣工验收合格，并于____年____月____日按规定备案。

特此证明。

备案机关（盖章）

日期：　　年　　月　　日

# 索　引